高等院校特色规划教材

精细化学品合成实验

张荣明　牛瑞霞　张　娜◎编
王　俊◎审

石油工业出版社

内 容 提 要

本书针对有关普通本科院校精细化学品合成实验教学的需要编写。全书分为精细化学品合成实验基本常识与技术、精细有机中间体的合成、医药中间体的合成、表面活性剂的合成与表征、助剂的合成、香料的合成与香精配制、精细化学品合成单元反应七部分内容。通过87个实验，介绍了精细化学品合成实验有关的实验原理、实验方法、实验基本步骤等内容，实验分为基础性实验、综合性实验、设计研究性实验，供不同层次的实验教学选用。

本书可作为高等院校应用化学专业、精细化工专业、化学工程与工艺专业、油田化学专业的教学用书，也可作为从事相关专业的研究人员和工程技术人员的参考书。

图书在版编目(CIP)数据

精细化学品合成实验/张荣明,牛瑞霞,张娜编.—北京:石油工业出版社,2022.8

高等院校特色规划教材

ISBN 978-7-5183-5524-2

Ⅰ.①精… Ⅱ.①张…②牛…③张… Ⅲ.①精细化工—化工产品—合成—化学实验—高等学校—教材 Ⅳ.①TQ072-33

中国版本图书馆 CIP 数据核字(2022)第 141385 号

出版发行:石油工业出版社
(北京市朝阳区安华里2区1号楼 100011)
网 址:www.petropub.com
编辑部:(010)64256990
图书营销中心:(010)64523633 (010)64523731
经 销:全国新华书店
排 版:北京密东文创科技有限公司
印 刷:北京中石油彩色印刷有限责任公司

2022年8月第1版 2022年8月第1次印刷
787毫米×1092毫米 开本:1/16 印张:12.5
字数:317千字

定价:39.00元
(如发现印装质量问题,我社图书营销中心负责调换)
版权所有,翻印必究

序

精细化工是当今化学工业中最具活力的新兴领域之一，是新材料的重要组成部分。精细化工产品种类多、附加值高、用途广、产业关联度大，直接服务于国民经济的诸多行业和高新技术产业的各个领域。大力发展精细化工已成为世界各国调整化学工业结构、提升化学工业产业能级和扩大经济效益的战略重点。国家适时出台相关政策，构建产学研相结合的新型技术创新组织——国家精细化工产业技术创新战略联盟，以此来促进国家精细化工产业结构优化升级和提升行业整体竞争力。精细化工率(精细化工产值占化工总产值的比例)的高低已经成为衡量一个国家或地区化学工业发达程度和化工科技水平高低的重要标志。

精细化工大体可归纳为医药、农药、合成染料、有机颜料、涂料、香料与香精、化妆品与盥洗卫生品、肥皂与合成洗涤剂、表面活性剂、印刷油墨及其助剂、黏结剂、感光材料、磁性材料、催化剂、试剂、水处理剂与高分子絮凝剂、造纸助剂、皮革助剂、合成材料助剂、纺织印染剂及整理剂、食品添加剂、饲料添加剂、动物用药、油田化学品、石油添加剂及炼制助剂、水泥添加剂、矿物浮选剂、铸造用化学品、金属表面处理剂、合成润滑油与润滑油添加剂、汽车用化学品、芳香除臭剂、工业防菌防霉剂、电子化学品及材料、功能性高分子材料、生物化工制品等 40 多个行业和门类。随着国民经济的发展，精细化学品的开发和应用领域将不断开辟，新的门类将不断增加。

精细化学品这个名词，沿用已久，原指产量小、纯度高、价格贵的化工产品，如医药、染料、涂料等。但是，这个含义还没有充分揭示精细化学品的本质。近年来，各国专家对精细化学品的定义有了一些新的见解，欧美一些国家把产量小、按不同化学结构进行生产和销售的化学物质，称为精细化学品；把产量小、经过加工配制、具有专门功能或最终使用性能的产品，称为专用化学品。中国、日本等则把这两类产品统称为精细化学品。

本书较全面地收集和总结了近年来国内外精细化学品合成实验技术中的先进实验原理和方法，特别是近年来出现的精细化学品新产品的制备和实验评价方法与技术，覆盖了精细化学品从合成、表征到应用性能评价的试验方法和技术，从而可以极大锻炼学习者的动手能力和理论联系实际的分析与解决问题能力。

希望本书的出版能为我国石油石化工业的可持续发展(油头化尾)提供一些帮助和支持。祝愿本书的出版和发行取得圆满成功!

东北石油大学化学化工学院院长

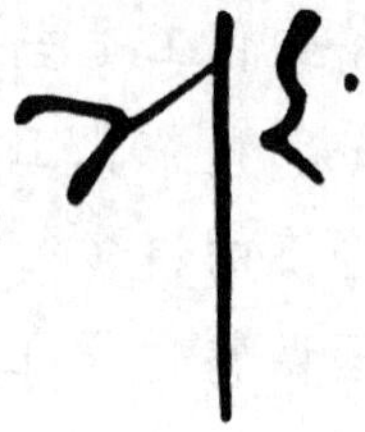

2022 年 6 月

前　言

　　关于精细化学品的释义,国际上有三种说法。传统的释义指的是产量小、纯度高的化工产品。美国克林(Kline)教授提出的解释是先将化学品分为两大类:具有固定熔点或沸点,能以分子式或结构式表示其结构的称为无差别化学品;不具备上述条件的称为差别化学品。然后再进一步分类和释义如下:(1) 通用化学品,指大量生产的无差别化学品,例如无机的酸、碱、盐,以及有机的甲醇、乙醇、乙醛、丙酮、乙酸、氯苯、硝基苯、苯胺和苯酚等。(2) 准通用化学品,指较大量生产的差别化学品,例如塑料、合成纤维、合成橡胶等。(3) 精细化学品,指小量生产的无差别化学品,例如原料医药、原料农药、原料染料等。(4) 专用化学品,指小量生产的差别化学品,例如医药制剂、农药制剂、商品染料等。上述分类命名法,原则上为世界各国所接受。

　　精细化学品几乎渗透到人们日常生活的各个方面和工农业生产的各个部门。精细化学品不仅为人类提供了多种多样、方便实用的生活用品,而且为提高工农业的生产效率及产品质量提供了物质基础。随着科学技术的进步和人类社会的发展,人类社会需要越来越多的精细化学品,可以说每一个新行业的诞生几乎都会伴随着一类新的精细化学品的出现。正是如此,20世纪70年代以来,一些工业发达国家相继将化学工业发展的战略重点转向精细化工。目前美国等发达国家的精细化工率已高达70%左右,我国的精细化工率也达到了45%左右。

　　自从20世纪90年代后期以来,我国决定加大在能源、信息、生物、材料等高新技术领域的投资力度,化工作为传统产业没有被列入国家优先发展的行列,而被有的人归于夕阳工业。但事实并非如此,特别是精细化工,由于它在国民经济中的特殊地位,以及它和能源、信息、生物化工以及材料学科之间的紧密联系,使其在我国现代化建设中的作用将越来越重要,而成为不可替代、不可或缺的关键一环。《2022—2027年中国精细化工行业市场前瞻与投资战略规划分析报告》分析,目前我国的专用化学品行业仍处于行业生命周期中的成长前期,而涂料、日用化学品和农药行业已经处于成长后期。精细化工在中国乃至在世界,依然是朝阳工业,前景一片光明。

　　精细化工的基础是应用化学,即把有机化学等方面的基本知识用于精细化工产品的工业过程中。"精细化学品合成实验"是在学生学习专业课程之后开设的一门专业实验课,是高等院校精细化工专业、应用化学专业、化学工程与工艺专业、油田化学专业重要的实践教学环节之一。通过本课程的学习,一方面巩固学生对专业基础理论知识的认识与理解,另一方面培养学生的基本实验技能、综合动手能力及对实验现象进行分析、归纳和总结的能力,熟悉和正确使用化工专业实验室中常用的仪器、仪表和设备,掌握化工专业实验技能、实验数据的处理方法以及工程实验的设计和组织方法,为今后从事精细化学品的研究、开发和生产打下坚实的实验基础。

东北石油大学化学化工学院为了适应应用化学专业、精细化工专业、化学工程与工艺专业等一流学科及专业建设的需要而组织编写了本书。全书共分为七章,具体编写分工如下:第二章、第三章由张娜完成,第四章、第六章由牛瑞霞完成,其余各章由张荣明完成,全书由张荣明统稿。本书得到了东北石油大学王俊教授的审查以及指导,他对本书给予了高度评价,肯定了本书的质量,并亲自作序。

由于编者的水平所限,本书内容和文字上都可能有错误和不当之处,恳请广大读者批评指正。

编者

2022 年 6 月

目 录

第一章 精细化学品合成实验基本常识与技术 ·· 1
第一节 精细化学品合成实验基本常识 ·· 1
第二节 精细化学品合成实验技术 ·· 9
第二章 精细有机中间体的合成 ·· 40
实验2-1 2,6-二氯-4-硝基苯胺的合成 ·· 40
实验2-2 4-氨基-2-硝基苯甲醚的合成 ·· 42
实验2-3 2,4-二硝基苯酚的合成 ·· 45
实验2-4 对氯邻硝基苯胺的合成 ·· 47
实验2-5 对硝基苯甲醛的合成 ·· 49
实验2-6 二苯乙醇酮催化合成 ·· 51
实验2-7 2-羟基-5-甲氧基苯甲醛的合成 ·· 53
实验2-8 2-羟基-1-萘甲醛的合成 ··· 54
实验2-9 1,3-环己二酮甲基反应 ·· 56
实验2-10 7-醛基-8-羟基喹啉的合成 ··· 57
实验2-11 己二酸的合成 ·· 58
实验2-12 三苯甲醇的合成 ··· 59
实验2-13 间甲基苯甲醚的合成 ··· 61
实验2-14 4-氨基-2,6-二甲氧基嘧啶的合成 ··· 63
实验2-15 2-氨基-4-乙酰氨基苯甲醚的合成 ··· 65
第三章 医药中间体的合成 ·· 68
实验3-1 美多心安的合成 ·· 68
实验3-2 咪唑的合成 ··· 70
实验3-3 抗癫灵的合成 ·· 71
实验3-4 平痛新的合成 ·· 72
实验3-5 4-甲基-2-氨基噻唑的合成 ··· 74
实验3-6 氨基乙酸的合成 ··· 76
实验3-7 苯基甲硫醚的合成 ·· 77
实验3-8 乙酰水杨酸的合成 ·· 78
实验3-9 对乙酰氨基苯磺酰氯的合成 ·· 79
实验3-10 对氨基苯磺酰胺的合成 ··· 81
第四章 表面活性剂的合成与表征 ··· 83
实验4-1 十二烷基苯磺酸钠的合成 ··· 83
实验4-2 N,N-二甲基十八烷基胺的合成 ··· 86

实验 4-3　月桂醇聚氧乙烯醚的合成 …………………………………………… 87
实验 4-4　烷基酚聚氧乙烯醚的合成 …………………………………………… 88
实验 4-5　十二烷基二甲基氧化胺的合成 ……………………………………… 90
实验 4-6　非离子表面活性剂的定量分析 ……………………………………… 91
实验 4-7　乳化力的测定——比色法 …………………………………………… 93
实验 4-8　十二烷基二甲基甜菜碱的合成 ……………………………………… 94

第五章　助剂的合成 …………………………………………………………… 97
实验 5-1　101 交联剂 H 的合成 ………………………………………………… 97
实验 5-2　织物低甲醛耐久整理剂 2D 的合成 ………………………………… 98
实验 5-3　织物防皱防缩整理剂 UF 的合成 …………………………………… 100
实验 5-4　抗爆剂——甲基叔丁基醚的合成 …………………………………… 101
实验 5-5　甜味剂——糖精钠的合成 …………………………………………… 103
实验 5-6　阻燃剂——四溴双酚 A 的合成 ……………………………………… 105
实验 5-7　抗氧化剂 BHT 的合成 ………………………………………………… 107
实验 5-8　乳白胶的合成 ………………………………………………………… 110
实验 5-9　107 外墙涂料配制 …………………………………………………… 112
实验 5-10　活性艳红 X-3B 染料合成 …………………………………………… 115
实验 5-11　阳离子翠蓝 GB 的合成 ……………………………………………… 118
实验 5-12　永固红 2B 的合成 …………………………………………………… 121
实验 5-13　色酚 AS 的合成 ……………………………………………………… 123
实验 5-14　食品色素——苋菜红的合成 ………………………………………… 124

第六章　香料的合成与香精配制 ……………………………………………… 128
实验 6-1　苯甲醇的合成 ………………………………………………………… 128
实验 6-2　香豆素的合成 ………………………………………………………… 130
实验 6-3　肉桂酸的合成 ………………………………………………………… 131
实验 6-4　α-环柠檬醛的合成 …………………………………………………… 132
实验 6-5　食品添加剂芳香醚的合成 …………………………………………… 134
实验 6-6　茴香基丙酮的合成 …………………………………………………… 135
实验 6-7　香精和洗涤剂合成 …………………………………………………… 137
实验 6-8　乙酸三氯甲基苯甲酯的合成 ………………………………………… 140
实验 6-9　沐浴液的配制 ………………………………………………………… 141

第七章　精细化学品合成单元反应 …………………………………………… 144
实验 7-1　含有醛基的苯系芳烃的还原 ………………………………………… 144
实验 7-2　苯系芳醇类化合物的氯代反应 ……………………………………… 145
实验 7-3　季膦盐的合成 ………………………………………………………… 146
实验 7-4　格氏试剂的合成 ……………………………………………………… 147
实验 7-5　由取代酚合成甲基醚 ………………………………………………… 149
实验 7-6　Wittig 反应 …………………………………………………………… 150

实验 7-7	苯磺酸钠合成	151
实验 7-8	常压催化氢化——氢化肉桂酸	153
实验 7-9	邻硝基甲苯和对硝基甲苯的合成	157
实验 7-10	香豆素-3-羧酸的合成	159
实验 7-11	气相色谱法定性测定有机化合物	161
实验 7-12	对氨基苯甲酸乙酯的合成	163
实验 7-13	相转移催化——扁桃酸的合成	165
实验 7-14	手性酮催化剂的合成	166
实验 7-15	2-甲基长叶薄荷酮的合成	167
实验 7-16	1,3-二苯基-2-烯丙基-1-醇乙酸酯的合成	169
实验 7-17	Pd-催化 1,3-二苯基-2-烯丙基-1-醇乙酸酯不对称烯丙基烷基化反应	170
实验 7-18	在配体作用下二乙基锌和苯甲醛对应选择加成	171
实验 7-19	2-环己烯酮的不对称共轭加成	172
实验 7-20	对苯二酚的单个酚羟基的甲基化保护	173
实验 7-21	对溴苯酚的甲基化反应	175
实验 7-22	2,4-二羟基苯甲醛的甲基化保护	176
实验 7-23	香草醛的酚羟基酰化保护	177
实验 7-24	2-溴对苯二酚的酚羟基酰化保护	178
实验 7-25	2,4-二羟基苯甲醛的酚羟基保护	179
实验 7-26	对溴苯酚的酚羟基保护	180
实验 7-27	香草醛的酚羟基的乙酰化保护	181
实验 7-28	香草醛的还原	182
实验 7-29	乙酸(2-甲氧基-4-醛基)酚酯的还原	183
实验 7-30	2,4-二羟基苯甲醛甲基化后的还原反应	184
实验 7-31	天然色素的提取及薄层色谱分析	185

参考文献 ······ 188

第一章 精细化学品合成实验基本常识与技术

第一节 精细化学品合成实验基本常识

一、实验室一般注意事项、事故预防和急救常识

1. 实验室一般注意事项

(1) 遵守实验室的各项制度,听从教师的指导,尊重实验室工作人员的职权。

(2) 保持实验室的整洁。在整个实验过程中,保持桌面和仪器的整洁,保持水槽干净。任何固体物质都不得投入水槽中。废纸和废屑应投入废物筐内。废酸和废碱液应小心地倒入废液缸中。

(3) 爱护公用仪器和工具,在指定地点使用并保持整洁。对公用药品不能任意挪动,保持药品架的整洁。实验时,应爱护仪器、节约药品。

(4) 实验过程中,非经教师许可,不得擅自离开。

(5) 实验完毕离开实验室时,应关闭水、电、门、窗。

2. 事故预防

在精细化学品合成实验中,常使用苯、酒精、汽油、乙醚和丙酮等易挥发、易燃烧的溶剂。操作不慎,易引起火灾事故。为了防止事故的发生,必须随时注意以下几点:

(1) 操作和处理易爆、易燃溶剂时,应远离火源。

(2) 实验前应仔细检查仪器。要求操作正确、严格。

(3) 实验室不许储存大量易燃物。

一旦发生火灾事故,应首先切断电源,然后迅速把周围易着火的东西移开。向火源撒砂子或用石棉布覆盖火源。有机溶剂燃烧时,在大多数情况下,严禁用水灭火。

衣服着火时,应立刻用石棉布覆盖着火处或赶紧把衣服脱下;若火势较大,应一面呼救,同时立刻卧地打滚,绝不能用水浇泼。

在精细化学品合成实验中,发生爆炸事故的原因大致如下:

(1) 某些化合物容易爆炸。例如,有机过氧化物、芳香族多硝基化合物和硝酸酯等,受热或敲击均会爆炸。含过氧化物的乙醚蒸馏时,有爆炸的危险,事先必须除去过氧化物。芳香族多硝基化合物不宜在烘箱内干燥。乙醇和浓硝酸混合在一起,会引起强烈的爆炸。

(2) 仪器装置不正确或操作失误,有时会引起爆炸。若在常压下进行蒸馏或加热回流,仪器装置必须与大气相通。

使用或反应过程中产生氯、溴、氧化氮、卤化氢等有毒气体或液体的实验,都应该在通风橱内进行,有时也可用气体吸收装置吸收产生的有毒气体。

3. 急救常识

(1)玻璃割伤:如果为一般轻伤,应及时挤出污血,并用消毒过的镊子取出玻璃碎片,用蒸馏水洗净伤口,涂上碘酒或红汞水,再用绷带包扎;如果为大伤口,应立刻用绷带扎紧伤口上部,使伤口停止出血,紧急送往医疗所。

(2)火伤:如为轻伤,在伤处涂以苦味酸溶液、玉树油、兰油烃或硼酸油膏;如为重伤,立即送往医疗所。

(3)酸液或碱液溅入眼中:立即先用大量水冲洗。若为酸液,再用1%碳酸氢钠溶液冲洗;若为碱液,则再用1%硼酸溶液清洗,最后水洗。重伤者经初步处理后,紧急送往医疗所。

(4)溴液溅入眼中:按酸液溅入眼中事故作急救处理后,立即送往医疗所。

(5)皮肤被酸、碱或溴液灼伤:被酸或碱液灼伤时,伤处首先用大量水冲洗。若为酸液灼伤,再用饱和碳酸氢钠溶液洗;若为碱液灼伤,则再用1%醋酸洗。最后都用水洗,再涂上药品凡士林。被溴液灼伤时,伤口立刻用石油醚冲洗,再用2%硫代硫酸钠溶液清洗,然后用蘸有油的棉花擦,最后敷以油膏。

二、实验室消防与安全用电

1. 实验室消防

实验室常用的消防器材包括以下四大类。

(1)灭火砂箱,用于扑灭易燃液体和其他不能用水灭火的危险品引起的火灾。砂子能隔断空气并起到降温作用而灭火,但砂中不能混有可燃性杂物,并且要保持干燥。由于砂箱中存砂有限,故只能扑灭局部小规模的火源,大规模火源,可用不燃性固体粉末扑灭。

(2)石棉布、毛毡或湿布,用于扑灭火源区域不大的火灾,也是扑灭衣服着火的常用方法,通过隔绝空气来达到灭火的目的。

(3)泡沫灭火器,实验室多使用手提式泡沫灭火器。外壳用薄钢板制成,内有一个盛有硫酸铝的玻璃瓶胆,胆外装有碳酸氢钠和发泡剂(甘草精)。使用时把灭火器倒置,马上发生化学反应生成含 CO_2 的泡沫,泡沫黏附在燃烧物体的表面,形成与空气隔绝的薄层而灭火。泡沫灭火器适用于扑灭实验室的一般火灾,但由于泡沫导电,故不能用于扑救电气设备和电线的火灾。

(4)其他灭火器材。①四氯化碳灭火器,适用于扑灭电气设备火灾;②二氧化碳灭火器,使用时能降低空气中的含氧量,因此要注意防止现场人员窒息;③干粉灭火器,可扑灭易燃液体、气体、带电设备引起的火灾。

2. 安全用电

电对人的伤害分为内伤与外伤两种,可单独发生,也可同时发生。

1)电伤危险因素

电流通过人体某一部分即为触电。触电是最直接的电气事故,常常是致命的。其伤害程度与电流强度、触电时间以及人体电阻等因素有关。

实验室常用电压为220~380V、频率为50Hz的交流电,人体的心脏每跳动一次有

0.1~0.2s的间歇时间,此时对电流最敏感。当电流流过人体脊柱和心脏时危害极大。

人体电阻分为皮肤电阻(潮湿时约为2000Ω,干燥时约为5000Ω)和体内电阻(150~500Ω)。随着电压升高,人体电阻相应降低。触电时因为皮肤破裂而使人体电阻骤然降低,通过人体的电流随之增大从而危及人的生命。

2)防止触电注意事项

(1)电气设备要可靠接地,一般使用三孔插座。

(2)一般不要带电操作。特殊情况需要带电操作时,必须穿绝缘胶鞋,戴橡皮手套等防护用具。

(3)安装漏电保护装置,一般规定其动作电流不超过30mA,切断电源时间低于0.1s。

(4)实验室严禁随意拖拉电线。

三、实验室环保知识

实验室排放的废液、废气、废渣等虽然数量不大,但如果没有经过必要的处理直接排放,会对环境和人身造成危害。要特别注意以下几点:

(1)实验室所有药品以及中间产品,必须贴上标签,注明名称,防止误用和因情况不明而处理不当造成事故。

(2)绝对不允许用嘴去吸移液管液体以获取各种化学试剂和溶液,应使用洗耳球等工具吸取。

(3)处理有毒或带刺激性物质时,必须在通风橱内进行,防止散逸到室内。

(4)废液应根据物质性质的不同分别集中在废液桶内,并贴上标签,以便处理。注意:有些废液不可混合,如过氧化物和有机物、盐酸等挥发性酸和不挥发性酸、铵盐及挥发性铵与碱等。

(5)接触过有毒物质的器皿、滤纸、容器等要分类收集后集中处理。

(6)一般的酸碱处理,必须在进行中和后用水大量稀释,然后才能排放到下水槽。

(7)处理废液、废物时,一般要戴上防护眼镜和橡皮手套。对兼有刺激性、挥发性的废液处理时,要戴上防毒面具,在通风橱内进行。

四、精细化学品合成实验要求

为了保证实验的顺利进行,以达到预期目的,要求学生必须做到如下四点。

1. 充分预习

实验前要做好预习,并查阅有关手册和参考资料,掌握原料和产品的物性数据,了解实验原理和步骤。

2. 认真操作

实验时要认真操作,仔细观察各种现象,积极考虑,注意安全,保持整洁,不得脱岗。

3. 做好记录

实验过程中,要及时、准确地记录实验现象和数据,以便对实验现象做出分析和解释。切不可在实验结束补写实验记录。

4. 书写报告

实验结束后写出实验报告，实验报告一般应包括实验日期、实验名称、仪器药品、反应原理、操作步骤、结果与讨论、意见和建议等。报告应力求条理清楚、文字简练、结论明确、书写整洁。

五、精细化学品合成实验常用玻璃仪器

1. 烧瓶

精细化学品合成实验常用烧瓶如图 1-1 所示。

(a)平底烧瓶　(b)长颈圆底烧瓶　(c)短颈圆底烧瓶　(d)锥形烧瓶　(e)三口烧瓶

图 1-1　烧瓶

(1)平底烧瓶适用于配制和储存溶液，但不能用于减压实验。

(2)圆底烧瓶能耐热并能耐受反应物(或溶液)沸腾以后所发生的冲击振动。水蒸气蒸馏实验通常使用长颈圆底烧瓶。短颈圆底烧瓶的瓶口结构坚实，在有机化合物的合成实验中最为常用。

(3)锥形烧瓶(简称锥形瓶)常用于有机溶剂进行重结晶的操作，因为生成的结晶物容易从锥形烧瓶中取出来，锥形瓶通常也用作常压蒸馏实验的接收器，但不能用作减压蒸馏实验的接收器。

(4)三口烧瓶最常用于需要进行搅拌的实验中。中间瓶口装搅拌器，两个侧口装回流冷凝管和滴液漏斗或温度计等。

2. 蒸馏烧瓶

精细化学品合成实验常用蒸馏烧瓶如图 1-2 所示。

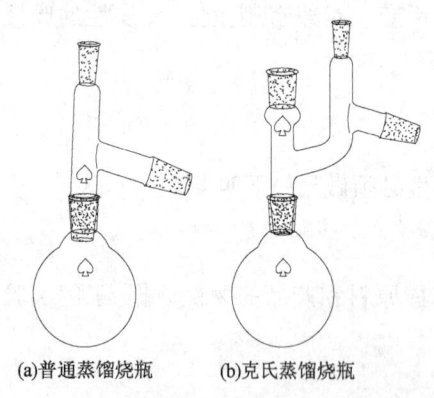

(a)普通蒸馏烧瓶　(b)克氏蒸馏烧瓶

图 1-2　蒸馏烧瓶

(1)普通蒸馏烧瓶是在蒸馏时最常使用的仪器。

(2)克莱森(Claisen)蒸馏烧瓶(简称克氏蒸馏烧瓶)一般用于减压蒸馏实验，正口安装毛细管，带支管的瓶口插温度计。容易发生泡沫或暴沸的蒸馏，也常使用这种蒸馏烧瓶。

3. 冷凝管

精细化学品合成实验常用冷凝管如图 1-3 所示。

(1)直形冷凝管有两种形式。(a)式直形冷凝管的内管和套管是用橡皮塞连接起来的，

(b)式直形冷凝管的内管和套管是玻璃熔接的。蒸馏物质的沸点在140℃以下时,要在套管内通冷却水;但超过140℃时,(b)式冷凝管往往会在内管和套管的接合处炸裂。

(2)当蒸馏物质的沸点超过140℃时,常用空气冷凝管代替通冷却水的直形冷凝管。

(3)球形冷凝管内管的冷却面积较大,对蒸汽冷凝有较好的效果,适用于加热回流的实验。

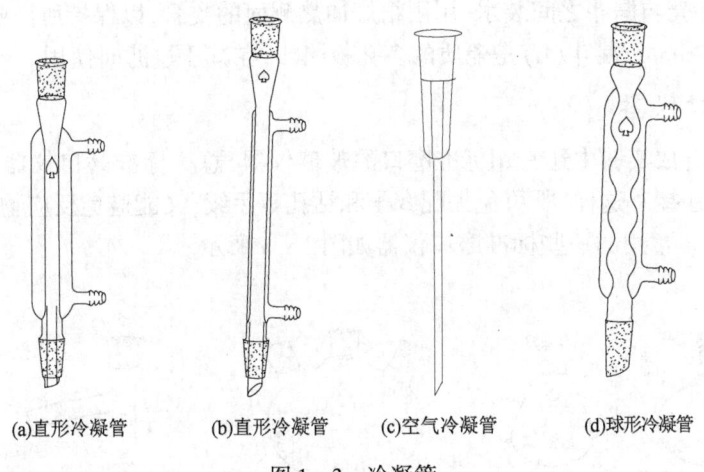

(a)直形冷凝管　(b)直形冷凝管　(c)空气冷凝管　(d)球形冷凝管

图1-3　冷凝管

4. 漏斗

精细化学品合成实验常用漏斗如图1-4所示。

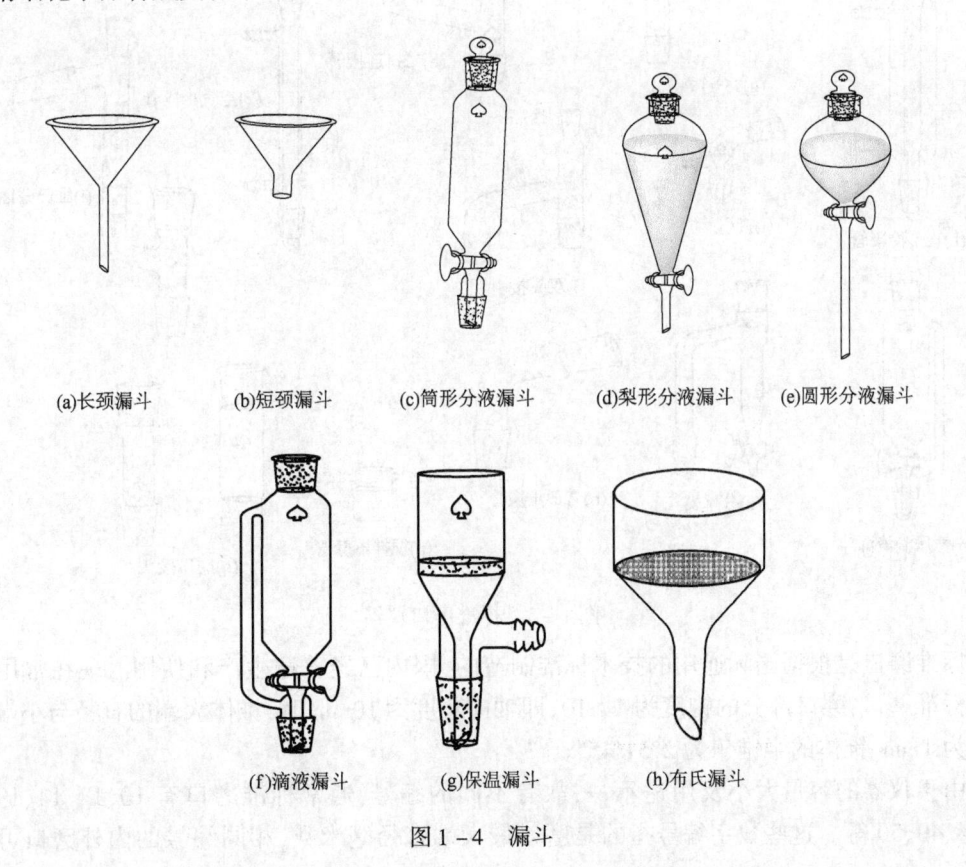

(a)长颈漏斗　(b)短颈漏斗　(c)筒形分液漏斗　(d)梨形分液漏斗　(e)圆形分液漏斗

(f)滴液漏斗　(g)保温漏斗　(h)布氏漏斗

图1-4　漏斗

(1) 漏斗(a)和(b)在普通过滤时使用。

(2) 分液漏斗(c)、(d)和(e)，用于液体的萃取、洗涤和分离，有时也可用于滴加试料。

(3) 滴液漏斗(f)能把液体一滴一滴地加入反应器中，即使漏斗的下端浸没在液面下，也能够明显地看到滴加的速度。

(4) 保温漏斗(g)，也称热滤漏斗，用于需要保温的过滤。它是在普通漏斗的外面装上一个铜质的外壳，外壳与漏斗之间装水，用酒精灯加热侧面的支管，以保持所需要的温度。

(5) 布氏(Buchner)漏斗(h)是瓷质的多孔板漏斗，在减压过滤时使用。

5. 标准磨口仪器

精细化学品合成实验中还常用标准磨口的玻璃仪器，总称标准磨口仪器。相同编号的标准磨口可以相互连接。这样，既可免去配塞子和钻孔等手续，又能避免反应物或产物被软木塞（或橡胶塞）污染。常用的一些标准磨口仪器如图1-5所示。

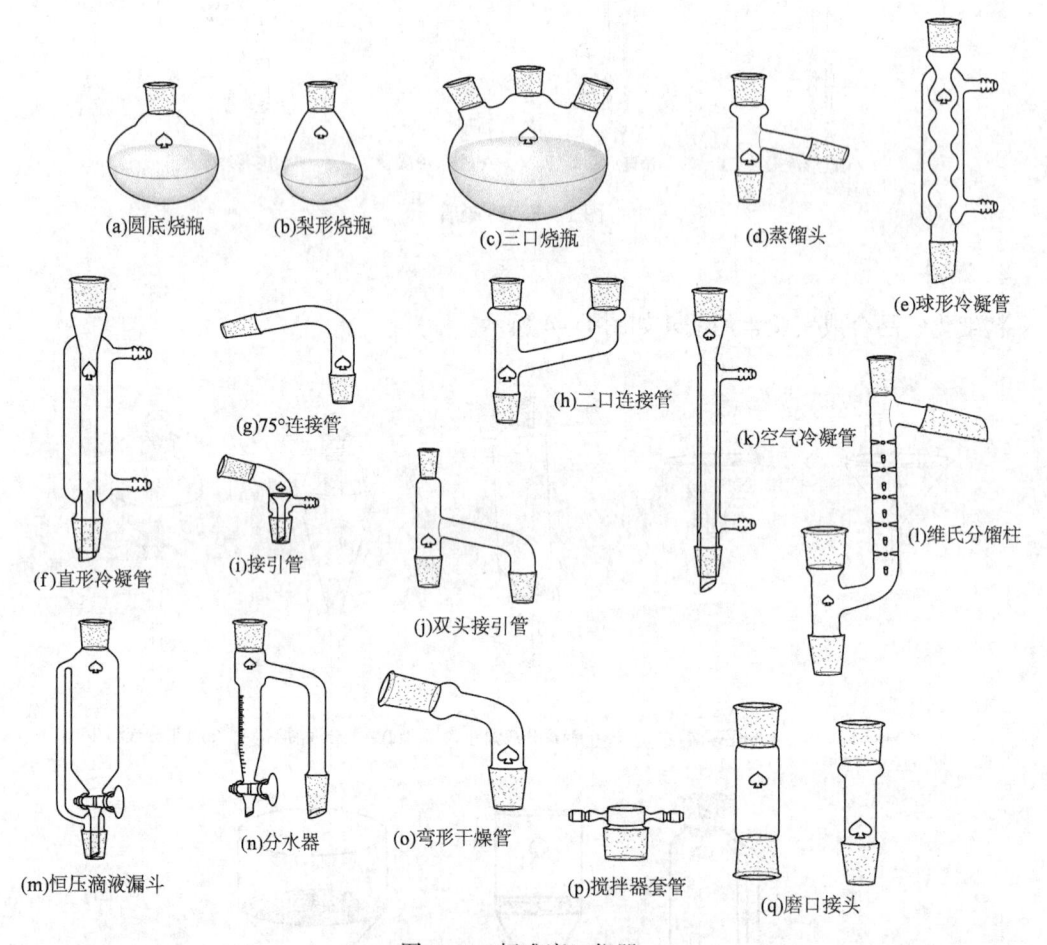

图1-5 标准磨口仪器

标准磨口是根据国际通用的技术标准制造的，国内已经普遍生产和使用。现在常用的是锥形标准磨口，磨口部分的锥度为1∶10，即轴向长度为10mm时，锥体大端的直径与小端直径之差为1mm，锥体的半锥角为2°51′45″。

由于仪器的容量大小及用途不一，故有不同的编号，通常标准磨口有10、12、14、19、24、29、34、40、50等。这些数字编号指的是磨口最大端直径毫米数，相同编号的内外磨口可以紧密相接。也有用两个数字表示磨口大小的,例如,14/30 表示此磨口最大直径为 14mm,磨口长度 30mm。

使用标准磨口仪器时必须注意以下事项:

(1)磨口处必须洁净,若粘有固体物质,则使磨口对接不紧密,导致漏气,甚至损坏磨口。

(2)用后应拆卸、洗净,否则,长期放置后磨口的连接处常会粘牢,难以拆开。

(3)一般使用时磨口无须涂润滑剂,以免污染反应物或产物。若反应物中有强碱,则应涂润滑剂,以免磨口连接处因碱腐蚀而粘牢,无法拆开。

(4)安装时,应注意使磨口连接处不受应力,否则仪器易折断,特别在受热时,应力更大。

6. 其他仪器

精细化学品合成实验常用其他仪器如图 1-6 所示。

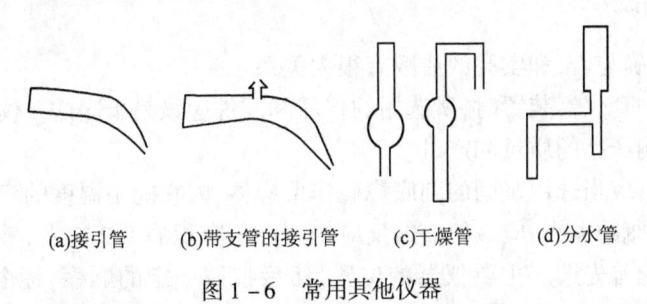

(a)接引管　(b)带支管的接引管　(c)干燥管　(d)分水管

图 1-6　常用其他仪器

六、玻璃仪器的洗净和干燥

1. 玻璃仪器的洗净

仪器必须经常保持洁净。应该养成仪器用毕后随即清洗的习惯。仪器用毕后随即清洗,不但容易洗净,而且由于了解残渣的成因和性质,也便于找出处理残渣的方法。例如,碱性残渣和酸性残渣分别用酸液和碱液处理,就可能将残渣洗去。时间长了,就会给洗刷带来很多困难。

洗刷仪器最简单的方法是用毛刷和去污粉擦洗。有时在肥皂里掺入一些去污粉或硅藻土,洗刷效果更好,洗刷后,要用清水把仪器冲洗干净。应该注意,洗刷时,不能用秃顶的毛刷,也不能用力过猛,否则会戳破仪器。焦油状物质和炭化残渣用去污粉、肥皂、强酸或强碱液常常洗刷不掉,这时需用铬酸洗液。

铬酸洗液的配制方法如下:在一个 250mL 烧杯中,将 5g 重铬酸钠溶于 5mL 水,然后在搅拌下慢慢加入 100mL 浓硫酸。加硫酸过程中,混合液的温度将升至 70~80℃。待混合液冷却到 40℃左右时,将其倒入干燥的磨口细口瓶中保存起来。铬酸洗液呈红棕色,经长期使用变成绿色时,即告失效。铬酸洗液是强酸和强氧化剂,具有腐蚀性,使用时应注意安全。

在使用铬酸洗液前,应把仪器上的污物,特别是还原性物质,尽量洗净。尽量把仪器内的水倒净,然后缓慢倒入洗液,让洗液充分润湿未洗净的地方,放置几分钟后,不断地转动仪器,使洗液能够充分地润湿有残渣的地方,把多余的洗液倒回原来的瓶中。然后加入少量水,摇荡后,把洗液倒入废液缸内。最后用清水把仪器冲洗干净。若污物为炭化残渣,则需加入少量洗液或浓硝酸,把残渣浸泡几分钟后,再用游动小火火焰均匀地加热该处,到洗液开始冒气泡时为止。

2. 玻璃仪器的干燥

在精细化学品合成实验中,往往需要用干燥的仪器。因此在仪器洗净后,还应进行干燥。事先把仪器干燥好,就可以避免临使用时才进行干燥。下面介绍几种简单的干燥仪器的方法:

(1)晾干:在精细化学品合成实验中,应尽量采用晾干法于实验前使仪器干燥。例如,烧杯可倒置在柜子内;蒸馏烧瓶、锥形瓶和量筒等可倒套在试管架的小木桩上;冷凝管可用夹子夹住,竖放在柜子里。放置一两天后,仪器就晾干了。

应该有计划地利用实验中的零星时间,把下次实验需用的干燥仪器洗净并晾干,这样在做下一个实验时,就可以节省很多时间。

(2)在电热干燥箱中烘干:电热干燥箱温度保持在 100~120℃。

七、仪器的装配

仪器装配的正确与否,和实验的成败有很大关系。

首先,在装配一套仪器装置时,所选用的仪器和配件应该是干净的。仪器中存有水滴和杂质,往往会严重影响产品的质量和产量。

需加热的实验,应当选用坚固的圆底烧瓶作反应器,因它能耐温度的变化和反应物沸腾时对器壁的冲击。烧瓶的大小,应该使盛的反应物占烧瓶容积的 1/2 左右,最多不超过 2/3。

装配仪器时,应首先选定主要仪器的位置,然后按照一定的顺序,逐个地装配其他仪器。例如,在装配蒸馏装置和加热回流装置时,应首先固定好蒸馏烧瓶和圆底烧瓶的位置。在拆卸仪器时,要按和装配时相反的顺序,逐个拆除。

仪器装配得严密和正确,不仅可以保证反应物质不受损失,实验顺利进行,还可以避免因仪器装配不严密而使挥发性易燃液体的蒸气逸出器外所造成的着火和爆炸事故。

在装配常压下进行反应的仪器时,仪器装置必须与大气相通,绝不能密闭,否则加热后,产生的气体或有机物质的蒸气在仪器内膨胀,会使压力增大,易引起爆炸。为了使反应物不受空气中湿气的作用,有时在仪器和大气相通处安装一个氯化钙干燥管。氯化钙干燥管会因用久而堵塞,所以使用前应加以检查。

仪器和配件常用软木塞(或用耐热橡皮塞)连接,塞子和塞孔的大小须合适。用短橡皮管连接玻璃管时,要使两根玻璃管直接接触。

将玻璃管(或温度计)插入塞孔(图 1-7)时,可先用水或甘油润湿玻璃管插入的一端,然后一手持塞子,一手捏着玻璃管,逐渐旋转插入。应当注意:插入或拔出玻璃管时,手指捏住玻璃管的位置与塞子的距离不可太远,应经常保持 2~3cm,以防玻璃管折断而伤手。插入或拔出弯形玻璃管时,手指不应捏在弯曲处,因为该处易折断,必要时要垫软布或抹布。

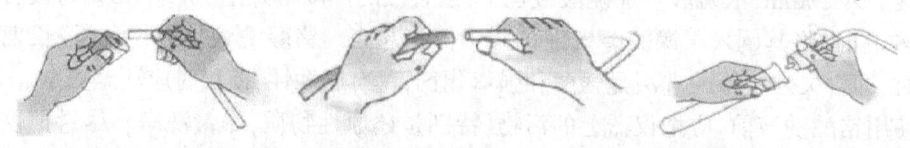

图 1-7 玻璃管插入塞孔

仪器应用铁夹牢固地夹住,不宜太松或太紧。铁夹绝不能与玻璃直接接触,而应套上橡皮管、粘上石棉垫或用石棉绳包扎起来。需加热的仪器,应夹住仪器受热最低的位置。冷凝管则应夹住其中央部分。

在实验操作开始以前,应仔细检查仪器装配是否严密,有无错误。

第二节 精细化学品合成实验技术

一、加热

在室温下,某些反应难于进行或反应速率很慢。为了加快反应速率,通常需要加热。有机物质的蒸馏、升华等也需要加热。下面介绍几种最常用的加热方法。

1. 直接(电炉)加热

物料盛在金属容器或坩埚中时,可用电炉直接加热容器。玻璃仪器则需要放置在石棉网上加热,这种加热方式的缺点是:受热不均匀,并可使部分物料由于局部过热而分解。

2. 电热套加热

电热套使用安全方便,温度可控制(室温至300℃),加热均匀,是精细化学品合成实验室中最常用的加热设备。电热套一般有两种:一种是通过调节电阻控温(适用于温度要求不太严格的加热);另一种是与控温仪联用通过触点温度计控温(适用于要求精密控温的加热)。不同型号的加热套,使用方法可参照说明书操作。

3. 油浴加热

加热温度在100~250℃时,可以用油浴。油浴的优点在于温度容易控制在一定范围内,容器内的反应物受热均匀。油浴的温度应比容器内反应物的温度高20℃左右。

油浴常用的油类有液体石蜡、豆油、棉籽油、硬化油(如氢化棉籽油)、甘油、导热油等。新用的植物油加热到220℃时,往往有一部分分解而易冒烟,所以加热以不超过200℃为宜,用久以后,可加热到220℃。药用液体石蜡可加热到220℃,硬化油可加热到250℃左右,导热油可加热到280℃左右。

用油浴锅加热时,要特别当心,防止着火。当油的冒烟情况严重时,即应停止加热。万一着火,不要慌张,可首先关闭加热电器,再移去周围易燃物,然后用石棉布盖住油浴口,火即可熄灭。油浴中应悬挂温度计,以便随时调节温度。

加热完毕后,把容器提离油浴液面,仍用铁夹夹住,放置在油浴上面。等附着在容器外壁上的油流完后,用纸和干布把容器擦净。

4. 水浴加热

加热温度在100℃以下,最好用电热水浴锅加热,水浴容器可用铝锅或恒温水浴装置。加热温度在90℃以下时,可将盛物料的容器浸在水中(注意勿使容器接触水浴底部),调节水浴锅的电阻把水浴温度控制在需要的范围以内。如果需要加热到100℃,可用沸水浴。

5. 砂浴加热

砂浴使用方便,可加热到350℃。一般用铁盘装砂,将容器半埋在砂中加热。砂浴的缺点是砂对热的传导能力较差,砂浴温度分布不均,且不易控制。因此,容器底部的砂层要薄些,使容器易受热，而容器周围的砂层要厚些，使热不易散失。砂浴中应插温度计，且温度计的水银球应紧靠容器。使用砂浴时，桌面要铺石棉网，以防辐射热烤焦桌面。

6. 特殊加热装置

在某些实验场合，由于加热对象特殊，如精馏柱、分水器等，需要选用特殊形状的加热器，可选用加热带、加热枕垫、保温套等。

二、冷却

有些反应为了把温度控制在一定范围内，常需要适当进行冷却。最简便的冷却方法是将盛有反应物的容器适时地浸入冷水浴中。

某些反应需在低于室温的条件下进行，则可用水和碎冰的混合物作冷却剂，如果水的存在不妨碍反应的进行，则可以把碎冰直接投入反应物中，这样能更有效地保持低温。

如果需要把反应混合物保持在0℃以下，常用碎冰和无机盐的混合物作冷却剂。

三、回流、分水

1. 回流

许多有机化学反应需要使反应物在较长的时间内保持沸腾才能完成。为了防止蒸气逸出，常用回流冷凝装置，使蒸气不断地在冷凝管内冷却，返回反应器中，以防止反应物逸失，如图1-8(a)①和图1-8(b)①所示。为了防止空气中的湿气侵入反应器中或吸收反应中放出的有毒气体，可在冷凝管上口连接氯化钙干燥管或气体吸收装置，如图1-8(a)②和图1-8(b)②所示。有些反应进行剧烈，放热很多，或反应速率太快，如将反应物质依次加入，会使反应失控而导致失败。在这种情况下，可采用带滴液漏斗的回流装置[图1-8(c)和图1-8(d)]，将一种试剂逐渐滴加进去。冷凝管套管内的冷却水，水流速度以能保持蒸气充分冷凝即可。进行回流操作时也要控制加热，蒸气上升的高度一般以不超过冷凝管1/3为宜。

2. 分水

进行某些可逆平衡性质的反应时，为了使正向反应进行到底，可将反应产物之一不断地从反应混合物体系中除去。图1-8(e)的装置中，有一个分水器，回流下来的蒸气冷凝液进入分水器，分层后，有机层自动被送至烧瓶中，而生成的水可从分水器中放出去。这样可使某些生成水的可逆反应进行到底。

四、搅拌和振荡

在固体与液体或互不相溶的液体进行反应时，为了使反应混合物能充分接触，应该进行强烈的搅拌或振荡。此外，在反应过程中，当把一种反应物料滴加或分批小量地加入另一种物料时，也应该使二者尽快地均匀接触，这也需要进行强烈的搅拌或振荡，否则，由于浓度局部增大或温度局部增高，可能发生更多的副反应。

1. 人工搅拌和振荡

在反应量小，反应时间短，而且不需要加热或温度不太高的操作中，用手摇动容器就可以达到充分混合的目的。也可用两端烧光的玻璃棒沿着器壁均匀搅动，但必须避免玻璃棒碰撞器壁。若在搅拌的同时还需要控制反应温度（如在苯胺的重氮化反应中），则可用橡皮圈把玻璃棒和温度计套在一起。为了避免温度计水银球触及反应器的底部而损坏，玻璃棒的下端宜稍伸出一些。

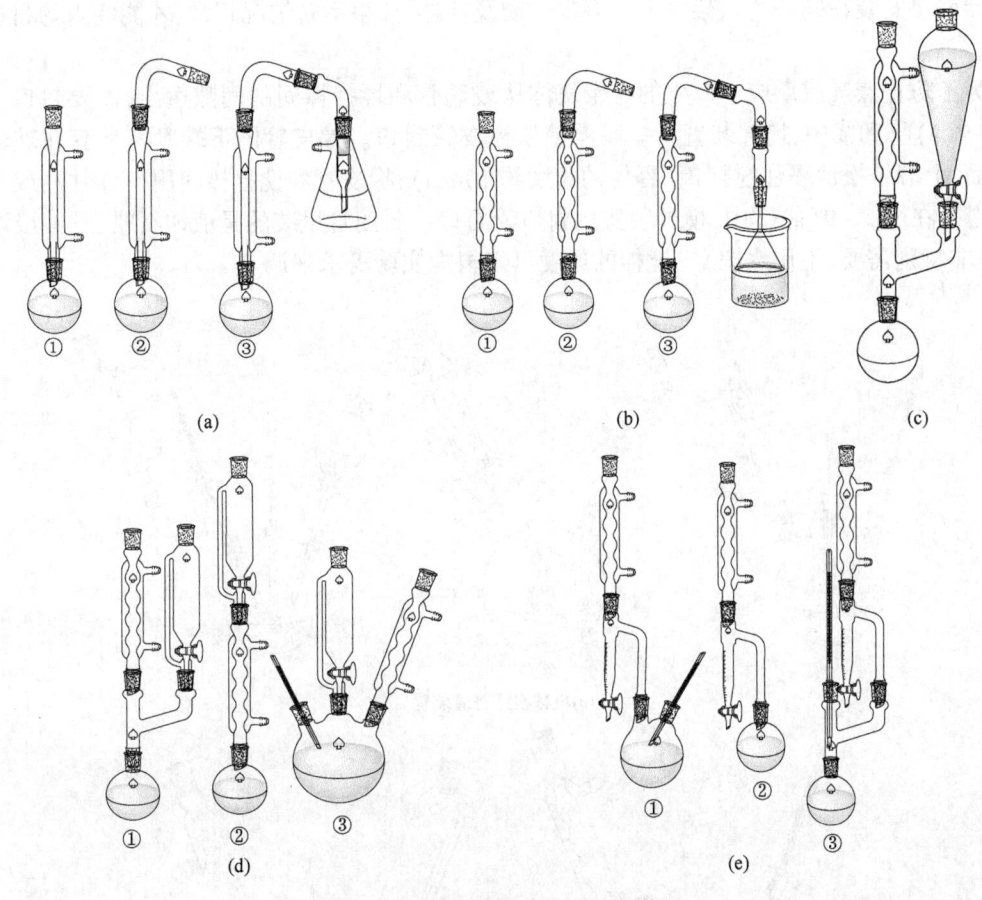

图1-8　不同形式的回流冷凝装置

在反应过程中，回流冷凝装置往往需做间歇的振荡。振荡时，把固定烧瓶和冷凝管的铁夹暂时松开，一只手靠在铁夹上并扶住冷凝管，另一只手拿住瓶颈做圆周运动。每次振荡后，应把仪器重新夹好。也可以用振荡整个铁架台的方法，使容器内的反应物充分混合。

2. 机械搅拌

在那些需要较长时间进行搅拌的实验中，最好用电动搅拌器。在反应过程中，若在搅拌的同时还需要进行回流，则最好用三口烧瓶，中间瓶口装配搅拌棒，一个侧口安装回流冷凝管，另一个侧口安装温度计[图1-9(a)①]或滴液漏斗[图1-9(a)②]。若无三口烧瓶，也可在广口圆底烧瓶上安装一个二口连接管[图1-5(h)]代替。

搅拌装置的装配方法如下：首先选定三口烧瓶和电动搅拌器的位置。选择一个适合中间瓶口的软木塞，钻一孔，孔必须钻得光滑笔直，插入一段玻璃管（或封闭管）；软木塞和玻璃管间一定要紧密。玻璃管的内径比搅拌棒稍大些，使搅拌棒在玻璃管内自由地转动。在玻璃管内插入搅拌棒。把搅拌棒和搅拌器用短橡皮管（或连接器）连接起来。然后把配有搅拌棒的软木塞塞入三口烧瓶的中间瓶口内，塞紧软木塞。调整三口烧瓶的位置（最好不要调整搅拌器的位置，若必须调整搅拌器的位置，应先拆除三口烧瓶，以免搅拌棒戳破瓶底），使搅拌棒的下端距瓶底约5mm，中间瓶颈用铁夹夹紧。从仪器装置的正面和侧面仔细检查，进行调整，使整套仪器正直。开动搅拌器,试验运转情况。当搅拌棒和玻璃管之间不发生摩擦时,才能认为仪器装配合格,否则,需要再进行调整。装上冷凝管和滴液漏斗(或温度计),用铁夹夹紧。上述仪器需要安装在同一个铁架台上。再次开动搅拌器,如果运转情况正常,才能装入物料进行实验。

为了防止蒸气或反应中产生的有毒气体从玻璃管和搅拌棒间的间隙逸出,需要封口。在图1-9(a)①和③中,搅拌装置用一段厚壁软橡皮管封口。橡皮管的下端紧密地套在玻璃管的外面,上端松松地裹住搅拌棒(裹住的长度约10mm);橡皮管和搅拌棒间用少许甘油或凡士林润滑。在图1-9(a)②中,搅拌装置用封口管封口。封闭管里装的是液体石蜡、甘油或浓硫酸等(非特别需要,不用水银)。搅拌的速度可以根据实验需求来调节。

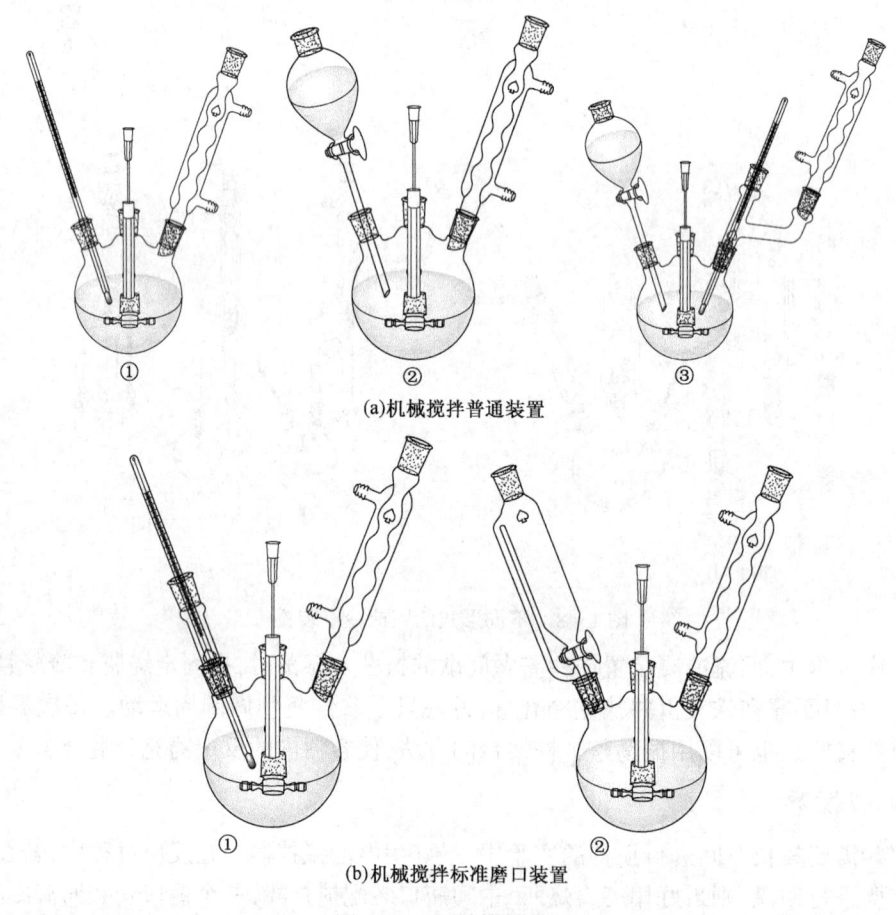

① ② ③
(a)机械搅拌普通装置

① ②
(b)机械搅拌标准磨口装置

图1-9 机械搅拌装置

五、蒸馏

蒸馏是分离和提纯液态有机化合物常用的重要方法之一。应用这一方法,不仅可以把挥发性物质与不挥发性物质分离,还可以把沸点不同的物质以及有色的杂质分离。

通常情况下,纯粹的液态物质在大气压力下有一定的沸点。如果在蒸馏过程中,沸点发生变动,那就说明物质不纯。因此可借蒸馏的方法来测定物质的沸点并定性地检验物质的纯度。某些有机化合物往往能和其他组分形成二元或三元恒沸混合物,它们也有一定的沸点。因此,不能认为沸点一定的物质都是纯物质。

1. 蒸馏装置

蒸馏装置主要包括蒸馏烧瓶、冷凝管和接收器三部分。

蒸馏烧瓶是蒸馏时最常用的容器。选用什么容量的蒸馏烧瓶,应由所蒸馏液体的体积来决定。通常所蒸馏的原料液体的体积应占蒸馏烧瓶容量的1/3～2/3。如果装入的液体量过多,当加热到沸腾时,液体可能冲出,或者液体飞沫被蒸气带出,混入馏液中;如果装入的液体量太少,在蒸馏结束时,相对地会有较多液体残留在瓶内蒸不出来。

蒸馏装置的装配方法如下:选一个适合于蒸馏烧瓶瓶口的软木塞,钻孔,插入温度计。把装配有温度计的软木塞插入瓶口。调整温度计的位置,务必使在蒸馏时它的水银球能完全为蒸气所包围,这样才能正确地测量出蒸气的温度。通常水银球的上端应恰好位于蒸馏烧瓶支管的底边所在的水平线上(图1-10)。再选一个适合于冷凝管管口的软木塞,钻孔,然后把它紧密地套在蒸馏烧瓶的支管上。在铁架台上,首先固定好蒸馏烧瓶的位置;以后在装其他仪器时,不宜再调整蒸馏烧瓶的位置。

选一适合于接收器的软木塞,钻孔,把冷凝管下端插入塞孔内。在另一铁架台上,用铁夹夹住冷凝管的中上部分,调整铁架台和铁夹的位置,使冷凝管的中心线和蒸馏烧瓶支管的中心线成一直线,如图1-10所示。

移动冷凝管,把蒸馏烧瓶的支管和冷凝管紧密连接起来;蒸馏烧瓶的支管须伸入冷凝管部分的1/2左右,这时,铁夹应调节到正好夹在冷凝管的中央部分,再装上接引管和接收器[图1-11(a)]。

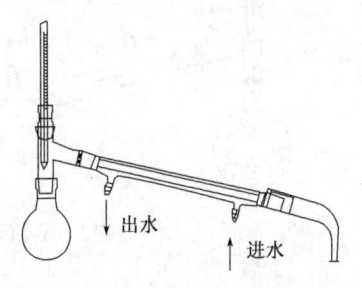

图1-10 装配蒸馏装置

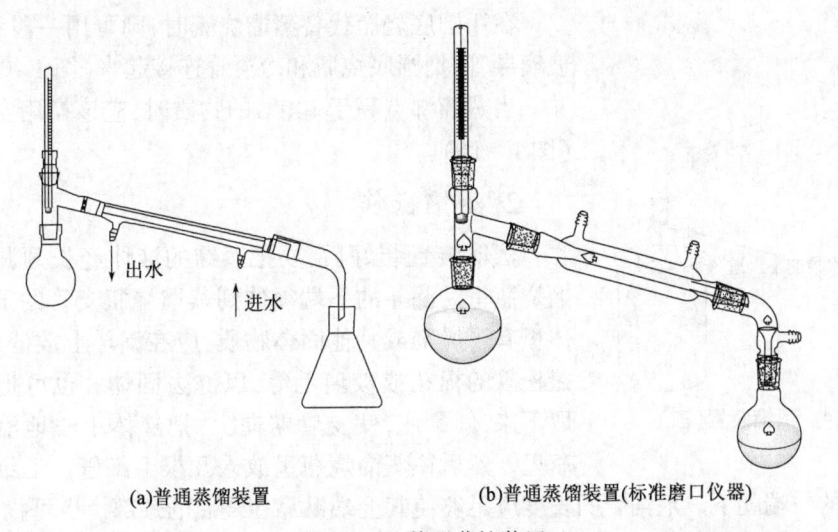

(a)普通蒸馏装置　　(b)普通蒸馏装置(标准磨口仪器)

图1-11 普通蒸馏装置

在蒸馏挥发性小的液体时,也可不用接引管。装配蒸馏装置时,应注意以下几点:

(1)首先应选定蒸馏烧瓶的位置,然后以它为基准,依次连接其他仪器。

(2)所用的软木塞必须大小合适,装配严密,以防止在蒸馏过程中有蒸气漏出,而使产品受到损失或发生着火事故。

(3)绝对不允许铁夹和玻璃仪器直接接触,以防夹破仪器。所用的铁夹必须用石棉布、橡皮等作衬垫。铁夹应该装在仪器的背面,夹在蒸馏瓶支管以上的位置和冷凝管的中央部分。

(4)常压下的蒸馏装置必须与大气相通。

(5)在同一实验桌上装置几套蒸馏装置且相互间的距离较近时,每两套装置的相对位置必须是蒸馏烧瓶对蒸馏烧瓶,或是接收器对接收器。避免使一套装置的蒸馏烧瓶与另一套装置的接收器相邻,因为这样有着火的危险。

如果蒸馏出的物质易受潮分解,可在接收器上连接一个氯化钙干燥管,以防止湿气的侵入;如果蒸馏的同时还放出有毒气体,则尚需装配气体吸收装置(图1-12和图1-13)。

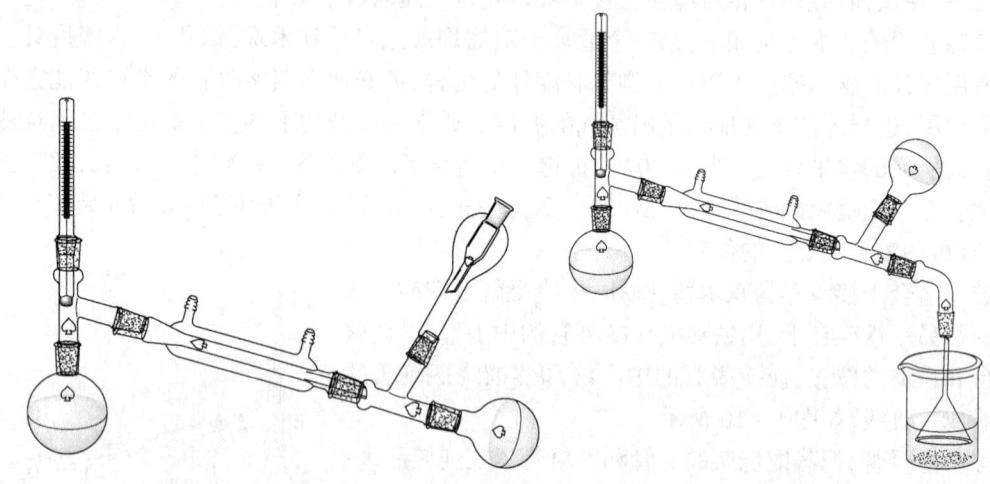

图1-12 蒸馏装置(一)

图1-13 蒸馏装置(二)

如果蒸出的物质易挥发、易燃或有毒,则可在接收器上连接一长橡皮管,通入水槽的下水管或引出室外(图1-14)。

在用圆底烧瓶代替蒸馏烧瓶时,则可用一段约75°的弯玻璃导管,把圆底烧瓶和冷凝管连接起来(图1-15)。

当蒸馏沸点高于140℃的物质时,应该换用空气冷凝管(图1-16)。

2.蒸馏操作

蒸馏装置装好后,要把蒸馏的液体经长颈漏斗倒入蒸馏烧瓶里。漏斗的下端须伸到蒸馏烧瓶支管的下面。若液体里有干燥剂或其他固体物质,应在漏斗上放滤纸,或一小撮松软的棉花或玻璃毛等,以滤去固体。也可把蒸馏烧瓶取下来,斜拿住,使支管略向上,把液体小心地沿器壁倒入瓶里。然后往蒸馏烧瓶里放入几根毛细管。毛细管的一端

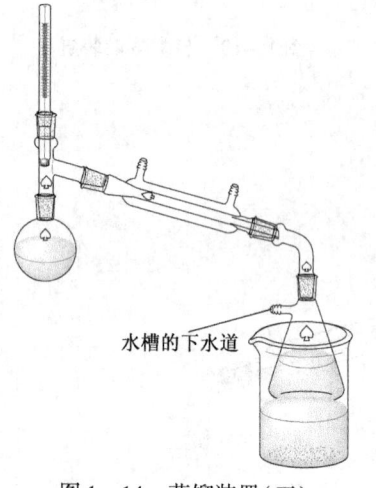

图1-14 蒸馏装置(三)

封口,开口的一端朝下。毛细管的长度应足够使其上端贴靠在烧瓶的颈部。也可投入2~3粒沸石以代替毛细管。沸石是未上釉的瓷片敲碎形成的半粒米大小的小粒。毛细管和沸石的作用都是防止液体暴沸,使沸腾保持平稳。当液体加热到沸点时,毛细管和沸石均能产生小的气泡,成为沸腾中心。在持续沸腾时,沸石(或毛细管)可以继续有效,一旦停止沸腾或中途停止蒸馏,则原有的沸石即失效,在再次加热蒸馏前,应补加新的沸石。如果事先忘记加沸石,则绝不能在液体加热到近沸腾时补加,因为这样往往会引起剧烈的暴沸,使部分液体冲出瓶外,有时还易发生着火事故。应该待液体冷却一段时间后,再行补加。如果蒸馏液体很黏稠或含有较多的固体物质,加热时很容易发生局部过热和暴沸现象,加入的沸石也往往失效。在这种情

况下,可以选用适当的热浴加热。例如,可采用油浴。

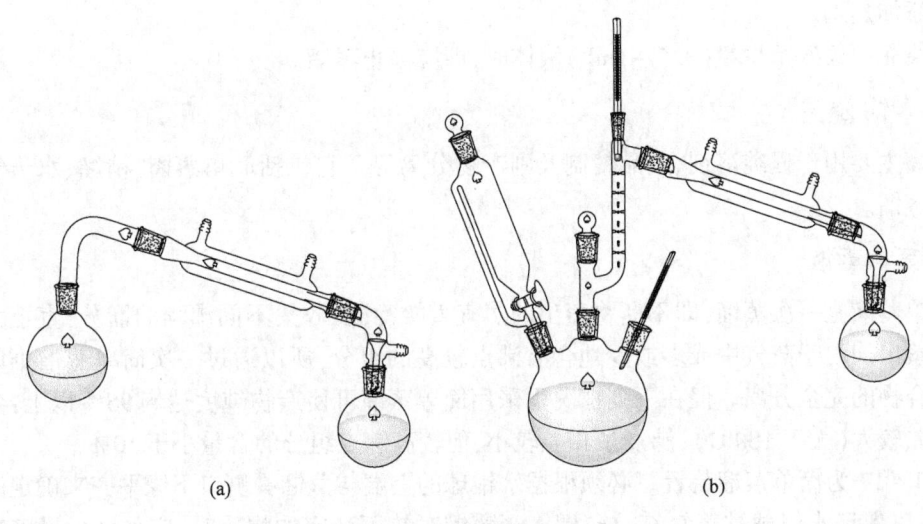

(a)　(b)

图 1-15　蒸馏装置(四)

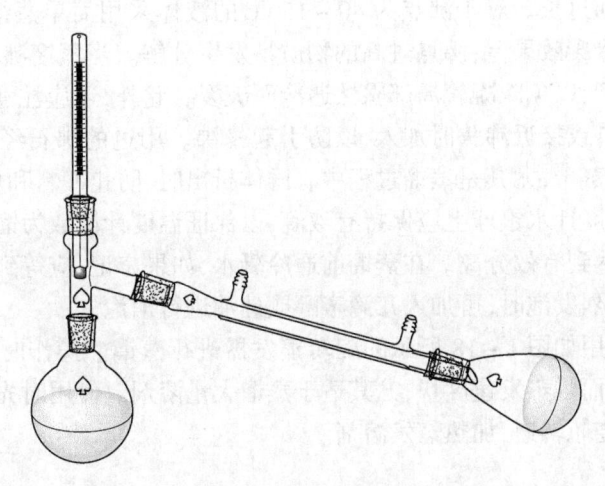

图 1-16　蒸馏装置(五)

是选用合适的热浴加热,还是通过石棉铁丝网加热(烧瓶底部一般应贴在石棉铁丝网上),要根据蒸馏液体的沸点、黏度和易燃程度等情况来决定。

加热前,应再次检查仪器是否装配严密,必要时,应进行最后调整。开始加热时,可以让温度上升稍快些。开始沸腾时,应密切注意蒸馏烧瓶中发生的现象;当冷凝的蒸气环由瓶颈逐渐上升到温度计水银球周围时,温度计的读数就很快地上升。调节火焰或浴温,使从冷凝管流出液滴的速率为 1~2 滴/s。应当在实验记录本上记录第一滴馏出液滴入接收器时的温度。当温度计的读数稳定时,另换接收器集取。如果温度变化较大,须多换几个接收器集取。所用的接收器都必须洁净,且事先都须称量过。记录每个接收器内馏分的温度范围和质量。若要集取的温度范围已有规定,即可按规定集取。馏分的沸点范围越窄,则馏分的纯度越高。

蒸馏的速度不应太慢,否则易使水银球周围的蒸气短时间中断,致使温度计的读数有不规则的变动。蒸馏速度也不能太快,否则易使温度计读数不正确。在蒸馏过程中,温度计的水银球上应始终附有冷凝的液滴,以保持气液两相的平衡。

蒸馏低沸点易燃液体时(如乙醚),附近应禁止有明火,绝不能用灯火直接加热,也不能用正在灯火上加热的水浴加热,而应该用预先热好的水浴。为了保持必需的温度,可以适时地向水浴中添加热水。

当烧瓶中仅残留少量(0.5~1mL)液体时,即应停止蒸馏。

3. 蒸馏分类

蒸馏主要用于提纯溶剂、产品精制及副产物分离等。它包括简单蒸馏、精馏、水蒸气蒸馏和减压蒸馏。

1) 简单蒸馏

简单蒸馏是一次蒸馏,即不断将蒸出的蒸气直接冷凝,收集不同沸程的馏分,直至大部分液体被蒸出。由于蒸气中或多或少地含有沸点较高的组分,所以通过一次简单蒸馏难以达到液体混合物的完全分离。但在下列情况下采用简单蒸馏可使产物纯度达到95%以上;各组分沸点相差较大(大于100℃);沸点虽相差较小,但较高沸点组分的含量小于10%。

图1-17为简单蒸馏装置。必须根据水银球的上端与蒸馏头侧口下缘平齐来确定温度计的位置,以保证水银球被蒸气充分包围。当蒸馏对热不稳定的物质时,应采用少量多次的方法,避免物质受热时间过长。对于沸点为40~150℃的液体采用简单蒸馏是合适的。沸点过低的液体挥发性大,冷凝效果差;沸点过高的物质易发生分解。当蒸馏沸点大于150℃的液体时,应采用空气冷凝管,以免冷凝管局部骤然遇冷而破裂。此外,还应注意在加热前加入1~2粒沸石,但不要在沸腾或接近沸腾时加入,以防引起暴沸。用过的沸石经洗涤、干燥后方可重复使用。不能将物料蒸干,尤其是蒸馏过程中有固体析出时,防止冲料和爆炸。蒸馏速率每秒蒸出1~2滴为宜,温度计水银球上应保持有液滴,以保证温度计读数为馏出液沸点,蒸馏体系保持气液平衡,从而达到有效分离。在蒸馏前通冷凝水,如果忘记,应等到冷凝管冷却后再通,以防炸裂。蒸馏中强烈发泡时,可加入几滴辛醇或硅油进行消泡。

实验室中还常采用如图1-18所示的旋转蒸发器进行蒸馏。操作时烧瓶不断旋转,液体受热均匀,不会暴沸,而且蒸发速度快,尤其适于蒸馏大量溶剂。使用时先将系统抽真空,再与大气隔绝,然后调节烧瓶转速,加热蒸发溶剂。

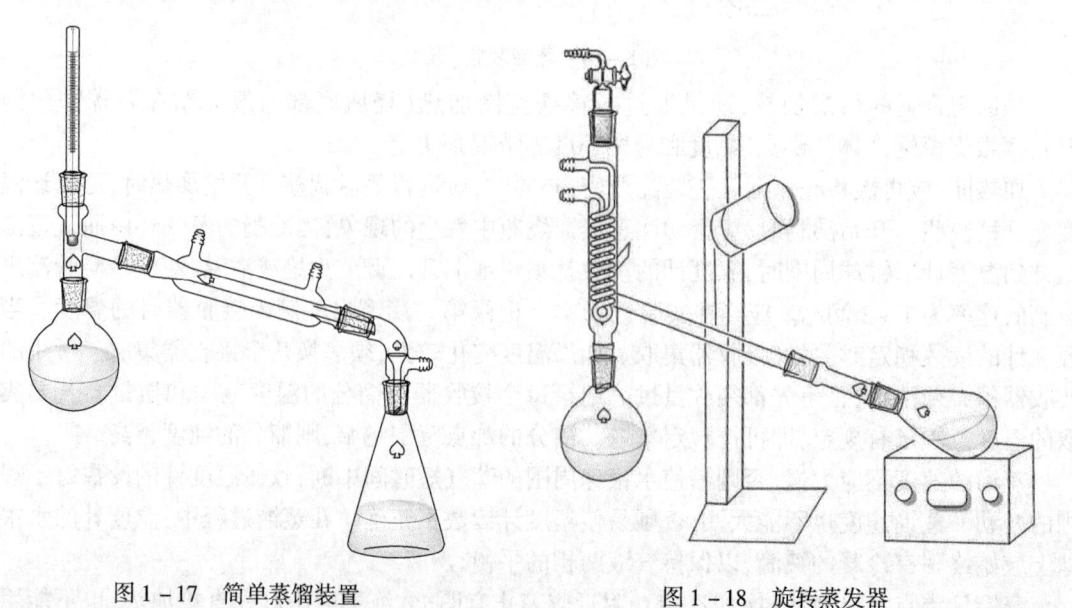

图1-17 简单蒸馏装置　　　　　图1-18 旋转蒸发器

2) 精馏

液体混合物中的各组分,若其沸点相差很大,可用普通蒸馏法分离开;若其沸点相差不太大,则用普通蒸馏法就难以精确分离。为有效地分离和提纯两种或多种沸点相差较小的液体化合物,需采用精馏的方法。

如果将两种挥发性液体的混合物进行蒸馏,在沸腾温度下,其气相与液相达成平衡,出来的蒸气中含有较多易挥发物质的组分。将此蒸气冷凝成液体,其组成与气相组成相同,即含有较多的易挥发物质的组分。而残留物中却含有较多的高沸点组分。这就是进行了一次简单的蒸馏。如果将蒸气凝成的液体重新蒸馏,即又进行了一次气液平衡,再度产生的蒸气中所含的易挥发性组分又有所增高,将此蒸气再经过冷凝而得到的液体中易挥发物质的组成当然也高。通过多次重复蒸馏,最后可得到接近纯组分的两种液体。这种蒸馏既浪费时间又浪费能源,所以通常利用精馏来进行分离。

利用分馏柱进行分馏,实际上就是在分馏柱内使混合物进行多次汽化和冷凝。当上升的蒸气与下降的冷凝液互相接触时,上升的蒸气部分冷凝放出热量,使下降的冷凝液部分汽化,相互之间发生了热交换。其结果是,上升蒸气中易挥发组分增加,而下降的冷凝液中高沸点组分增加。如果继续多次,就等于进行了多次的气液平衡,即达到了多次蒸馏的效果。这样,靠近分馏柱顶部易挥发物质的组分的比率高,而在烧瓶里高沸点组分的比率高。当分馏柱的效率足够高时,开始从分馏柱顶部出来的几乎是纯净的易挥发组分,而最后在烧瓶里残留的则几乎是纯净的高沸点组分。

实验室常用的分馏柱如图1-19(a)所示,分馏装置如图1-19(b)所示。分馏装置的装配原则及操作与蒸馏相似。分馏操作更应细心,柱身通常应保温。这种简单分馏,效率虽略优于蒸馏,但总体说来还是很差的,如果要分离沸点相近的液体混合物,还必须用精馏装置。

精馏的原理与简单分馏完全相同。为了提高分馏效率,在操作上采取了两项措施:一是柱身装有保温套,保证柱身温度与待分馏物质的沸点相近,以利于建立平衡。二是控制一定的回流比(上升的蒸气,在柱头经冷凝后,回入柱中的量和出料的量之比)。一般说来,对同一分馏柱,平衡保持得好,回流比大,则效率高。

精馏装置如图1-19(c)所示。在烧瓶中加入待分馏的物料,投入几粒沸石。柱头的回流冷凝器中通水。关闭出料旋塞(但不得密闭加热)。对保温套及烧瓶电炉通电加热,控制保温套温度略低于待分馏物料组分最低的沸点。调节电炉温度使物料沸腾,蒸气升至柱中,冷凝、回流而形成液泛(柱中保持着较多的液体,使上升的蒸气受到阻塞,整个柱子失去平衡)。降低电炉温度,待液体流回烧瓶,液泛现象消除后,提高炉温,重复液泛一两次,充分润湿填料。

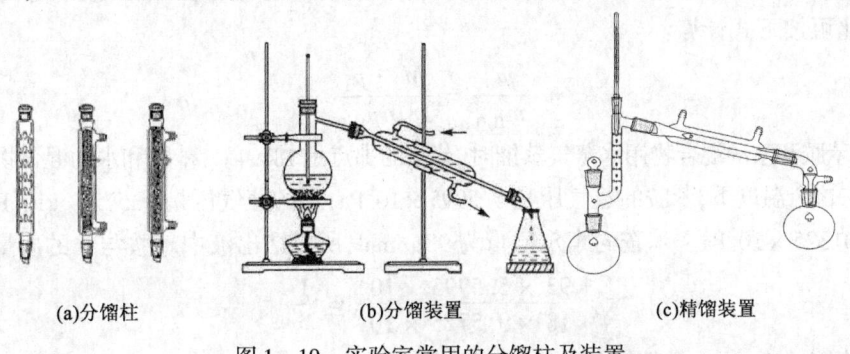

(a)分馏柱　　　　(b)分馏装置　　　　(c)精馏装置

图1-19　实验室常用的分馏柱及装置

经过上述操作后,调节柱温,使之与物料组分中最低沸点相同或稍低。控制电炉温度,使蒸气缓慢地上升至柱顶,冷凝而全回流(不出料)。经一定时间后柱及柱顶温度均达到恒定,表示平衡建立。此后逐渐旋开旋塞,在稳定的情况下(不液泛),按一定回流比连续出料。收集一定沸点范围的各馏分,记下每一馏分的沸点范围及质量。

精馏装置由蒸馏瓶、精馏柱、蒸馏头和接收器四部分组成。其中最主要的部分是精馏柱,它决定着精馏的效率。在精馏过程中,蒸气沿精馏柱上升,部分冷凝,沿柱流下。柱下端比上端温度高,冷凝液又重新被汽化。随蒸气的不断上升产生一连串的冷凝和汽化过程,使气相中易挥发组分的含量逐渐增多。最后,柱顶蒸气几乎全部是易挥发组分,而蒸馏瓶内难挥发的组分较多。由此可见,有效精馏的条件是:精馏柱内气液相应紧密接触,以利于传热;精馏柱自下而上保持一定的温度梯度和压降;精馏柱应具有足够的高度与效率;蒸馏应进行得慢而均匀,使大部分液体能够从柱中返回。为使保温良好,可用石棉绳、铝箔、玻璃毛等使精馏柱隔热,避免热量损失。

实验中可根据分离的难易程度、蒸馏物的多少及蒸馏所需压力范围来选择精馏柱。当精馏少量较易分离的液体时,可采用韦氏精馏柱或旋纹柱,但其分离效率较低。在精馏柱内装填各种填料可增加气液两相间的接触面积,提高精馏效率。常用的填料有玻璃毛、玻璃珠、碎瓷片、瓷环以及螺旋形、马鞍形等各种金属片,加填料后的精馏柱适用于量大、较难分离的样品。

回流比越大,精馏效率越高,但能耗大,精馏时间加长。当回流为零时,对于各组分沸点之差小于40℃的液体混合物,一般不能精馏出纯度高于质量分数95%的馏出液。

对于沸点较高的液体混合物,可进行减压蒸馏。操作时应保持压力恒定,而且要求精馏柱内压力应尽可能小。否则精馏效率低或温度过高,产品易分解。

3) 水蒸气蒸馏

水蒸气蒸馏操作是将水蒸气通入不溶或难溶于水但有一定挥发性的有机物质(100℃时其蒸气压至少为 $1.3325 \times 10^5 Pa$)中,使该有机物质在低于100℃的温度时随着水蒸气一起蒸馏出来。

两种互不相溶的液体混合物质的蒸气压,等于两液体单独存在时的蒸气压之和。当组成混合物的两液体的蒸气压之和等于大气压时,混合物就开始沸腾。互不相溶的液体混合物的沸点,要比每一物质单独存在时的沸点低。因此,在不溶于水的有机物中,通入水蒸气进行水蒸气蒸馏时,在比该物质的沸点低得多的温度,而且比100℃还要低的温度就可以使物质蒸馏出来。

在馏出物中,随水蒸气一起蒸馏出的有机物质同水的质量(m_o 和 m_{H_2O})之比,等于两者分压(p_o 和 p_{H_2O})分别与两者的摩尔质量(M_o 和 18g/mol)相乘之比,所以馏出液中有机物质同水的质量之比可按下式计算:

$$\frac{m_o}{m_{H_2O}} = \frac{M_o \cdot p_o}{18 \cdot p_{H_2O}}$$

例如,苯胺和水的混合物用水蒸气蒸馏时,苯胺的沸点是184.4℃,苯胺和水的混合物在98.4℃就沸腾。在这个温度下,苯胺的蒸气压是 $5.5995 \times 10^3 Pa$,水的蒸气压是 $9.5725 \times 10^4 Pa$,两者相加等于 $1.01325 \times 10^5 Pa$。苯胺的摩尔质量为93g/mol,所以馏出液中苯胺与水的质量比等于

$$\frac{93 \times 5.5995 \times 10^3}{18 \times 9.5725 \times 10^4} = \frac{1}{3}$$

由于苯胺略溶于水,这个计算所得的仅是近似值。

水蒸气蒸馏是用以分离和提纯有机化合物的重要方法之一,常用于下列各种情况:
(1)混合物中含有大量固体,通常的蒸馏、过滤、萃取等方法都不适用。
(2)混合物中含有焦油状物质,采用通常的蒸馏、萃取等方法非常困难。
(3)在常压下蒸馏会发生分解的高沸点有机物质。

水蒸气蒸馏装置如图1-20(a)所示,主要由水蒸气发生器、与桌面成约45℃放置的长颈圆底烧瓶和长的直型冷凝管等组成。水蒸气发生器通常是铁制的,也可以用圆底烧瓶代替。器内盛水约占其容积的1/2,可从其侧面的玻璃水位管察看器内的水平面。长玻璃管为安全管,应夹紧,并应斜放,以免飞溅起的液沫被蒸气带进冷凝管中。烧瓶瓶口配置双孔软木塞,一孔插入水蒸气导管,另一孔插入馏出液导管。水蒸气导管外径一般小于7mm,以保证水蒸气畅通,其末端应接近烧瓶底部,以便水蒸气和蒸馏物质充分接触并起搅拌作用。馏出液导管应略微粗一些,其外径约为10mm,以便蒸气能畅通地进入冷凝管中。若馏出液导管的直径太小,蒸气的导出将会受到一定的阻碍,这会增加烧瓶中的压力。馏出液导管在弯曲处前的一段应尽可能短一些,插入双孔软木塞后露出约5mm,在弯曲处后一段则允许稍长一些,因它可起部分的冷凝作用。用长的直型水冷凝管可以使馏出液充分冷却。由于水的蒸发潜热较大,所以冷却水的流速也宜稍大一些。发生器的支管和水蒸气导管之间用一个T形管相连接。在T形管的支管上套一段短橡皮管,用螺旋夹紧,用以除去水蒸气中冷凝下来的水分。在操作中,如果发生不正常现象,应立刻打开夹子,使之与大气相通。

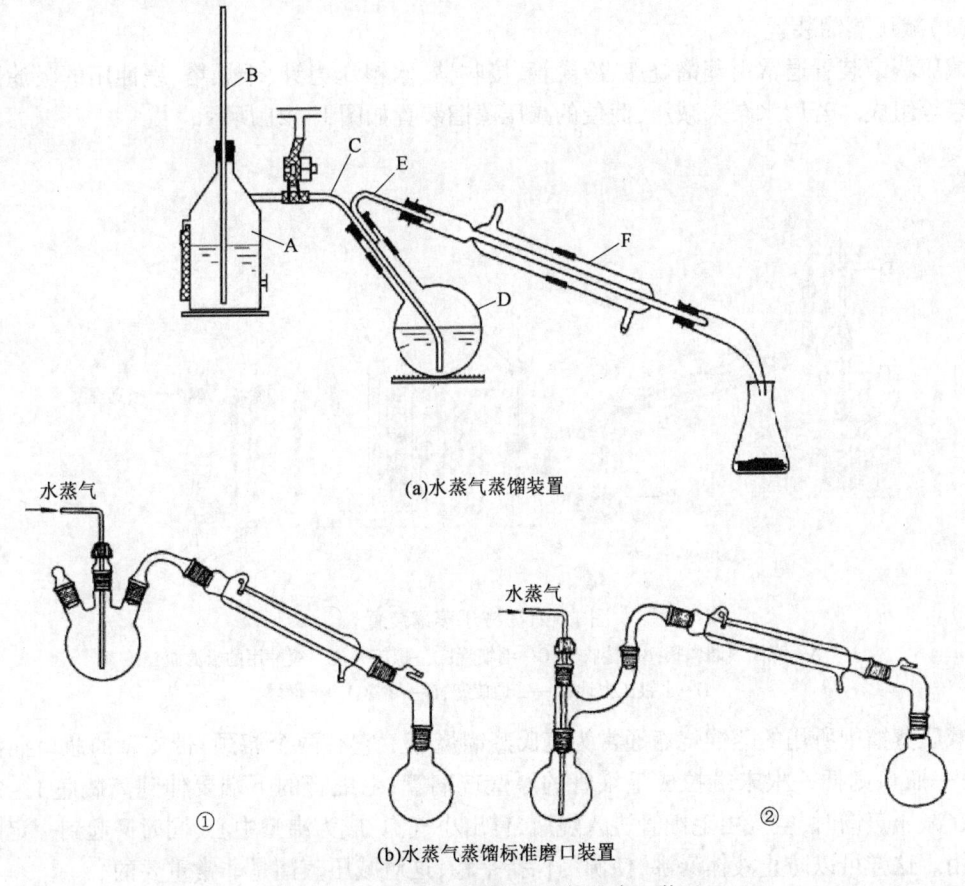

(a)水蒸气蒸馏装置

① ②

(b)水蒸气蒸馏标准磨口装置

图1-20 水蒸气蒸馏装置及标准磨口装置
A—水蒸气发生器;B—安全管;C—水蒸气导管;D—烧瓶;E—馏出液导管;F—冷凝管

被蒸馏的物质倒入烧瓶中,其量约为烧瓶容量的1/3。操作前,水蒸气蒸馏装置应经过检查,必须严密不漏气。开始蒸馏时,先把T形管上的夹子打开,用电炉把发生器里的水加热到沸腾。当有水蒸气从T形管的支管冲出时,再旋紧夹子,让水蒸气通入烧瓶中,这时可以看到瓶中的混合物翻腾不息,不久在冷凝管中就出现有机物和水的混合物。调节电炉温度,使瓶内的混合物不致飞溅得太厉害,并控制馏出液的速度为2~3滴/s。为了使水蒸气不致在烧瓶内过多地冷凝,在蒸馏时通常也可缓慢加热烧瓶。在操作时,要随时注意安全管中的水柱是否发生不正常的上升现象,以及烧瓶中的液体是否发生倒吸现象。一旦发生上述现象应立刻打开夹子,停止加热,找出发生故障的原因,并将故障排除后,才可继续蒸馏。

当馏出液澄清透明、不再含有有机物的油滴时,即可停止蒸馏。

另外,水蒸气蒸馏时,应在加热前向水蒸气发生器中加入沸石,使水蒸气平稳地生成。蒸馏速度以每秒2~3滴为宜。当蒸馏烧瓶内液体量增至烧瓶容积的2/3以上时,可适当加热蒸馏烧瓶。当蒸馏温度接近或等于100℃且馏出液澄清透明时,停止蒸馏。注意先通大气后再撤热源,以免物料倒吸至水蒸气发生器中。

4）减压蒸馏

很多有机化合物,特别是高沸点的有机化合物,在常压下蒸馏往往发生部分或全部分解。在这种情况下,采用减压蒸馏方法最为有效。一般的高沸点有机化合物,当压力降低到2.678×10^3Pa时,其沸点要比常压下的沸点低100~200℃。

(1)减压蒸馏装置。

减压蒸馏装置通常由蒸馏烧瓶、冷凝管、接收器、水银压力计、干燥塔、缓冲用的吸滤瓶和减压泵等组成。若用水泵来减压,简便的减压蒸馏装置如图1-21所示。

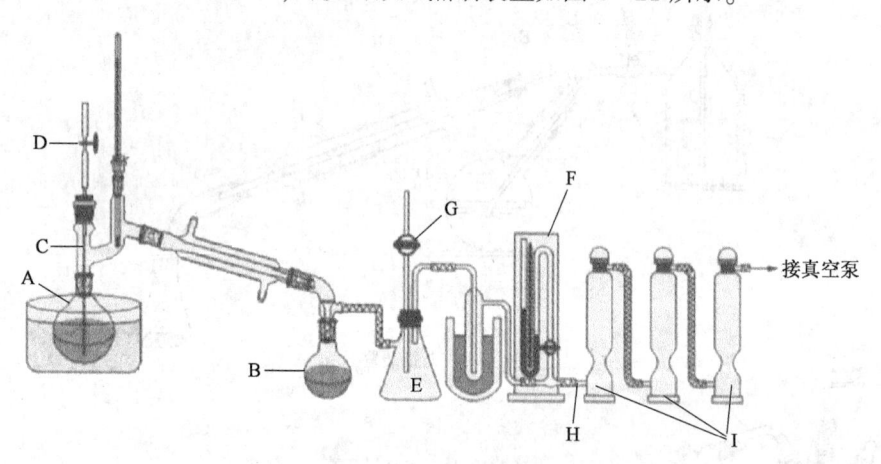

图1-21 减压蒸馏装置
A—克氏蒸馏烧瓶;B—接收器;C—毛细管;D—螺旋夹;E—缓冲用的吸滤瓶;
F—水银压力计;G—二通旋塞;H—导管;I—干燥塔

减压蒸馏中所用的蒸馏烧瓶通常为克氏蒸馏烧瓶。它有两个瓶颈,带支管的瓶口插温度计,另一瓶口则插一根末端拉成毛细管的厚壁玻璃管;毛细管的下端要伸到离瓶底1~2mm处。在减压蒸馏时,空气由毛细管进入烧瓶,冒出小气泡,成为沸腾中心,同时又起到一定的搅动作用。这样可以防止液体暴沸,使沸腾保持平稳,这对减压蒸馏是非常重要的。

毛细管有两种:一种是粗孔;一种是细孔。使用粗孔毛细管时,在烧瓶外面的玻璃管的一端必须套一段短橡皮管,并用螺旋夹夹住,以调节进入烧瓶的空气量,使液体保持适当程度的沸腾。为了便于调节,最好在橡皮管中插入一根直径约为1mm的金属丝。使用细孔的毛细管时,不用特别调节,但在使用前需要进行检验:把毛细管伸入盛有少量乙醚或丙酮的试管里,从另一端向管内吹气,若能从毛细管的管端冒出一连串很小的气泡,就说明这根毛细管可以使用。

减压蒸馏装置中的接收器通常用蒸馏烧瓶、吸滤瓶或厚壁试管等,因为它们能耐外压,不可用锥形瓶作接收器。蒸馏时,若要集取不同的馏分而又不中断蒸馏,则可用多头接引管;多头接引管的几个分支管用橡皮塞和接收器连接起来。多头接引管的上部有一个支管,仪器装置由此管抽真空。多头接引管要用涂有少许甘油或凡士林的橡皮塞与冷凝管的末端部连接起来,以便转动多头接引管,使不同的馏分流入指定的接收器中。

减压泵可用水泵或油泵。在水压力很强时,水泵可以把压力减到 2.678×10^3 Pa 左右。这对一般减压蒸馏已经足够了。油泵可以把压力顺利地减到 5.438×10^2 Pa 左右。使用油泵时,需要注意防护保养,不使有机物、水、酸等的蒸气侵入泵内。易挥发有机物质的蒸气可被泵内的油所吸收,污染泵油,这会严重降低泵的效率;水蒸气凝结在泵里,会使油乳化,也会降低泵的效率;酸会腐蚀泵。为了保护油泵,应在泵前面装设干燥塔,里面放粒状氢氧化钠(或碱石灰)和活性炭(或分子筛)等以吸收水蒸气、酸气和有机物蒸气。因此,用油泵进行减压蒸馏时,在接收器和油泵之间,应装上水银压力计、干燥塔和缓冲用的吸滤瓶等,其中缓冲瓶的作用是使仪器装置内的压力不发生太突然的变化以防止泵油的倒吸。

减压蒸馏装置内的压力,可用水银压力计来测定。一般用如图 1-21 中所示的水银压力计。装置中的压力是这样来测定的:先记录压力计中两臂水银柱高度的差数(mmHg),然后从当时的大气压力数(mmHg)中减去这个差数,即得蒸馏装置内的压力,将其换算成 Pa。另外一种很常用的水银压力计是一端封闭的 U 形管水银压力计。管后木座上装有滑动的刻度标尺。测定压力时,通常把标尺的零点调整到 U 形管右臂的水银柱顶端线上,根据左臂的水银柱顶端线所指示的刻度,可以直接读出装置内的压力。使用这种水银压力计时,不得让水和其他脏物进入 U 形管中,否则会严重影响其正确性。为了维护 U 形管水银压力计,在蒸馏过程中,待系统内的压力稳定后,可经常关闭压力计上的旋塞,使压力计与减压系统隔绝。当需要观察压力时,再临时开启旋塞,记下压力计的读数。

若蒸馏少量液体,可把冷凝管省掉,而采用如图 1-22 所示的装置。液体沸点在减压下低于 140~150℃时,可使水流到接收器上面,进行冷却,冷却水经过下面的漏斗,由橡皮管引入水槽。

减压蒸馏装置中的连接处都要用橡皮塞塞紧,但若被蒸馏的物质特别容易和橡皮塞起作用,克氏蒸馏烧瓶上的橡皮塞可用优质软木塞代替,且软木塞和瓶口连接处应涂以火棉胶、醋酸纤维、过氯乙烯树脂等。

(2)操作方法。

仪器装置完毕,在开始蒸馏前,必须先检查装置的气密性,以及装置能减压到何种程度。在克氏蒸馏烧瓶中放入占其容量 1/3~1/2 的蒸馏物质。先用螺旋夹把套在毛细管上的橡皮管完全夹紧,打开旋塞,然后开动泵。逐渐关闭

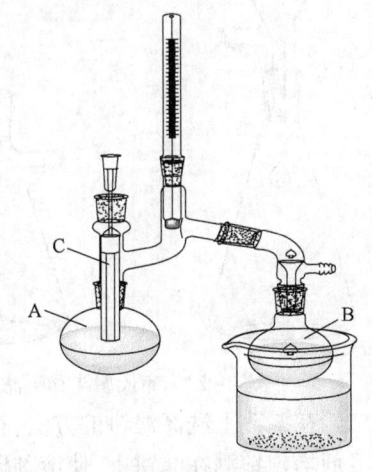

图 1-22 减压蒸馏装置
A—克氏蒸馏烧瓶;B—接收器;C—毛细管

旋塞,从水银压力计观察仪器装置能达到的减压程度。

经过检查,如果仪器装置完全合乎要求,可以开始蒸馏。加热蒸馏前,尚需调节旋塞,使仪器达到所需要的压力;如果压力超过所需要的真空度,可以小心地旋转旋塞,慢慢地引入空气,把压力调整到所需要的真空度。如果达不到所需要的真空度,可以从蒸气压温度曲线查出在该压力下液体的沸点,据此进行蒸馏。然后用油浴加热。烧瓶的球形部分浸入油浴中的体积应占其体积的2/3,但注意不要使瓶底和浴底接触。逐渐升温。油浴温度一般要比被蒸馏液体的沸点高出20℃左右。如果需要,调节螺旋夹,使液体保持平稳沸腾。液体沸腾后,再调节油浴温度,使馏出液流出的速度每秒钟不超过一滴。在蒸馏过程中,应注意水银压力计的读数,记录下时间、压力、液体沸点、油浴温度和馏出液流出的速度等数据。

蒸馏完毕时,停止加热撤去油浴,慢慢打开旋塞,使仪器装置与大气相通。注意,这一操作必须特别小心,一定要慢慢地旋开旋塞,使压力计中的水银柱慢慢地恢复到原状。如果引入空气太快,水银柱会很快上升,有冲破U形管水银压力计的可能。然后关闭油泵。待仪器装置内的压力与大气压相等后,方可拆卸仪器。

六、过滤

1. 普通过滤

普通过滤通常用60°的圆锥形玻璃漏斗。放进漏斗的滤纸,其边缘应该比漏斗的边缘略低。先把滤纸润湿,然后过滤。倾入漏斗的液体,其液面应比滤纸的边缘低1cm。

过滤有机液体中的大颗粒干燥剂时,可在漏斗颈部的上口轻轻地放少量疏松的棉花或玻璃毛,以代替滤纸。如果过滤的沉淀物粒子细小或具有黏性,应该首先使溶液静置,再过滤上层的澄清部分,最后把沉淀转移到滤纸上,这样可以使过滤速度加快。

2. 减压过滤(抽气过滤)

减压过滤通常使用瓷质的布氏漏斗,漏斗配以橡皮塞,装在玻璃的吸滤瓶上(图1-23),吸滤瓶的支管则用橡皮管与抽气装置连接。若用水泵,吸滤瓶与水泵之间连接一个缓冲瓶(配有二通旋塞的吸滤瓶,调节旋塞,可以防止水的倒吸);若用油泵,吸滤瓶与油泵之间应连接吸收水汽的干燥装置和缓冲瓶。滤纸应剪成比漏斗的内径略小,以能恰好盖住所有的小孔为度。

过滤时,应先用溶剂将平铺在漏斗上的滤纸润湿,然后开动水泵(或油泵),使滤纸紧贴在漏斗上。小心地把要过滤的混合物倒入漏斗中,使固体均匀地分布在整个滤纸面上,一直抽气到几乎没有液体滤出时为止。为了尽量把液体除净,可用玻璃瓶塞压挤过滤的固体——滤饼。

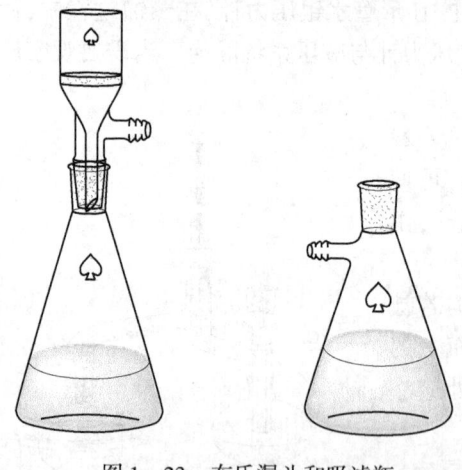

图1-23 布氏漏斗和吸滤瓶

在漏斗上洗涤滤饼的方法:将滤饼尽量抽干、压干,调节旋塞,放空,使其恢复常压,把少量溶剂均匀地洒在滤饼上,使溶剂恰能盖住滤饼。静置片刻,使溶剂渗透滤饼,待有滤液从漏斗下端滴下时,重新抽气,再将滤饼抽干、压干。这样反复几次,就可把滤饼洗净。切记:在停止抽滤时,应先调节旋塞,放空,然后再关闭抽气泵。

减压过滤的优点是：过滤和洗涤的速率快，液体和固体分离得较完全，滤出的固体容易干燥。强酸性或强碱性溶液过滤时，应在布氏漏斗上铺上玻璃布或涤纶布、氯纶布来代替滤纸。

3. 加热过滤

用锥形的玻璃漏斗过滤热的饱和溶液时，常在漏斗中或其颈部析出晶体，使过滤发生困难。这时可以用保温漏斗来过滤。保温漏斗的外壳是铜制的，里面插一个玻璃漏斗，在外壳与玻璃漏斗之间装水，在外壳的支管处加热，即可把夹层中的水烧热而使漏斗保温。

为了尽量利用滤纸的有效面积以加快过滤速度，在过滤热的饱和溶液时，常使用折叠式滤纸（图1-24），其折叠的方法如下：先把滤纸折叠成半圆形，再对折成圆形的1/4。再以1对4折出5，3对4折出6，1对6折出7，3对5折出8；然后以3对6折出9，1对5折出10。然后在1和10、10和5、5和7……9和3间各反向折叠。把滤纸打开，在1和3的地方各向内折叠一个小叠面，就可以放入漏斗中使用。在每次折叠时，在折纹近集中点处切勿折纹重压，否则在过滤时滤纸的中央易破裂。

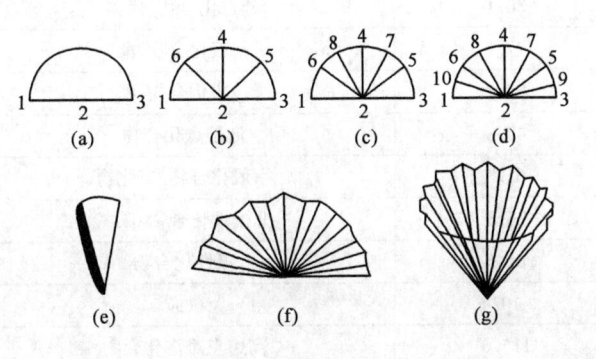

图1-24 折叠式滤纸

过滤时，把热的饱和溶液逐渐倒入漏斗中，漏斗中的液体仍不宜积得太多，以免析出晶体，堵塞漏斗。

也可用布氏漏斗趁热进行减压过滤。为了避免漏斗破裂和在漏斗中析出晶体，最好先用热水浴或水蒸气浴，或在电烘箱中把漏斗预热，然后用来进行减压过滤。

七、重结晶

从有机化学反应中制得的固体产品，常含有少量杂质。除去这些杂质最有效的方法，就是用适当的溶剂来进行重结晶。重结晶过程，一般是使重结晶物质在较高温度下溶于合适的溶剂里，在较低的温度下析出，从而使杂质遗留在溶液内。

1. 过饱和溶液的制法

过饱和溶液的制法有两种：(1) 把溶液的溶剂蒸发掉一部分；(2) 将加热下制得的饱和溶液冷却。一般用第二种方法。

2. 溶剂的选择

正确地选择溶剂，对重结晶操作有很重要的意义。在选择溶剂时，必须考虑被溶解物质的成分和结构。例如，含羟基的物质，一般都能或多或少地溶解在水里；高级醇（由于碳链的增长)在水中的溶解度就比较小,而在乙醇和碳氢化合物中的溶解度就增大。

溶剂必须符合下列条件:(1)不与重结晶的物质发生化学反应;(2)在高温时,重结晶物质在溶剂中的溶解度较大,而在低温时则很小;(3)能使溶解的杂质保留在母液中;(4)容易和重结晶物质分离。此外,也需适当考虑溶剂的毒性、易燃性和价格等。重结晶常用的有机溶剂及特性见表1-1。

表1-1 重结晶常用的有机溶剂及特性

溶剂	沸点,℃	适用范围	配伍溶剂
水	100	盐、羧酸、酰胺	丙酮、醇、乙腈
乙醚	34.6	低熔点化合物	丙酮、烃类
甲醇	64.7	一般化合物、酯、硝基化合物、溴化物	水、乙醚、苯
乙醇	78.3	一般化合物、酯、硝基化合物、溴化物	水、烃类、乙酸乙酯
丙酮	56.1	一般化合物、酯、硝基化合物、溴化物	水、烃类、乙醚
石油醚	30~90	烃类	除水、乙醇外
环己烷	80.8	烃类	除水、乙醇外
苯	80.1	芳香化合物、烃类	乙醚、乙酸乙酯、烃类
乙酸乙酯	77.1	一般化合物、酯	水、乙醚
乙酸甲酯	57.1	一般化合物、酯	乙醚—烃类
二氯甲烷	40.8	低熔点化合物	乙醚—烃类
氯仿	61.2	一般化合物、氯化物	乙醚—烃类
四氯化碳	76.8	非极性化合物、酰氯	乙醚—苯、烃类
乙腈	81.6	极性化合物	水、乙醚、苯
二噁烷	102	酰胺	水、苯、烃类
吡啶	115.6	高熔点难溶化合物	水、甲醇、烃类
乙酸	118	盐、羧酸、酰胺	水
甲基羟乙基醚	124	糖类	水、苯、乙醚

为了选择合适的溶剂,除需要查阅化学手册外,有时还需要采用试验的方法。具体方法是:取几个小试管,各放入约0.2g要结晶的物质,分别加入0.5~1mL不同种类的溶剂,加热到完全溶解。冷却后,能析出最多晶体的溶剂,一般可认为是最合适的。如果固体物质在3mL热溶剂中仍不能全溶,可以认为该溶剂不适用于重结晶;如果固体在热溶剂中能溶解,而冷却后,无晶体析出,这时可用玻璃棒在液面下的试管内壁上摩擦,以促使晶体析出,若还得不到晶体,则说明此固体在该溶剂中的溶解度很大,这样的溶剂不适于重结晶。如果物质易溶于某一溶剂而难溶于另一溶剂,且该两溶剂能互溶,那么就可以用二者配成的混合溶剂来进行实验。常用的混合溶剂有乙醇与水、甲醇与乙醚、苯与乙醚等。

通常在锥形瓶或烧杯中进行重结晶,因为这样便于取出生成的晶体。使用易挥发或易燃的溶剂时,为了避免溶剂的挥发和发生着火事故,把要重结晶的物质放入锥形瓶中,锥形瓶上安装回流冷凝管,溶剂可以从冷凝管上加入。先加入少量溶剂,加热到沸腾,然后逐渐添加溶剂(加入后,再加热至沸腾),直到固体全部溶解。但应注意,不要因为重结晶的物质中含有不溶解的杂质而加入过量的溶剂。除高沸点的溶剂外,一般都在水浴上加热。切记:在加入可燃性溶剂时,要先把热源关闭。

所得到的热饱和溶液如果含有不溶的杂质,应趁热把这些杂质过滤除去。溶液中存在的有色杂质,一般可利用活性炭脱色。活性炭的用量,以能完全除去颜色为度。为了避免过量,应分成小量,逐次加入。须在溶液的沸点以下加活性炭,并须不断搅动,以免发生暴沸。每加一次后,都须再把溶液煮沸片刻,然后用保温漏斗或布氏漏斗趁热过滤。过滤时,可用表面皿覆盖漏斗(凸面向下),以减少溶剂的挥发。

静置等待结晶时,必须使过滤的热溶液慢慢冷却,这样,所得的结晶比较纯净。一般来讲,溶液浓度较大,冷却较快时,析出的晶体较细,所得的晶体也不够纯净。热的滤液在碰到冷的吸滤瓶壁时,往往很快析出晶体,但其质量往往不好,常需把滤液重新加热,使晶体完全溶解,再让它慢慢冷却下来。有时晶体不易析出,则可用玻璃棒摩擦器壁或投入晶体(同一物质的晶体),促使晶体较快地析出;为了使晶体更完全地从母液中分离出来,最后可用冰水浴将盛溶液的容器冷却。

晶体全部析出后,仍用布氏漏斗于减压下将晶体滤出。

八、升华

固体物质具有较高的蒸气压时,往往不经过熔融状态就直接变成蒸气,这种过程称为升华。容易升华的物质含有不挥发性杂质时,可以用升华的方法进行精制。用这种方法制得的产品纯度较高,但损失较大。

升华的操作方法如下:把要精制的物质放入蒸发皿中,用一张穿有若干小孔的圆滤纸把锥形漏斗的口包起来,把此漏斗倒盖在蒸发皿上,漏斗颈部塞一团疏松的棉花,如图 1-25 所示。在砂浴上或石棉铁丝网上将蒸发皿加热,逐渐地升高温度,使要精制的物质汽化,蒸气通过滤纸孔,遇到漏斗的内壁,又复冷凝为晶体,附在漏斗的内壁和滤纸上。在滤纸上穿小孔可防止升华后形成的晶体落回到下面的蒸发皿中。

较大量物质的升华,可在烧杯中进行。烧杯上放置一个通冷水的烧瓶,使蒸气在烧瓶底部凝结成晶体并附着在瓶底上(图 1-26)。升华前,必须把要精制的物质充分干燥。

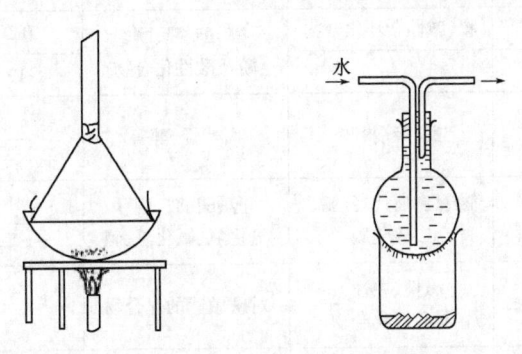

图 1-25　升华装置　　图 1-26　较大量物质的升华装置

九、干燥

干燥是指通过加热、蒸馏、加入干燥剂等方法除去原料、有机溶剂、中间体或精细化学品的水分和少量低沸点溶剂。如溶剂的出水精制产品干燥以及溶剂、原料的保干等。常用的干燥方法包括自然风干、红外线干燥、加热烘干、真空干燥、分子筛脱水以及用干燥剂吸水等。干燥过程可分为气体、液体和固体干燥三种。

1. 干燥剂

评价干燥剂的重要指标是干燥强度和干燥容量。干燥强度是指待干燥体系干燥的程度，一般由干燥剂吸水后形成的水合物的水蒸气压决定，水蒸气压越低，干燥强度越大。干燥容量是指单位质量干燥剂能够吸收的水量，干燥剂的分子量越小，形成稳定水合物含的水分子越多，其干燥容量越大。对于金属钠、五氧化二磷、氧化钙等能与水起反应生成新化合物的干燥剂，干燥容量由与水反应的情况决定。另外，干燥剂颗粒大小、温度、干燥剂与体系的接触时间等也影响干燥效果。常用干燥剂的性能以及应用见表 1-2。

表 1-2 常用干燥剂的性能以及应用

干燥剂	与水作用的产物	适用范围	禁用范围	水蒸气压 (20℃),Pa	备注
无水氯化钙	$CaCl_2 \cdot 6H_2O$	烃、卤代烃、烯、酮、醚、硝基化合物、中性气体	醇、胺、氨、酚、酯、酸、酰胺及醛、酮	26	吸水量大、作用快、效率低、价格低廉
硫酸钠	$Na_2SO_4 \cdot 10H_2O$	酯、醇、醛、酮、羧酸、腈、酚、酰胺、卤代烷、硝基化合物	—	255(25℃)	吸水量大、作用慢、效率低
硫酸镁	$MgSO_4 \cdot 7H_2O$	酯、醇、醛、酮、羧酸、腈、酚、酰胺、卤代烷、硝基化合物			比硫酸钠作用快、效率高
硫酸钙	$CaSO_4 \cdot 0.5H_2O$	烷烃、芳烃、醚、醇、醛、酮		0.5	吸水量小、作用快、效率高
碳酸钾	$K_2CO_3 \cdot 2H_2O$	酯、醇、酮、胺、碱性杂环化合物	酚及酸性化合物		
浓硫酸	H_3O^+, HSO_4^-	脂肪烃、烷基卤代物	烯、醚、醇及碱性化合物	0.65	效率高
氢氧化钾	—	胺、碱性杂环化合物	醇、酯、醛、酮、酚及酸性化合物	0.3	快速、效率高
氢氧化钠	—			19	
金属钠	$H_2 + NaOH$	醚、烃、叔胺	卤代烃、醇等	—	效率高、作用慢、干燥后需蒸馏
五氧化二磷	H_3PO_4, HPO_3	醚、烃、卤代烃、腈、二硫化碳	醇、酸、胺、酮、氯化氢、氟化氢、碱		
氢化钙	$H_2 + Ca(OH)_2$	碱性、中性、弱酸性化合物	对碱敏感的化合物		效率高、作用慢、干燥后需蒸馏
氧化钙	$Ca(OH)_2$	低级醇、胺			效率高、作用慢
氧化钡	$Ba(OH)_2$	—			
高氯酸镁	—	气体	易氧化液体	0.07	适于化学分析
硅胶	—	保干器中	氟化氢	0.8	
分子筛	物理吸附	各类有机物	—	0.1	可再生回用

干燥时，除要求干燥剂有足够高的干燥容量和干燥强度外，还要求干燥剂不能与被干燥物发生反应，而且易与干燥后的化合物分离。对于含水较多的体系，先采用蒸馏、加热或冷凝的

方法除水,再使用干燥容量大的干燥剂,最后用高强度干燥剂干燥。

2. 液体的干燥

液体的干燥主要有分子筛脱水、干燥剂干燥以及共沸蒸馏等方法。用干燥剂干燥时,将粉状干燥剂与液体混合,充分振摇,水分含量达到要求后将干燥剂滤出。分批加入干燥剂可提高干燥效果。由于干燥剂完全形成含水量高的水化物的时间较长,要达到干燥要求,其实际用量为理论用量的5~10倍。有时加入干燥剂后会形成水相,这是由于干燥剂吸水后形成的水溶液与原溶液不互溶。可先将水相析出,再加入新鲜干燥剂。

分子筛属于天然或人工合成的沸石型水合型硅铝酸盐,具有多孔的骨架结构。骨架结构中具有孔径均匀的通道和排列整齐、内表面积相当大的孔穴。只有比孔穴小的分子才能进入孔穴,从而使不同大小的分子得以分离。用分子筛除去有机溶液中的水分是实验室中常用的方法。在真空下或干燥空气中于400℃加热即可再生。通常将分子筛散放于待干燥的液体中,充分振摇,干燥一定时间后过滤分离。也可将分子筛装入干燥过的细长棉布袋,再放入待干燥的液体中,干燥后将袋子取出即可。

在精细化学品合成实验中还经常采用共沸蒸馏法除去液体中的水分,特别适用于干燥有机溶剂。向溶剂中加入另一种能与水形成较低沸点的共沸物的溶剂,加热蒸馏,使水分以共沸物的形式蒸出。

此外,由于金属钠、氧化钙、氢化钙和五氧化二磷等可与水反应生成稳定的化合物,而且具有很高的干燥强度,所以一些不与此类干燥剂作用的液体(如二氯甲烷、二硫化碳、乙腈等溶剂)可在这些干燥剂的存在下进行蒸馏,能够比较彻底地除去水分。

3. 固体的干燥

许多精细化学品,如医药、染料、颜料、助剂、洗涤剂、食品添加剂等对水分含量有一定的要求,必须进行干燥。实验中常根据被干燥物质的性质选择适当的干燥方法。

(1) 自然风干。这是最简便、最经济的干燥方法。将滤饼压干,薄薄地摊开在滤纸上,盖上另一张滤纸,在空气中晾干即可。该方法干燥动力小,适于熔点较低、对热不稳定且易干燥的物质,尤其适用于除去固体中的乙醚、丙酮等低沸点溶剂。

(2) 加热干燥。对于热稳定的固体物质,可放在烘箱内烘干。加热温度应至少低于待干燥物质熔点20~30℃,以免变色或分解。一般电热烘箱的温度波动范围为5~10℃,升温时的余热会使温度超过预定温度,所以应调节至温度相对恒定时再放入待干燥物。尽量避免放入过湿的待干燥物,以防对烘箱造成锈蚀。另外,也可采用红外灯或专用的红外线加热烤箱,该法具有穿透性强、干燥速率快等优点。

(3) 干燥器内干燥与保干。不宜加热、含水量少且难干燥的固体物料可在干燥器中进行干燥。常用的干燥剂有氯化钙、硅胶等。干燥器也常用于酸酐、甘油、五氧化二磷等易吸潮物料的保干。真空干燥器比一般干燥器的干燥强度大得多。真空干燥器底部放有干燥剂,瓷板上放置一定时间,在通入空气时,应尽量缓慢,以免空气吹散被干燥的物质。如果一次干燥不能达到要求,可以重复以上操作。

(4) 减压恒温干燥枪干燥。此法效率很高,特别适于干燥少量样品。使用时将样品放在夹层内,连接盛有五氧化二磷等干燥剂的曲颈瓶,然后抽真空、关闭活塞,并加热溶剂至回流,使溶剂的蒸气充满夹层的外层。这样,样品就在恒温减压下被干燥。干燥过程中每隔一定的时间抽真空,以保持真空度。

(5)气流干燥法。有些固体物料用常规的干燥方法容易引起微细粒子聚集、结块,难以粉碎。而一些精细化学品合成产品,如颜料、医药等,需要在高度分散状态下使用,这就要求产品干燥后容易再分散。采用气流干燥法可在干燥的同时将产品粉碎,避免固体粒子聚集。目前此法已在实验室中采用。气流干燥过程如下:在一个细孔圆盘上放有直径为3~5mm的玻璃珠和瓷珠,在圆盘底部向上鼓风,使小球在上面成流化状态。待干燥的浆状物料由顶部逐渐加入。随水分的蒸发和汽化以及小球之间的滚动、挤压,浆状物料被干燥成细粉状,被热风吹出,浸入旋风分离器分离。最后,干燥好的细分落入容器中。整个干燥过程连续进行,可通过调节风量、风温、加料速度以及换用不同规格的旋风分离器等达到不同的干燥和粉碎效果。

(6)旋转闪干燥法。与气流干燥法原理类似,旋转闪干燥法是在不断搅拌、粉碎的同时,蒸发物料中的水分。干燥后的产品颗粒微细、容易分散。此法也已应用于精细化学品,如染料、颜料、医药等的干燥。

4. 气体的干燥

对于氩气、氮气和氦气等化学惰性气体,可使其通过洗气瓶中的浓硫酸得以干燥,干燥装置如图1-27所示。作为干燥剂的浓硫酸的用量不超过洗气瓶容积的一半。气体也可在干燥塔内用固体干燥剂进行干燥。干燥剂的颗粒大小要适当,过小则间隙太小,气体不易通过;过大则减少了干燥剂与气体的接触面积,影响干燥效果。对于易吸湿结块的干燥剂(如五氧化二磷),应掺混在石棉纤维、玻璃毛等惰性支撑物上,以保障气体畅通。

对于沸点较高的气体,还可以冷却使水和其他可凝结物除去。常用的冷却介质包括冰、甲醇、干冰或液态空气等。由于水在-70℃下蒸汽压仅为0.2Pa,这种方法干燥效率很高,而且可避免气体被干燥剂沾污。

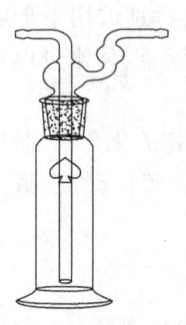

图1-27 洗气瓶干燥气体

十、过滤与离心

过滤和离心是分离固液混合物的重要方法,既可从液体中除去固体杂质,也可从液体中收集固体物质。过滤可分为常压过滤、减压过滤以及加压过滤三种。离心分离还可以用于液—液分离和液—固分离等。在精细化学品合成实验中,反应后处理、原料提纯以及产品精制均需采用过滤和离心技术。

1. 常压过滤

常压过滤(重力过滤法)是借助重力使液体通过过滤介质滤出的方法,一般采用锥形玻璃漏斗。常压过滤简便易行,但过滤速率慢。常压过滤时滤纸的边缘要比漏斗的边缘低5~15cm,防止液体外溢,同时滤纸应贴紧漏斗内壁,倾倒液体时液面应低于滤纸边缘2~3mm。为加快过滤速率,可先将上层清液倾出,再过滤残渣。洗涤时也可采用这一方法,每次加入洗涤剂后静置或离心分离,先倾出清液,最后转移、过滤固体。

2. 减压过滤

减压过滤又称为抽滤或真空过滤,具有过滤快、处理量大的特点。减压过滤的装置如图1-28所示,由真空泵、缓冲瓶、布氏漏斗和吸滤瓶

图1-28 减压过滤装置

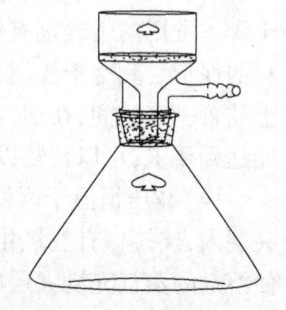

组成。缓冲瓶可调节压力大小,使压力稳定,并可防止真空泵中的水倒吸进吸滤瓶浸入真空泵。

对于随温度降低而以结晶析出的悬浮物料,应采用保温过滤。常压的热过滤时尽量使用颈短且粗的漏斗,以防结晶析出,堵塞漏斗。减压热过滤时压力不要太低,而且必须接缓冲瓶,如有必要可用冰水冷却缓冲瓶。为防止溶剂蒸发及热量散失,热过滤时还应将漏斗口用表面皿盖住,并将吸滤瓶置于适当温度的热浴中保温。

3. 离心分离

将盛有悬浮液物料的离心管放在离心机中高速旋转,受离心力作用,沉淀聚集在管底,清液留在上层,从而达到固液分离。离心分离主要适用于分离少量物料,特别是沉淀微细难以过滤的物料。使用时将装有试样的离心管对称地装入离心机套管中,管底衬以棉花。操作时应缓慢加速,而且不能强制离心管停止旋转。离心分离后,用毛细管小心地将清液吸出。必要时可加入洗涤液洗涤,继续进行离心分离,直至分离效果令人满意为止。分离后的沉淀可直接在离心管中抽真空或加热干燥。

一般固体有机物的密度较小,离心分离时要求转速较高。目前已采用超速离心机,用于密度相差极小的液—液、液—固分离,并可用于分离纯病毒、DNA、核糖核酸和脂蛋白等。此外,各种大容量离心机也在实验室中得到广泛应用。

十一、萃取和洗涤

萃取和洗涤是根据物质在不同溶剂中的溶解度不同的原理来进行分离的操作。萃取和洗涤在原理上是一样的,只是目的不同,从混合物中抽取的物质,如果是所需要的,这种操作称为萃取或抽提;如果是不需要的,这种操作称为洗涤。

1. 萃取剂的选择

萃取剂必须易溶解被萃取的物质,而且不溶或微溶被萃取物质所在的溶液(原溶液)。萃取剂对原溶液中所含有的其他物质溶解度很小,而且萃取后从萃取剂中将被萃取物分离出来。另外,萃取剂最好与原溶液密度相差较大。常用的萃取剂有水、乙醚—苯、氯仿—乙酸乙酯(或四氢呋喃),这些都是良好的混合溶剂。当从水相萃取有机物时,向水溶液中加入无机盐能显著提高萃取效率,这是由于分配系数发生了变化。对于酸性萃取物应向水溶液中加入硫酸铵;对于中性和碱性萃取物宜用氯化物。

实际应用中常采用一些可以与被萃取物反应的酸、碱作为萃取剂。例如,用质量分数10%的碳酸钠水溶液可以将有机酸从有机羧酸中由有机相萃取至水相,而不会使酚类物质转化为溶于水的酚钠,所以酚类物质仍留在有机相。但用质量分数5%~10%的氢氧化钠水溶液却可以将羧酸和酚类物质一起萃取到水相。另外,质量分数5%~10%的稀盐酸可以萃取有机胺类化合物,而且加碱中和后又析出有机胺类化合物,这种方法也常称作洗涤。应当注意的是,有机酸的碱性水溶液或有机碱的酸性水溶液对于中性有机化合物具有一定的溶解度,必要时必须用有机溶剂反提(至少两次)以保证萃取产品的纯度。此外,还可以加入螯合剂、离子对试剂等进行螯合萃取和离子缔合萃取,这种方法具有很高的选择性。

2. 萃取步骤

如图1-29所示,实验室的萃取操作通常在分液漏斗中进行。将待萃取的溶液倒入分液漏斗中,加入萃取剂,塞进塞子。轻轻旋摇后,右手握住漏斗颈,食指压紧漏斗塞,左手握在活塞处,拇指压紧。将漏斗放平或大头向下倾斜,轻轻振荡,然后开动活塞放气。反复振荡、放气后静置分层,将下层液体放出,上层液体由上口倾倒出。静置分层时,应小心辨认水层和有机层,因为有机层既可能在上层,也可能在下层。

有些萃取体系两相密度相差较小或形成稳定的乳浊液而难以分层,可将分液漏斗在水平方向上缓慢旋摇以消除界面上的泡沫;也可通过过滤除去引起乳化的树脂状或黏液状悬浮物;在有机层中加入乙醚(使有机层密度减小)或在水层加入氯化钠、硫酸铵和氯化钙等无机盐(使水层密度增大)也可促进分层;有时改变 pH 值、离心分离和加热等可破坏乳化。

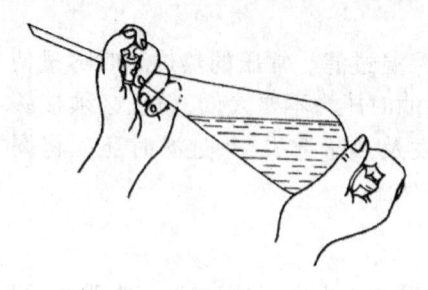

图 1 - 29 分液漏斗的使用

萃取过程中,由于两相内存在溶解热、反应热以及液化热,有机溶剂易于受热挥发,如果不注意可能导致事故发生。对于乙醚、二氯甲烷等低沸点的溶剂,必须先将被萃取液冷却至较低温度后方可倾入。而且加入后不能立即振荡,应慢慢翻转漏斗,随即开启旋塞卸压。此后振荡的激烈程度也要逐渐加强。在用碳酸盐或碳酸氢盐萃取强酸时,更应该注意经常释放产生的二氧化碳气体。如果预计气体生成量较大,最好先将有机相和水相在烧杯中混合,再转入分液漏斗。

为分离出已萃取至萃取剂中的产物,可采用蒸馏、蒸发溶剂及酸碱中和等方法。从有机相中分离出溶质后,往往需加入硫酸镁、氯化钙及硫酸钠等干燥剂进行干燥。此外还经常会用到其他的萃取方法:

(1)从固体中提取物质。根据固体混合物中各组分在某一溶剂中溶解度不同,可利用萃取的方法使组分分离。实验室常采用索氏萃取器(图 1 - 30)。提取前,将滤纸卷成筒状,其直径略小于提取的内径,一端用线扎紧;或将滤纸卷成一端封口的杯状;也可采用粗玻璃管,底端用滤纸封住。将物料研细装入纸筒,放入提取筒中。烧杯中加入溶剂和 1 ~ 2 粒沸石,加热至沸腾并回流。当提取筒内液面超过虹吸管上端后,提取液自动流入烧瓶中。保持回流数小时,直至大部分可溶解物质被提取出来。

(2)连续液—液萃取。萃取液被连续蒸发、冷凝后经过一个多孔的分布器以细流分布状态穿过被萃取的溶液,然后经溢流管回到烧瓶。应该注意到,由于液体受热膨胀,采用轻质萃取剂时,不能把下层液相装至溢流管外,以防流入蒸馏烧瓶。采用重质萃取液时,在加入被萃取液之前应先加入少量萃取液,否则少量未被萃取的液体会被压入烧瓶。

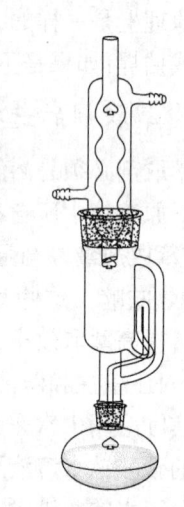

图 1 - 30 索氏萃取器

(3)超临界流体萃取技术。超临界流体(SCF)是指在操作压力和温度均高于临界点时,密度接近液体,而扩散系数和黏度均接近气体的物质(或混合物)。SCF 的性质介于气体和液体之间,具有优异的溶剂性质,可用于提取有用组分或脱去有害杂质。最常用的 SCF 是二氧化碳、水、甲苯等。SCF 萃取技术已广泛应用于食品工业、医药行业、石油化工、精细化学品合成等的分离、提取和浓缩等操作过程。

SCF 萃取的过程是:将原料经过除杂质、粉碎或扎片等一系列预处理,然后装入萃取塔中。固体物料的可溶解组分进入 SCF 相,并随之流出萃取塔。经过减压和调温,SCF 相密度降低,并选择性地分离萃取物的各组分。SCF 再经降温和压缩回到萃取塔循环使用。SCF 萃取装置由萃取塔、分离器、热交换器、压缩机及其他辅助设备组成。

目前,SCF 技术已用于石蜡烃、芳香族化合物及环烷烃同系物的分离精制,如从己内酰胺、己二酸、二甲基色胺(DMT)等的水溶液中回收有机物。此外,SCF 技术在分离醇—水共沸混合物、回收烷基铝催化剂、再生润滑油及活性炭等方面取得很大进展。SCF 技术在精细化学品合成,尤其是食品工业中的作用将越来越重要。

十二、气体的导入与计量

在精细化学品合成实验中经常遇到有气体参与的反应与操作,如催化加氢、用氯气进行氯化、三氧化硫磺化以及水蒸气蒸馏、惰性气体保护反应等。气体的导入与计量直接影响反应的正常进行。

常用的氮气、氩气、氦气、氢气、氧气、氯气、二氧化碳等气体一般储存于特制的高压钢瓶中,钢瓶上附有特定的标志。其中储存氢气、一氧化碳、甲烷等易燃易爆气体的钢瓶的封闭螺纹是左向的(即左闭右开),而储存其他气体的是右向的。钢瓶上还配有加压阀,以便调节和测量压力。减压阀的开关与常规阀门相反,也是左向的。

一些实验中会产生或逸出有刺激性的气体,如氯化氢、溴化氢、硫化氢等,必须使用气体吸收装置进行吸收。常用的气体吸收装置如图 1－31 所示,其中(a)用于吸收少量气体,漏斗可略微倾斜;(b)是气体通过玻璃管鼓泡吸收,如果发生倒吸应及时采取措施;(c)可快速吸收大量有害气体,水自上端流下,并在恒定的平面上从吸滤瓶支管溢出,导入水槽,粗玻璃管应恰好深入水面,被水封住。

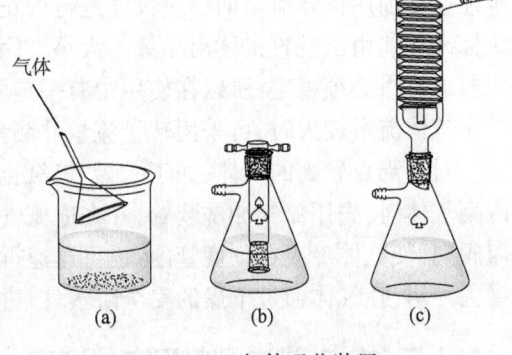

图 1－31 气体吸收装置

1. 气体的导入

气体导入时,先流经缓冲瓶以使压力稳定。气体再经过一个安全瓶,其气体应该能够容纳全部反应液,有时还需连接气体净化装置。气体导入反应液时,一般应将导管伸到液面以下。为了使气体在液体中很好地分散,可以通过多孔玻璃板导入气体。

如果有固体析出(如水蒸气蒸馏时析出固体产品)或反应液中含有固体颗粒,容易堵塞导气管口。这时可采用直径较大的导气管,或者仅仅增大导气管末端的直径。

在导入气体的过程中会出现正压或形成负压,发生气体逸出或液体倒吸,所以应安装安全装置。压力变化较大时可采用呼吸式液封管。呼吸式液封管由液体室和缓冲室组成,管长度以 60～80cm 为宜,是细长玻璃管。对于只需要保持微弱正压而不出现负压的系统,将管连接在系统的旁路上,作为进气管。液体室内装有液体石蜡,系统的压力由细长玻璃管内升起的液柱高度显示。当压力超过细长玻璃管高度所限范围时,液体室中液体被压入缓冲室,气体由孔和支管排出。压力恢复平衡后,缓冲室中液体经孔流回液体室管,恢复正常工作,而空气不会进入该系统。

正压较高时,将支管与反应系统支路连接,作为进气管。在液体室中放入水银,当系统正压超过限定范围时,气体从细长玻璃管下端鼓泡,经支管排出;而当系统产生负压时,水银沿细长玻璃管上升。

2. 气体的计量

气体的计量是指测量气体的体积或质量。实验中可把气体收集在有刻度的容器(如量筒、气量计)中,或用计量泵和气表等直接测量气体的体积,也可采用流量计或转子流量计间接测得。对于反应生成的少量气体,可将其通入充满肥皂泡的带有刻度的玻璃管中,以肥皂泡薄膜上升的高度计量气体体积。反应前移动平衡瓶使液面与储气瓶液面持平,记下刻度。反应后再使两液面持平,读出另一刻度值。两数值之差为储气瓶内气体消耗的体积。根据大气压、温度等可计算出气体的质量。

通过体积较大的气密注射器可以转移并计量少量气体。使用前向注射器的油槽中加入一小滴硅油和矿物油,再装上针管。然后装置经过一个隔膜从钢瓶中吸取气体。先用气体冲洗系统,在针头仍处于隔膜内的情况下关闭注射器上的旋塞。气体注入反应系统时可先通过一个鼓泡器调压,打开旋塞使多余气体冒出,当针筒内压力与大气压相等时,将气体注入反应系统。此操作可重复进行。

一般情况下所用的流量计,根据U形管两端水银柱的高度差来计算气体流量的大小。通常在使用前用已知流量的相应气体进行校正,不同流量对压差作图,绘制标准曲线。使用时参照标准曲线由压差直接读出流量的大小。因为不同气体有不同的标准曲线,而且参照标准曲线要求流量必须稳定,所以在使用中有一定限制。

气体流量较大时,可采用转子流量计测量。但它不适于测量少量气体,而且测量精度低。

对于沸点较高的气体,如丁二烯、三氧化硫、氨气等,可在冷浴中使其凝结,再以液态计量。冷凝气体时,先用氮气冲洗装置,并在通氮气的条件下将刻度管冷却到足够低的温度。打开钢瓶阀门,使气体冷凝在刻度管内;也可迅速拆下刻度管,套进、称重,再重新装好。使用气体时,撤去冷浴,让气体通过干燥的安全阱蒸气,进入反应瓶。

十三、熔点、沸点及凝固点的测定

1. 熔点的测定

熔点是固体物质的固液两态在大气压力下达到平衡(固液共存)时的温度。许多物质固态与液态之间的平衡随温度的变化是非常敏感的。通常纯有机化合物有固定的熔点,即使有少量分解,自初熔至全熔的温度(熔程)不超过 0.5~1.0℃。但某些脂肪酸、羧酸盐、氨基酸以及糖类化合物在较宽的温度范围内熔化(而且部分分解)。此外,有些化合物受热到一定温度开始分解,没有明显的熔点,只有分解温度。

化合物中可溶性杂质的存在使化合物的熔点降低,熔程增大。因此,受热时部分分解的物质(分解产物相当于可溶性杂质)熔程较长。在精细化学品合成实验中常利用测定熔点的方法来鉴定有机物料、中间体以及精细化学品合成产品的结构或评价其纯度,这种方法简便、迅速、经济。例如,如果未知物与已知物的外观、气味等相同,而且熔点接近,认为二者可能为同一物质;若所测样品较纯物质的熔点低且熔程较长,则认为其纯度较低。

测定混合物熔点的方法也可用于鉴定制备的化合物是否为目的产物。两个样品为同一物质时,以任意比混合,熔点不变;如果混合后熔点明显降低且熔程增大,则二者为不同物质。如果混合后熔点升高,可认为两种物质相互作用形成了熔点较高的新化合物;如果混合熔点较低但熔程很短,则可能形成了共熔体。

测定熔点的方法主要包括毛细管法和显微熔点测定法两种。

1) 毛细管法

熔点管为内径 1~1.5mm、长 6~7cm、一端封闭的薄壁毛细管,这里推荐使用双浴式测定熔点的实验装置,它具有受热均匀、温度计不接触加热介质等优点。

熔点浴的介质常用浓硫酸,可加热至 240~250℃,并可多次使用。硫酸变黑时加入一粒硝酸钾晶体,可使其脱色并提高加热温度。如果样品熔点低于 95℃,也可用水代替浓硫酸。有时也采用液体石蜡、甘油或硅油等作为熔点浴介质。

测定样品熔点时,用软胶管将装有样品的熔点管固定在温度计上,使熔点管内样品位于温度计水银球的中部。将温度计插入试管中,使温度计距试管底部 5~10mm。试管底部应处于熔点浴中部,距烧瓶底部 10~15mm。熔点溶液面应高出温度计水银球 10~15mm。缓慢加热观察样品变化。

如果不知道样品熔点的大致范围,应按 10~12℃/min 的速度升温粗测其熔点值,再仔细测量。开始时可快速升温(10℃/min)。当温度升至低于熔点 15~20℃时,逐渐降低加热速度。当低于熔点 5~10℃时,控制升温速度为 1~2℃/min,以使熔点管温度与温度计指示温度相一致。当接近或达到熔点时,升温速度应降至 0.2~0.5℃/min,但必须保证温度持续上升,不能停止或下降。注意观察样品的变化情况。开始时毛细管中样品塌落并有湿润现象,继而出现小液滴,表示样品开始融化,此时温度为始熔温度。继续缓慢升温至微量固体样品消失,成为透明液体,此时温度为全熔温度。例如,对硝基苯腈在 147.2℃ 时开始萎缩、塌落,148.0℃时有液滴出现,149.0℃时溶为透明液体,结果记录为:熔点 147.2~149.0℃。此外,还应注意观察并记录样品的变色、分解及结块等现象。

测定熔点时至少要重复两次,进行第二次测量时,熔点浴温度需降至低于样品熔点 20~25℃以下,再将样品放入。如果待测的两个或三个样品熔点相差 10℃以上,可将分别装有以上样品的两根或三根熔点管一起缚在温度计上连续测量。一般固体的蒸气压很小,可忽略压力对熔点的影响。但易升华物质的蒸气压较高,应采用两端封闭的毛细管测定其熔点。

2) 显微熔点测定法

显微熔点测定法是采用显微熔点测定仪测定熔点,即在显微镜下观察样品的熔化过程并记录熔化温度。此法样品用量少,能精确观测物质受热变化过程;同时可采用能自动绘制熔化曲线的先进仪器。

根据固体粉末熔化后透光率明显增大的特点,人们研制了计算机自动熔点仪,测量范围 0~300℃,测定精度 ±0.5℃,升温速度可小至 0.1℃/min。另外,采用差热分析仪也能用来鉴定样品的熔化情况。

2. 沸点的测定

沸点是指当液体的饱和蒸气压与外界压力相等(液体开始沸腾)时的温度,它是物质的一个重要的物理常数。可根据沸点的高低将液体物质、有机溶剂进行分离、提纯,也可用沸点来鉴定化合物或估计其纯度。

纯液体的沸程一般为 0.5~1℃,杂质的存在往往使沸程增大。杂质对液体沸点的影响,与液体本身及杂质的性质有关。当液体中含有强挥发性杂质时,沸点显著降低;当杂质与样品的沸点相近且两者之间作用较弱时,沸点变化不大;而当液体中溶有不挥发性固体杂质时,往往引起沸点升高。有许多混合液还形成具有固定沸点的共沸混合物。通常少量杂质的存在对液体沸点的影响不如对熔点的影响显著,因此对于物质的鉴定和纯度的估计来说,沸点不如熔点意义大。另外,液体的沸点随外界压力的变化而改变,外界压力越大,沸点越高。因此,记录液体的沸点要注明外界压力,如不指明则认为是标准大气压(101.3kPa)下的沸点。

在精细化学品合成实验中,除用测定沸点的方法来鉴定中间体或产品性质外,常用沸点和沸程作为有机溶剂纯度的指标,或在蒸馏、分馏时控制馏分的沸程。

(1)蒸馏法测定沸点。简单蒸馏的方法常用于测定液体的沸点和沸程。

(2)微量法测定沸点。将一端封闭的长5cm、内径3~4cm、壁厚1~2mm的粗毛细管(沸点管)缚在温度计上。滴入4~5滴待测样品。取一根内径约1mm的一端封闭的毛细管(内管),开口向下侵入样品中,然后将沸点管同温度计一起浸入大试管或其他热浴中。缓慢加热至从内管内冒出一连串的气泡,停止加热使气泡缓和下来。仔细观察,在最后一个气泡刚出现而又将缩回内管的瞬间,温度计读数即为此液体的沸点,这时毛细管内液体的蒸气压恰好等于外界气压。重复1~2次,误差应小于1℃。

3. 凝固点的测定

凝固点是指液体物质在冷却凝固(固—液共存)时的平衡温度。纯物质冷却时,在凝固之前温度随时间均匀下降。开始凝固后由于放出凝固热,体系将保持固—液两相共存的平衡温度不变,直到全部凝固,温度又均匀下降。混合物凝固时,最初形成的固体通常具有不同于液体的组成,而固体的形成又改变了剩余液体的组成,这样凝固点就逐渐降低。同样,当样品中含有杂质时,往往会引起凝固点的降低和凝固点范围的增大,杂质含量越多,凝固点越低。而所含杂质不同,凝固点降低的程度也不同。在精细化学品合成实验中常利用这一特点来鉴定混合物的纯度,凝固点成为某些物质的纯度和质量的重要指标。例如,减压蒸馏后苯酚的凝固点可由38.2℃提高到40.9℃。对于凝固点(或熔点)低于40℃的物质,测定凝固点比测定熔点更方便。通常有机化合物的凝固点比熔点低一些,尤其是含有较多杂质的物质。

在液体凝固点时常发生过冷现象,即在低于凝固点的温度下液体仍不凝固。当继续降温时,液体会突然凝固,凝固热将使体系温度回升,而后温度保持相对恒定,直到全部液体凝固后才会下降。实际应用中常利用液体这一特点测定凝固点,即不冷却后回升的最高温度作为凝固点。

测定凝固点的实验装置内管装有待测液体,将内管固定在套管内,再把套管置于冷浴中。内管中插有温度计和搅拌器,温度计距内管底部约1cm,搅拌器应该能够上下自由活动而不碰温度计。在冷浴内也可使用搅拌器。测定凝固点的关键是控制过冷程度。开始降温时不断搅拌液体样品,降温速度应尽量缓慢。当温度回升时停止搅拌,注意观察,待回升的温度相对恒定时记下温度,即为样品的凝固点。重复测量2~3次,各测定值误差应小于0.5℃。

应当指出,在测定凝固点时,不同的操作者因测定手法不同而导致不同的结果,有时甚至相差较大。最好能找到标准样品进行平行对比测量。

十四、色谱分析方法

色谱分析是20世纪初在研究植物色素分离时发现的一种物理的分离方法,借以分离及鉴别结构和物理化学性质相近的一些有机物质。长期以来,经不断改进,已成功地发展为各种类型的色谱分析方法。由于它具有高效、灵敏、准确等特点,已广泛应用于有机化学、生物化学的科学研究和有关的化工生产领域。

色谱分析是以相分配原理为基础的,它基于分析试样各组分在不相溶并作相对运动的两相(流动相和固定相)中的溶解度的不同,或在固定相上的物理吸附程度的不同等,即在两相中分配的不同而使各组分分离。

分析试样可以是气体、液体或固体(溶于合适的溶剂中)。流动相可以是惰性气体、有机溶剂等。固定相则可以是固体吸附剂、水、有机溶剂或涂渍在担体表面上的低挥发性液体。

目前常用的色谱分析方法有柱色谱法、纸色谱法、薄层色谱法、气相色谱法四种。在本节中只介绍前三种,气相色谱法不介绍。

1. 柱色谱法

20 世纪初,人们就开始应用柱色谱法来分离复杂的有机物。在分离较大量的有机物质时,柱色谱法在目前仍是有效的方法。柱色谱法涉及被分离的物质在液相和固相之间的分配,因此可以把它看作是一种固—液吸附色谱。固定相是固体,液体样品通过固体时,由于固体表面对液体中各组分的吸附能力不同而使各组分分离开。

柱色谱法是通过色谱柱(图 1-32)来实现分离的。色谱柱内装有固体吸附剂(固定相),如氧化铝或硅胶。液体样品从柱顶加入,在柱的顶部被吸附剂吸附。然后从柱的顶部加入有机溶剂(作洗提剂)。由于吸附剂对各组分的吸附能力不同,各组分以不同的速率下移,被吸附较弱的组分在流动相(洗提剂)里的百分含量比被吸附较强的组分要高,以较快的速率向下移动。

各组分随溶剂按一定顺序从色谱柱下端流出,可用容器分别收集。如各组分为有色物质,则可以直接观察到不同颜色谱带,但若为无色物质,则不能直接观察到谱带。有时一些物质在紫外光照射下能发出荧光,则可用紫外光照射。有时则可分段集取一定体积的洗提液,再分别鉴定。如果有一个或几个组分移动得很慢,可把吸附剂推出柱外,切开不同的谱带,分别用溶剂萃取。

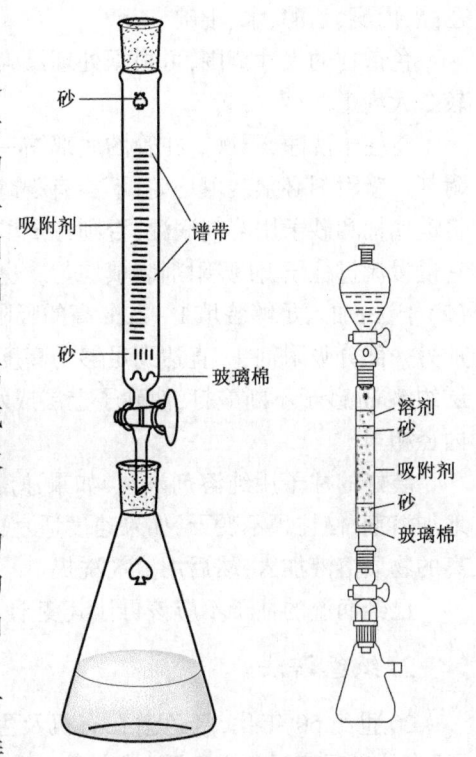

图 1-32 色谱柱

选取吸附剂时,需考虑到以下几点:不溶于所使用的溶剂;与要分离的物质不发生化学反应,也不起催化作用等;具有一定的组成;一般要求是无色的,颗粒大小均匀。颗粒越小,则混合物的分离程度越好,但溶液或溶剂流经柱子的速度也比较慢,因此要根据具体情况选择吸附剂。

最广泛使用的吸附剂是活性氧化铝,非极性的一些物质通过氧化铝的速度较极性物质快。有一些物质由于被吸附剂牢牢吸附,将不能通过。活性氧化铝不溶于水,也不溶于有机溶剂,含水的与无水的物质都可以使用这种吸附剂。

吸附剂的吸附能力不仅取决于吸附剂本身,也取决于在色谱分离中所用的溶剂,因此,对不同物质,吸附剂按其相对的吸附能力可粗略分类如下:

(1)强吸附剂,如低水含量的氧化铝、活性炭。

(2)中等吸附剂,如碳酸钙、磷酸钙、氧化镁。

(3)弱吸附剂,如蔗糖、淀粉、滑石。

吸附剂的吸附能力大小取决于溶剂和吸附剂的性质。一般来说,先将要分出的样品溶在非极性或极性很小的溶剂中,把溶液放在柱顶,然后用稍有极性的溶剂使各组分在柱中形成若干谱带,再用更大极性的溶剂洗提被吸附的物质。例如,以石油醚为溶剂,用苯使谱带展开,再用乙醇洗提不同谱带。当然,也可以用混合溶剂,如石油醚—苯、苯—乙醇等洗提。

普通溶剂的极性增加顺序大致如下:石油醚、四氯化碳、环己烷、二硫化碳、苯、乙醚、乙酸乙酯、丙酮、乙醇、水、吡啶、乙酸。

色谱柱的尺寸范围,可根据处理量确定,柱子的长径比例很重要,一般长:径=10:1就比较令人满意。

将柱子洗净,干燥。在管的底部铺一层玻璃棉,在玻璃棉上覆盖约5mm砂子,然后装入吸附剂。吸附剂必须装填均匀,不能有裂缝,空气必需严格排除。有两种装填方法。(1)湿法:将玻璃棉和砂子用溶剂润湿,否则柱子里会有空气泡。将溶剂和吸附剂调好,倒入柱子里,使它慢慢流过柱子,使吸附剂装填均匀。也可以用铅笔或其他木棒敲打,使吸附剂沿管壁沉落。(2)干法:加入足够装填1~2cm高的吸附剂,用一个带有塞子的玻璃棒做通条来压紧,然后再加另一部分吸附剂,一直达到足够的高度。不论用哪种方法,装好足够的吸附剂以后,再加一层约5mm砂子不断敲打,使砂子上层成水平面。在砂子上面放一层滤纸,其直径应与管子的内径相当。

装好的柱子用纯溶剂淋洗,如果速度很慢,可以抽吸,使其流速大约为1滴/4s,连续不断地加溶剂,使柱顶不变干,如果速度适宜,当在砂层顶部有1mm高的一层溶剂时,即可将要分离的物质溶液加入,然后用溶剂洗提。

已经润湿的柱子不应该再让其变干,因为变干后吸附剂可能从玻璃管壁离开而形成裂沟。

2.纸色谱法

20世纪50年代,纸色谱在有机及生物学领域中,是分离和鉴定微量物质的一种重要手段,自从出现薄层色谱之后,其应用范围有所缩小,但用于鉴定亲水性较强的化合物时,它的分离效果比薄层色谱好。因此,两者可以相互配合应用。

纸色谱属于分配色谱的一种。样品溶液点在滤纸上,通过层析而相互分开。在这里滤纸只是惰性载体;吸附在滤纸上的水作为固定相,而含有一定比例水的有机溶剂(通常称为展开剂)为流动相。展开时,被层析样品内的各组分由于它们在两相中的分配系数不同可达到分离的目的。所以,纸色谱是液—液分配色谱。

纸色谱的优点是操作简便、便宜,所得色谱图可以长期保存;其缺点是展开时间较长,一般需要几小时,因为溶剂上升的速度随着高度增加而减慢。

纸色谱所用的滤纸与普通滤纸不同,两面要比较均匀,不含杂质。通常作定性试验时可采用国产1号层析滤纸。大小可根据需要自由选择。一般上行法所用滤纸的长度为20~30cm,宽度视样品个数而定。

(1)点样。先将样品溶于适当的溶剂中(如乙醇、丙酮、水等),再用毛细管吸取试样点在事先已用铅笔画好的离纸底边 2~3cm 处的起始线上,样点的直径为 0.3~0.5cm,两个样点间隔为 1.5~2cm。如果样品的溶液过稀,可以在样点干燥后重复点样,必要时可反复数次。点好样之后,将滤纸放入已置有展开剂的密闭槽中(图1-33),纸的下端浸入液面下 0.5cm 左右。展开剂借毛细管作用沿纸条逐渐上升。待溶剂前沿接近纸上端时,将纸条取出,记下前沿位置,晾干。

(2)展开剂。展开剂要根据被分离物质的极性而定。如试样与展开剂的极性相差甚远,则不可能得到良好的分离效果。这时被分离物质或是紧跟前沿移动,或是留在原点不动。实验时,一般可参考前人试验的结果选用。展开剂往往不是单一的溶剂,如丁醇:醋酸:水 =4:1:5,指的是将三种溶剂按体积比先在分液漏斗中充分混合,静置分层后再取用上层丁醇溶液作为展开剂用。

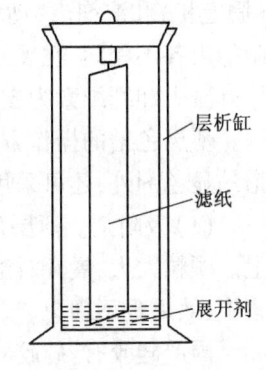

图1-33 密闭槽

(3)显色。被分离物质如果是有色组分,展开后滤纸上即呈现出有色斑点。如果化合物本身无色,则可在紫外灯下观察有无荧光斑点;或是用碘蒸气熏的方法来显色。将纸条放入装有少量碘的密闭容器中,许多有机化合物和碘形成棕色斑点。但当色谱纸取出之后,在空气中碘逐渐挥发,纸上的棕色斑点就消失了。所以显色之后,要立即用铅笔将斑点位置画出。此外,还可以根据化合物的特性采用试剂进行喷雾显色,如芳族伯胺可与二甲氨基苯甲醛生成黄-红色的希夫(Schiff)碱,羧酸可以用酸碱指示剂显色等。

比移值(R_f值):是表示色谱图上斑点位置的一个数值(图1-34)。它可以按下式计算:

$$R_f = \frac{a}{b}$$

式中 a——溶质的最高浓度中心至样点中心的距离;

b——溶剂前沿至样点中心的距离。

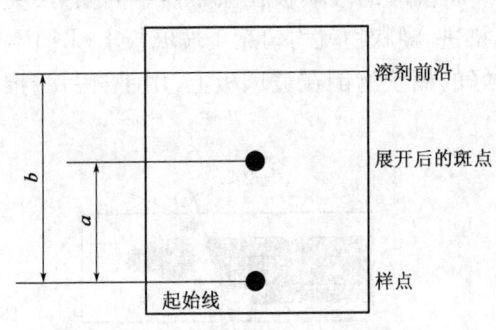

图1-34 纸色谱的鉴定

良好的分离,R_f值应在 0.15~0.75 之间,否则应该调换展开剂重新展开。影响比移值的因素很多,如温度、滤纸和展开剂等。因此,它虽然是每个化合物的特性常数,但由于实验条件的改变而不易重复。所以在鉴定一个具体化合物时,经常采用已知标准试样在同样试验条件下进行对比实验。

纸色谱的展开方法除上行法之外,还有下行法、径向法、双向层析法等,但其适用范围都不太广泛。

3. 薄层色谱法

薄层色谱是一种微量、快速且简单的色谱方法,它可用于分离混合物,鉴定和精制化合物,是近代有机分析化学中用于定性和定量的一种重要手段。它兼有柱色谱和纸色谱的优点,展开时间短、分离效率高(可达到 300~4000 块理论塔板数)、需要样品少(数微克)。如果把吸附层加厚,试样点成一条线时,又可用作制备色谱,用以精制样品。薄层色谱特别适用于挥发性小的化合物,以及那些在高温下易发生变化、不宜用气相色谱分析的化合物。

薄层色谱的原理和柱色谱类同,属于固—液吸附色谱。样品在涂于玻璃板上的吸附剂(固定相)和溶剂(移动相)之间进行分离。常用的吸附剂是硅胶和氧化铝。各种化合物的吸附能力各不相同,在展开剂上移时,它们进行不同程度的解吸,从而达到分离的目的。如果采用硅藻土和纤维素为支撑剂,则其原理为分配色谱。

薄层色谱的操作方法,如点样、展开、显色等,都和纸色谱基本相同。显色剂除能使用纸色谱的显色剂外,还可采用腐蚀性的显色剂,如浓硫酸、浓盐酸等。斑点位置也用比移值表示。

(1)吸附剂。薄层色谱的吸附剂最常用的是硅胶和氧化铝,其颗粒大小一般为260目以上。颗粒太大,展开时溶剂移动速度快,分离效果不好;反之,颗粒太小,溶剂移动太慢,斑点不集中,效果也不理想。

国产硅胶有:硅胶G(含有煅石膏作黏合剂)、硅胶H(不含煅石膏,使用时需加入少量聚乙烯醇、淀粉等作黏合剂用)和硅胶F_{254}(含有荧光物质),后者使用之后可在紫外光下观察,有机化合物在亮的荧光板上显暗色斑点。硅胶经常用于湿法铺层。

(2)铺层。实验室常用$20cm \times 5cm$、$20cm \times 10cm$、$20cm \times 20cm$的玻璃板来铺层。玻璃板要预先洗净擦干。铺层可分湿法和干法两种,其中湿法铺层的步骤如下:先将吸附剂调成糊状,如称取硅胶G20~50g,放入研钵中,加入水40~50mL,调成糊状;此糊可涂$5cm \times 20cm$的板20块左右,涂层厚0.25mm。注意,硅胶G的糊易凝结,所以必须现用现配,不宜久放。

为了得到厚度均匀的涂层,可以用涂布器铺层。将洗净的玻璃板在涂布器中间摆好,夹紧,在涂布槽中倒入糊状物,将涂布器自左至右迅速推进,糊状物就均匀涂于玻璃板上(图1-35)。如果没有涂布器也可以进行手工涂布。将调好的糊状物倒在玻璃板上,用手自一端推向另一端,氧化铝就在板的表面形成薄层(图1-36)。

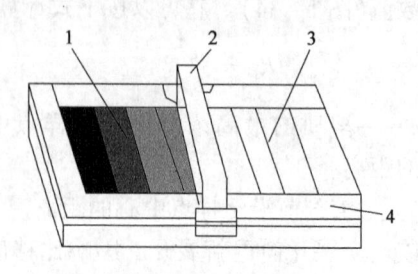

图1-35 薄层涂布器
1—吸附剂薄层;2—涂布器;3—$10cm \times 3cm$玻璃板;
4—玻璃夹板

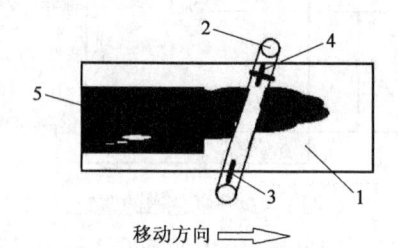

图1-36 干法铺层
1—玻璃板;2—玻璃棒;3—控制厚度的胶布;
4—防止滑动的脚步;5—氧化铝

(3)活化。涂好的薄层板在室温晾干后,置于烘箱内加热活化。当温度达到100℃后,硅胶板在105~110℃保持30min。氧化铝板一般在135℃活化4h。活化之后的板应放在干燥箱内保存。如果薄层吸附了空气中的水分,板就会失去活性,影响分离效果。硅胶板的活性可以用二甲氨基偶氮苯、靛酚蓝和苏丹红三个染料的氯仿溶液,以己烷:乙酸乙酯=9:1为展开剂进行测定。

(4)展开。薄层色谱的展开需要在密闭的容器中进行。将选择好的展开剂放入展开缸中,使缸内空气先饱和几分钟,再将点好的试样的板放入。干板宜用近水平式的方法展开(图1-37),板的倾斜度以不影响板面吸附剂的厚度为原则,倾角一般为10°~20°。湿板通常都含有黏合剂,所以可以直立展开(图1-38)。

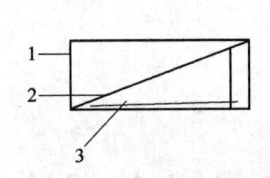

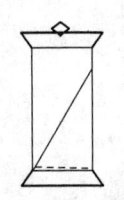

图 1-37　近水平式展开　　　图 1-38　直立式展开
1—色谱缸;2—薄层板;3—展开剂

薄层色谱展开剂的选择也要根据样品的极性、溶解度和吸附剂活性等因素来考虑,绝大多数采用有机溶剂。由于薄层色谱操作简便,经常用来为柱色谱和高速液相色谱寻找试验条件(如展开剂)。

第二章　精细有机中间体的合成

有机中间体是指将基本有机化工原料经过一系列的化学反应,制得的分子结构比较复杂,但尚不具有特定功能用途的化合物。

尽管有机中间体、精细化学品的种类繁多,但其合成过程均涉及若干种有机单元反应,如卤化、磺化、硝化与亚硝化、还原、氨解、烷化、酰化、氧化、水解、缩合及成环等反应,而且每一种单元反应具有其特定的规律。同一个中间体有时可用不同的方法或不同的单元反应来制备,特别是含有多个取代基的中间体,制备方法的选择更加重要。因而,掌握各单元反应的合成原理和方法,合理地安排合成路线,是制备优质中间体产品的关键。本章将针对各单元反应,介绍一些有代表性的中间体的合成方法。

实验2-1　2,6-二氯-4-硝基苯胺的合成

一、实验目的

(1)掌握2,6-二氯-4-硝基苯胺的合成方法;
(2)掌握氯化反应的机理和氯化条件的选择;
(3)了解2,6-二氯-4-硝基苯胺的性质和用途。

二、实验原理

根据引入卤素的不同,卤化反应可分为氯化、溴化、碘化和氟化。因为氯代衍生物的制备成本低,所以氯化反应在精细化学品合成生产中应用广泛;碘化反应应用较少;由于氟的活泼性过高,通常以间接方法制得氟代衍生物。

卤化剂包括卤素(氯、溴、碘)、盐酸和氧化剂(空气中的氧、次氯酸钠、氯化钠等)、金属和非金属的氯化物(三氯化铁、五氯化磷等)。硫酰二氯(SO_2Cl_2)是高活性氯化剂。也可用光气、卤酰胺(RSO_2NHCl)等作为卤化剂。

卤化反应有三种类型,即取代卤化、加成卤化、置换卤化。

由对硝基苯胺制备2,6-二氯-4-硝基苯胺有多种合成方法:直接氯气法;氯酸钠氯化法;硫酰二氯法;次氯酸法;过氧化氢法。工业生产一般采用直接氯气法,其优点是原材料消耗低、氯吸收率高、产品收率高、盐酸可回收循环使用。直接氯气法的反应方程式如下:

$$\underset{NO_2}{\underset{|}{C_6H_4}}-NH_2 + 2Cl_2 \xrightarrow{HCl} \underset{NO_2}{\underset{|}{C_6H_2Cl_2}}-NH_2 + 2HCl$$

氯酸钠氯化法是由对硝基苯胺氯化、中和而得,反应方程式如下:

$$\underset{NO_2}{\underset{|}{C_6H_4}}-NH_2 \xrightarrow[HCl]{NaClO_3} \underset{NO_2}{\underset{|}{C_6H_2Cl_2}}-NH_2$$

过氧化氢法是由对硝基苯胺在浓盐酸中与过氧化氢反应而得,反应方程式如下:

$$\underset{NO_2}{\underset{|}{C_6H_4}}-NH_2 + 2H_2O_2 + 2HCl \longrightarrow \underset{NO_2}{\underset{|}{C_6H_2Cl_2}}-NH_2 + 4H_2O$$

产物为黄色针状结晶,熔点 192~194℃,难溶于水,微溶于乙醇,溶于热乙醇和乙醚。本品有毒,温血动物急性口服 LD_{50} 为 1500~4000mg/kg,小白鼠急性口服 LD_{50} 为 3603mg/kg。

本品主要用于生产分散黄棕 GL、分散黄棕 2RFL、分散棕 3R、分散棕 5R、分散橙 GR、分散大红 3GFL、分散红玉 2GFL 等。还可作为农用杀菌剂使用:可防治甘薯、洋麻、黄瓜、莴苣、棉花、烟草、草莓、马铃薯等的灰霉僵腐病;油菜、葱、桑、大豆、西红柿、莴苣、甘薯等的菌核病;甘薯、棉花、桃子的软腐病;马铃薯和西红柿的晚疫病;杏、扁桃及苹果的枯萎病;小麦的黑穗病;蚕豆花腐病。

三、仪器与药品

1. 仪器

搅拌器、温度计、滴液漏斗、250mL 四口瓶、烧杯、电子秤、熔点仪、真空干燥箱、抽滤瓶、滤纸。

2. 药品

对硝基苯胺、浓盐酸、氯酸溶液(3g 氯酸钠加水 20mL)、氢氧化钠、过氧化氢、氯气。

四、实验内容

方法一:氯酸钠氯化法。

在装有搅拌器、温度计和滴液漏斗(预先检查滴液漏斗是否严密,不能泄漏)的 250mL 四口瓶中,加入 5.5g(质量分数为 100%)对硝基苯胺,再加入质量分数为 36% 的盐酸 100mL,搅拌下升温至 50℃左右,使物料全部溶解。然后,慢慢冷却至 20℃左右,滴加预先配好的氯酸溶液(3g 氯酸钠加水 20mL),在 1~1.5h 内加完,然后,在 30℃下再反应 1h。

用50mL水稀释上述反应物,倾入烧杯中,并用少量水冲洗四口瓶,将物料全部转移到烧杯中,过滤。滤液倒入废酸桶,滤饼以少量水打浆,并用水调整体积至100mL左右,用质量分数为10%的氢氧化钠中和至pH=7~8,再过滤,干燥,产品称重,计算收率,测熔点。

方法二:过氧化氢法。

在装有搅拌器、温度计和滴液漏斗(预先检查滴液漏斗是否严密,不能泄漏)的250mL四口瓶中,加入13.8g对硝基苯胺,再加入50mL水,搅拌下慢慢加入45mL浓盐酸,加热至40℃,搅拌1h内滴加23mL质量分数为30%的过氧化氢,滴加过程温度控制在35~55℃,加完后,在40~50℃下继续反应1.5h。随着反应的进行,逐渐产生黄色沉淀。反应结束后,过滤,水洗,烘干,称重,计算收率,测熔点。

方法三:直接氯气法。

向带有回流冷凝器和填充氢氧化钠的气体吸收柱的反应器中加入对硝基苯胺138g(1mol)和4.5mol/L的盐酸水溶液1L。悬浮液在搅拌下加热至105℃左右,在该温度下通氯气,约15min后出现沉淀。约2h后逐渐减少氯气量,至不再吸收氯为止(通入约2.2mol的氯气)。反应混合物冷却到70~80℃,过滤,水洗,干燥,称重,计算收率,测熔点。

五、思考题

(1)简述本实验中三种方法的优缺点。

(2)简述由对硝基苯胺合成2-氯-4-硝基苯胺的合成方法,以及如何控制反应条件。

实验2-2 4-氨基-2-硝基苯甲醚的合成

一、实验目的

(1)掌握4-氨基-2-硝基苯甲醚的合成方法;
(2)掌握乙酰化、混酸硝化、水解的反应机理;
(3)掌握混酸的配制方法;
(4)了解用N,N-对二甲胺基苯甲醛测试游离胺的原理和方法。

二、实验原理

酰化是指有机分子中与碳原子、氮原子、磷原子、氧原子或硫原子相连的氢被酰基所取代的反应。氨基氮原子上的氢被酰基所取代的反应称为N-酰化。酰化是亲电取代反应。常用的酰化剂有羧酸、酸酐、酰氯、羧酸酯、酰胺等。

对氨基苯甲醚用乙酐酰化,反应的目的是保护氨基,将氨基转化为酰氨基,以利于后面的硝化反应(还有卤化、氯磺化、O-烷化、氧化等),完成目的反应后,将酰氨基水解成氨基。

向有机物分子的碳原子上引入硝基的反应称作硝化,引入亚硝基的反应称作亚硝化。也可以是有机物分子中的某些基团,如卤素、磺酸基、酰基和羧酸基等被硝基置换。

硝化剂是硝酸以及硝酸和各种质子酸的混合物,如氮的氧化物、有机硝酸酯等。最常用的混酸是硝酸和硫酸的混合物。

硝化方法有用硝酸—硫酸的混酸硝化法;在硫酸介质中的硝化;有机溶剂—混酸硝化;在乙酐或乙酸中硝化;稀硝酸硝化;置换硝化;亚硝化。最常用的方法是混酸硝化法,它与浓硝酸硝化法相比具有以下特点:混酸比浓硝酸产生更多的 NO^{2+},硝化能力强,反应速度快,而且不易发生氧化副反应,产率高;混酸中的硝酸用量接近理论量,硝酸几乎可以全部得到利用;硫酸的比热容大,避免硝化时的局部过热现象,反应温度容易控制;硝化产物不溶于废硫酸中,便于废酸的循环使用;混酸的腐蚀作用小,可使用碳钢、不锈钢或铸铁设备。

4-氨基-2-硝基苯甲醚以对氨基苯甲醚为原料,用乙酐作酰化剂,首先进行酰化反应;然后用混酸硝化,生成4-乙酰氨基-2-硝基苯甲醚,再水解,得到4-氨基-2-硝基苯甲醚。

酰化反应方程式如下:

$$\underset{NH_2}{\underset{|}{C_6H_4}}-OCH_3 \xrightarrow{\underset{(CH_3CO)_2O}{CH_3COOH}} \underset{NHCOCH_3}{\underset{|}{C_6H_4}}-OCH_3$$

硝化反应方程式如下:

$$\underset{NHCOCH_3}{\underset{|}{C_6H_4}}-OCH_3 \xrightarrow{\underset{H_2SO_4}{HNO_3}} \underset{NHCOCH_3}{\underset{|}{C_6H_3}}(OCH_3)(NO_2)$$

水解反应方程式如下:

$$\underset{NHCOCH_3}{\underset{|}{C_6H_3}}(OCH_3)(NO_2) \xrightarrow{HCl} \underset{NH_2}{\underset{|}{C_6H_3}}(OCH_3)(NO_2)$$

产物外观为橙至红色粉末,熔点 118~120℃,微溶于冷水和乙醇,溶于热水和二氧六环。本品为有机合成原料,用于合成冰染染料色基、有机颜料、染料,也可作为医药中间体。

三、仪器与药品

1. 仪器

搅拌器、温度计、回流冷凝器、滴液漏斗、250mL 四口瓶、500mL 四口瓶、500mL 烧杯、1000mL 烧杯、熔点仪。

2. 药品

冰醋酸、对氨基苯甲醚、乙酐、N,N-对二甲胺基苯甲醛、硫酸、硝酸、混酸(混酸组成:硫酸=47.4%,硝酸=20%,均为质量分数)、冰块、浓盐酸。

四、实验内容

1. 酰化

在装有搅拌器、温度计、回流冷凝器和滴液漏斗的500mL四口瓶中,加入150mL冰醋酸和61.5g对氨基苯甲醚,加热至50℃,搅拌使物料全溶,再冷至室温,滴加51.5mL乙酐,20~30min加完,然后升温至70℃,搅拌10~15min,用N,N-对二甲胺基苯甲醛测试无游离胺为止(渗圈试验无色)。冷却反应液至室温,倒入已有500mL冰水的烧杯中,析出沉淀,过滤,并用100mL水洗涤滤饼,得灰白色片状结晶。产品称重,并计算收率,测熔点。

2. 混酸硝化

在装有搅拌器、温度计、回流冷凝器和滴液漏斗(先检查滴液漏斗是否严密,不能泄漏)的250mL四口瓶中,加入160g(质量分数为95%)的硫酸,在搅拌下逐渐加入33g酰化物,控制加料温度在10℃以下,加料时间为1h,并保持此温度下继续搅拌30min,使物料全溶。再冷却至5℃以下,然后,在1h内滴加预先配好的65g混酸(混酸组成:硫酸=47.4%,硝酸=20%,均为质量分数;注意配制混酸的方法),滴加混酸的温度不超过10℃,加完混酸后在0~10℃保温搅拌1h,然后把反应物倒入500mL的冰水中,稀释温度不超过30℃,再搅拌10min左右,过滤,滤饼用水洗涤至中性,烘干,产品称重,计算收率,测熔点。

3. 水解

在装有搅拌器、温度计、回流冷凝器的250mL四口瓶中,加水50~60mL,并加入10mL盐酸,再加入10.5g硝基物,升温至95~100℃,反应约30min后,可加入1mL硫酸(滴加),继续保温反应,使反应物全进入溶液相,然后继续保温搅拌30min,再冷却至室温,过滤,并多次用少量水洗涤至pH=6,过滤,干燥,产品称重,并计算收率,测熔点。

五、注意事项

(1)在第一步的乙酰化反应中,反应终点的控制很重要,用N,N-对二甲胺基苯甲醛作渗圈试验,必须以黄色渗圈完全消失为反应终点,否则,会影响后面的硝化反应。

(2)硝化反应是强放热反应,必须将温度控制好。温度高引起多硝化、氧化等副反应,硝酸分解,甚至爆炸。硝化反应是非均相反应,加料时必须开搅拌,不能突然停搅拌。

(3)混酸的配制方法:加料顺序依次为水、硫酸、硝酸,加料温度不超过40℃。

(4)注意废酸的处理。

六、思考题

(1)硝化废酸如何处理?

(2)本反应中引入酰基的目的是什么?

(3)叙述用N,N-对二甲胺基苯甲醛测试游离胺的原理。

(4)说明配制混酸的方法。

实验 2-3 2,4-二硝基苯酚的合成

一、实验目的
(1) 了解合成酚类化合物的方法及优缺点；
(2) 掌握碱性水解法制 2,4-二硝基苯酚的工艺及实验方法；
(3) 掌握相转移催化剂的应用原理及方法；
(4) 学习搅拌釜式反应、加热控制、过滤及干燥等实验技术和操作技能。

二、实验原理

水解是指有机化合物与水的复分解反应。水中的一个氢进入一个产物，氢氧基则进入另一个产物。水解的方法很多，包括卤素化合物的水解、芳磺酸及其盐类的水解、芳环上硝基的水解、芳伯胺的水解等。

卤素的碱性水解是亲核取代反应，当苯环上氯基的邻位或对位有硝基时，由于硝基的吸电效应，使苯环上与氯相连的碳原子上电子云密度显著降低，使氯基的水解较易进行。因此，只需要用稍过量的氢氧化钠水溶液，在较温和的反应条件下即可进行水解。氯基水解是制备邻硝基酚类、对硝基酚类的重要方法。

当两种物质处于不同相时，彼此反应速度很慢，甚至不能反应，加入少量第三种物质，即相转移催化剂，可使反应速度加快。它的反应原理是在液—液非均相亲核取代反应中，亲核试剂只溶于水相，有机反应物只溶于有机相，两者不易靠拢而发生化学反应。在该体系中加入季铵盐时，由于季铵正离子 Q^+ 具有亲油性，所以季铵盐 Q^+X^- 既能溶于水，又能溶于有机溶剂。当水相中的亲核试剂 M^+Y^- 与 Q^+X^- 季铵盐接触时，可以发生 Y^- 和 X^- 负离子交换作用，生成 Q^+Y^- 离子对，然后这个离子对可以从水相转移到有机相，然后，在 Q^+Y^- 有机相中与 R—X 发生亲核取代反应，生成目的产物 R—Y，同时生成离子对 Q^+X^-，然后 Q^+X^- 从有机相转移到水相，再与 M^+Y^- 进行负离子交换，从而完成了相转移的催化循环。它的相转移催化作用如图 2-1 所示。

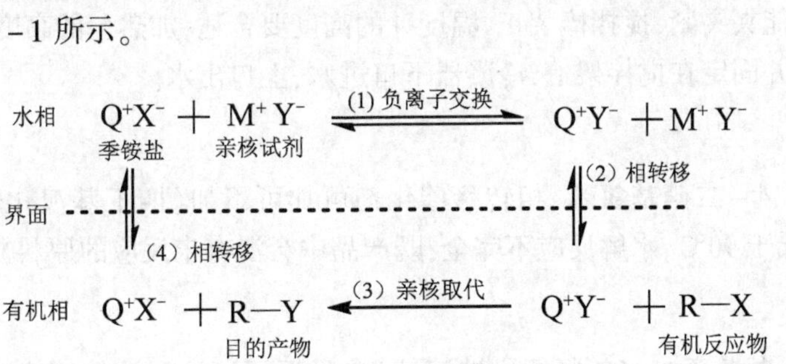

图 2-1 相转移催化作用示意图

在上述催化循环中，季铵正离子 Q^+ 并不消耗，只是起着转移亲核试剂 Y^- 的作用。因此，1mol 有机反应物只需要使用 0.005~0.100mol 的季铵盐。

2,4-二硝基苯酚以 2,4-二硝基氯苯为原料，在碱溶液中水解而得，反应方程式如下：

$$\underset{NO_2}{\underset{|}{\text{Cl}}}\text{—}\underset{NO_2}{\bigcirc}\text{—}NO_2 \xrightarrow{NaOH} \underset{NO_2}{\underset{|}{\text{ONa}}}\text{—}\underset{NO_2}{\bigcirc}\text{—}NO_2 + HCl$$

产物外观为浅黄色单斜结晶,熔点113℃,相对密度1.6830,溶于热水、乙醇、乙醚、丙酮、甲苯、苯、氯仿和吡啶,不溶于冷水,能随水蒸气挥发,加热升华。本品有毒,吸入后可引起多汗、虚脱、粒状白细胞减少等症状。

2,4-二硝基苯酚主要用于硫化染料的生产,也用于生产苦味酸和显影剂等,分析化学中用作酸碱指示剂,变色范围为pH=2.8(无色)~4.4(黄色)。本品有三种形态(α、β、γ),α-型为稳定态,β-型和γ-型为不稳定态。本品有毒,毒性比1-硝基氯苯强,对皮肤和黏膜有明显的刺激作用,引起严重的皮炎;能引起人的血液中毒并损伤肝脏、肾脏,同时还损害神经以致发生神经痛、神经炎;空气中最高允许浓度1mg/m³;大白鼠口服LD_{50}为1070mg/kg。

三、仪器与药品

1. 仪器

恒温水浴、搅拌器、温度计、回流冷凝器、滴液漏斗、250mL 四口瓶、500mL 四口瓶、500mL 烧杯、1000mL 烧杯、熔点仪。

2. 药品

2,4-二硝基氯苯、四丁基溴化铵、氢氧化钠、pH试纸、浓盐酸,2,4-二硝基氯苯:氢氧化钠:盐酸=1:(2.08~2.23):(1.11~1.23),盐酸。

四、实验内容

1. 安装仪器

四口瓶用万能夹夹紧,搅拌棒装正,温度计的高度要合适,加热包的高度要调节,回流冷凝器用万能夹夹紧并固定在搅拌架上,冷凝器下口进水,上口出水。

2. 加料

先加水,加2,4-二硝基氯苯,相转移催化剂可加可不加(四丁基溴化铵),搅拌,升温至90~93℃(温度低于90℃,水解反应不完全,既产品中会混有未反应的原料)。

3. 水解

保持此温度,慢慢滴加36%氢氧化钠溶液(参见恒压滴液漏斗的用法),滴加时间不低于30min,继续保持此温度反应,直至取样全溶于水,无油状物为止。终点控制,用气相色谱法,或用酸度计,终点为pH13.17~13.47,在滴加碱液过程中,反应不完全,pH值大于终点的pH值,当滴完碱液,随着反应的进行,pH值逐渐变小,最后恒定在13.17~13.47内的某一值,再继续反应60min,水解反应完全。整个水解反应时间为2h较合适。水解反应为吸热反应,高温对反应有利。水解反应还是多相反应,搅拌要均匀。

4. 酸化

反应完毕,降温(可用水浴,不可停搅拌),继续在四口瓶中用盐酸酸化,用刚果红试纸或广泛 pH 试纸测 pH 值小于 3,1~2 为佳。过滤,得产品,用冷水洗涤至 pH = 5~6(用水洗洗去酸和盐),将产品倒入表面皿中,空气干燥,2,4-二硝基苯酚在 70℃ 以上易升华,故产品要在空气中干燥。酸化为放热反应,酸化之前一定要降温,加酸时速度要慢。

5. 计算

产品称重,计算产品收率、原料的转化率,产品测熔点。产品纯度需用气相色谱测定。

6. 实验废水处理

2,4-二硝基苯酚的毒性很大,酸化后,过滤的废水需进行处理才可排放。用熟石灰将废水中和至 pH 值 = 3~5,加入聚合硫酸铝等絮凝沉淀,过滤,得清澈的水,用生石灰调 pH 值至中性,分析水中酚含量达到排放标准即可。残渣可焚烧。洗涤水可循环套用。读者还可以查一查有无其他处理方法。

五、思考题

(1)氯化物的普通碱性水解和相转移催化水解有什么根本不同?
(2)为什么相转移催化水解的反应速度要快很多?
(3)比较氯苯、对硝基氯苯、2,4-二硝基氯苯的水解难易程度,阐述工艺条件有哪些不同。

实验 2-4 对氯邻硝基苯胺的合成

一、实验目的

(1)掌握对氯邻硝基苯胺的合成方法;
(2)掌握混酸硝化、氨解反应的机理;
(3)了解对氯邻硝基苯胺的性质和用途。

二、实验原理

氨基化反应是指氨与有机化合物发生复分解而生成伯胺的反应,它包括氨解和胺化。脂肪族伯胺的制备主要采用氨解和胺化法。芳伯胺的制备主要采用硝化—还原法,但是如果用硝化—还原法不能将氨基引入芳环的指定位置或收率很低时,则需采用芳环上取代基的氨解法。其中最重要的是卤基的氨解,其次是酚羟基、磺基或硝基的氨解。氨基化剂主要是液氨和氨水;有时也用到气态氨或含氨基的化合物,如尿素、碳酸氢铵和羟胺等。

对氯邻硝基苯胺的合成是以对二氯苯为原料,用混酸硝化,制得 2,5-二氯硝基苯,然后

用氨水进行氨解,得到目标产物。反应方程式如下:

$$\underset{\text{Cl}}{\text{C}_6\text{H}_4\text{Cl}_2} \xrightarrow[\text{H}_2\text{SO}_4]{\text{HNO}_3} \text{2,5-二氯硝基苯} + \text{H}_2\text{O}$$

$$\text{2,5-二氯硝基苯} \xrightarrow{\text{NH}_3} \text{对氯邻硝基苯胺} + \text{HCl}$$

2,5-二氯硝基苯的氨解,属于芳环上卤基的氨解,是亲核取代反应,因芳环上含有强吸电基团,故可采用非催化氨解的方法。

产物为橘黄色或橘红色针状结晶,熔点 116~117℃,不溶于水,溶于甲醇、乙醚和乙酸,微溶于粗汽油。本品有毒。本品主要用作棉、粘胶织物的印染显色剂,也可用于丝绸、涤纶织物的印染;还可用作大红色淀、嫩黄 10G 等有机颜料的中间体、冰染染料的色基(即大红色基 3GL)等。

三、仪器与药品

1. 仪器

500mL 高压釜、电动搅拌器、温度计、滴液漏斗、500mL 四口瓶、电子秤。

2. 药品

硫酸、对二氯苯、硝酸、氨水。

四、实验内容

1. 2,5-二氯硝基苯的合成

在装有搅拌器、温度计、滴液漏斗的 500mL 四口瓶中,加入 144g 质量分数为 96% 的硫酸,再加入 118g 对二氯苯,搅拌均匀,然后用 54.4g 质量分数为 96% 的硫酸和 54.4g 质量分数为 100% 的硝酸的混酸进行硝化。放置 1.5h,过滤出沉淀的 2,5-二氯硝基苯。

2. 对氯邻硝基苯胺的合成

向 500mL 高压釜中加入质量分数为 30% 的氨水 280g,升温至 170℃,在该温度下经 2h,压入 118g 2,5-二氯硝基苯,保温 3h。反应毕,冷却至 30℃,过滤,水洗,干燥,得对氯邻硝基苯胺 105g,收率达 99%,产品含量为 99%。

五、思考题

(1) 氨解反应的速度与哪些因素有关?
(2) 说明邻氯对硝基苯胺的制备方法。

实验 2-5 对硝基苯甲醛的合成

一、实验目的

(1) 掌握对硝基苯甲醛的合成方法；
(2) 了解对硝基苯甲醛的性质及用途；
(3) 掌握氧化反应的机理。

二、实验原理

氧化反应在有机合成中是一个非常活跃的领域，它的应用十分广泛。利用氧化反应可以制得醇、醛、酮、羧酸、酚、环氧化合物和过氧化物等有机含氧的化合物。另外，还可用来制备某些脱氢产物。氧化剂的种类很多，一种氧化剂可以对多种不同的基团发生氧化反应；同一种基团也可以因所用氧化剂和反应条件的不同而得到不同的氧化产物。

在工业上最廉价且应用最广的氧化剂是空气，化学氧化剂有高锰酸钾、六价铬的衍生物、高价金属氧化物、硝酸、过氧化氢和有机过氧化物，另外，还有电解氧化法，等等。

对硝基苯甲醛可由对硝基甲苯、乙酐为原料，经氧化、水解而制得，即三氧化铬氧化法，反应方程式如下：

$$\text{p-}O_2N\text{-}C_6H_4\text{-}CH_3 + 2(CH_3CO)_2O \xrightarrow{CrO_3} \text{p-}O_2N\text{-}C_6H_4\text{-}CH(OCOCH_3)_2 + 2CH_3COOH$$

$$\text{p-}O_2N\text{-}C_6H_4\text{-}CH(OCOCH_3)_2 + H_2O \xrightarrow{H_2SO_4} \text{p-}O_2N\text{-}C_6H_4\text{-}CHO + 2CH_3COOH$$

第二条路线是由对硝基甲苯与溴素发生溴化反应，再水解、氧化而制得，即间接氧化法，反应方程式如下：

$$O_2N\text{-}C_6H_4\text{-}CH_3 + Br_2 \longrightarrow O_2N\text{-}C_6H_4\text{-}CH_2Br + HBr$$

$$O_2N\text{-}C_6H_4\text{-}CH_2Br + H_2O \longrightarrow O_2N\text{-}C_6H_4\text{-}CH_2OH + HBr$$

$$O_2N\text{-}C_6H_4\text{-}CH_2OH + 2HNO_3 \longrightarrow O_2N\text{-}C_6H_4\text{-}CHO + 2NO_2 + 2H_2O$$

第三条路线是卤化水解法，反应方程式如下：

$$O_2N-\underset{}{\bigcirc}-CH_3 \xrightarrow{Br_2} O_2N-\underset{}{\bigcirc}-CHBr_2 \xrightarrow[FeBr_3]{H_2O} O_2N-\underset{}{\bigcirc}-CHO$$

以上三条合成路线中,第一种工艺原料成本较高,且三氧化铬会造成环境污染,因此该法只适用于实验室中少量合成。第二种工艺与第三种工艺原料成本和产品收率比较接近,只是第二种方法由于产生较多的稀硝酸废液,难以处理,因此也存在环境污染问题。第三种方法基本不产生污染性的废液和废渣,工艺过程中生成的溴化氢气体,经尾气吸收可生成氢溴酸。故第三条合成路线是目前比较合适的工艺路线。

产物为白色或淡黄色结晶,熔点 105~107℃,微溶于水及乙醚,溶于苯、乙醇及冰醋酸,能升华,能随水蒸气挥发。本品是医药、农药、染料等的中间体,在医药工业用于合成对硝基苯-2-丁烯酮、对氨基苯甲醛、对乙酰氨基苯甲醛、甲氧苄胺嘧啶(TMP)、氨苯硫脲、对硫脲、乙酰胺苯烟腙等中间体;在农药生产中用于促进植物幼苗的生长。

三、仪器与药品

1. 仪器

250mL 四口瓶、500mL 四口瓶、搅拌器、温度计、2000mL 烧杯、1000mL 烧杯、熔点仪、回流冷凝器。

2. 药品

过氧化二碳酸二(2-乙基)己酯(简称 EHP)、焦亚硫酸钠、对硝基甲苯、四氯化碳、冰醋酸、乙酐、浓硫酸、乙醇、三氧化铬、浓硫酸、冰块。

四、实验内容

1. 三氧化铬氧化法

将装有搅拌器、温度计的 500mL 四口瓶,置于冰盐浴中,向其中加入 150g 冰醋酸、153g 乙酐(质量分数为 95%,1.5mol)和 12.5g 对硝基甲苯(0.09mol),搅拌,慢慢滴加浓硫酸 21mL(速度不可太快,以防发生炭化),当混合物冷却至 5℃时,分批加入 25g 三氧化铬(约需 1h),控制温度不超过 10℃(否则影响收率)。加毕,继续搅拌 10min。然后将反应物慢慢倒入预先加入 1000mL 体积碎冰的 2L 烧杯中,再加冷水,使总体积接近 1500mL。过滤,冷水洗涤直至洗去颜色,过滤。

将滤饼加到 1000mL 烧杯中,加入 125mL 冷的 2% 质量分数为 2% 的碳酸钠溶液,打浆洗涤,过滤,滤饼用冰水淋洗,再用 5mL 乙醇洗涤,过滤,真空干燥,得对硝基苯甲二醇二乙酸酯粗品,熔点 120~122℃。

在装有搅拌器、温度计、回流冷凝器的 250mL 四口瓶中,加入上述反应的产物 11g、25mL 水、25mL 乙醇和 2.5mL 浓硫酸,搅拌,加热至回流,30min 后,热过滤,滤液在冰浴中冷却结晶,过滤,冰水洗涤,过滤,干燥,得到产品。称重。将滤液和洗涤液合并,加约 75mL 水稀释,有产品析出,过滤回收产品,干燥。称重。测熔点,计算总收率。

2. 间接氧化法

溴化:向装有搅拌器、温度计、回流冷凝器的 1000mL 四口瓶中,加入 50g 对硝基甲苯、125g

四氯化碳、125mL水,搅拌,加热至回流,然后分批加入30g溴和0.5g引发剂。添加时,一般是溴先加入,待搅拌均匀后,再加入引发剂——过氧化二碳酸二(2-乙基)己酯(简称EHP),而且在加入第二批溴和引发剂之前,反应液红色必须褪去。加入溴后,在70±5℃下滴加质量分数为27%的过氧化氢25g,加2~3h。加毕,回流0.5~1h,使红色基本褪去。

水解:反应结束后,加入150mL水,搅拌下升温至80℃,以蒸出四氯化碳,回收75%~80%的四氯化碳。再加入150mL水并升温至90℃,搅拌下升温至回流,并保持平稳回流10~12h,然后稍冷却(不要使结晶析出,否则分层困难)。静置分层,放掉水层,油层备用。

氧化:在装有搅拌器、温度计、回流冷凝器的500mL四口瓶中,加入60g四氯化碳,搅拌下加入水解后的有机层和70%(质量分数)的硝酸33g,升温至60℃,搅拌反应3h。然后冷却至40℃,加水稀释,继续降温至30~35℃,静置分层。分去水相,所得的有机层加等量的水,并用碳酸氢钠中和至pH值=6.5~7,分去水相,有机相精制。

精制:在上述有机相中加入20g焦亚硫酸钠和70mL水,搅拌溶解后,继续搅拌1~2h。静置分层,水层滴加液碱以析出沉淀、过滤、打浆洗涤、过滤、真空干燥,得浅黄色的结晶。称重,计算收率,测熔点。

五、思考题

氧化反应有哪些主要类型?该反应属于哪个类型?

实验2-6 二苯乙醇酮催化合成

一、实验目的

(1)掌握安息香缩合反应原理;
(2)了解辅酶催化反应及实验方法。

二、实验原理

苯甲醛氰化钠(钾)的作用下,于乙醇中加热回流,两分子苯甲醛之间发生缩合反应,生成二苯乙醇酮,或称安息香,因此把芳香醛的这一类缩合反应称为安息香缩合反应。反应机制类似于羟醛缩合反应,也是负碳离子对羰基的亲核加成反应,氰化钠(钾)是催化剂。

$$C_6H_5CHO + CN^- \rightleftharpoons \left[C_6H_5-\underset{CN}{\underset{|}{\overset{O^-}{\overset{|}{C}}}}-H \rightleftharpoons C_6H_5-\underset{CN}{\underset{|}{\overset{OH}{\overset{|}{C}}}}-H \right] \xrightarrow{C_6H_5CHO}$$

$$C_6H_5-\underset{CN}{\underset{|}{\overset{OH}{\overset{|}{C}}}}-\underset{OH}{\overset{|}{\underset{|}{C}}}-C_6H_5 \rightleftharpoons C_6H_5-\underset{CN}{\underset{|}{\overset{O^-}{\overset{|}{C}}}}-\underset{OH}{\overset{|}{\underset{|}{CH}}}-C_6H_5 \rightleftharpoons C_6H_5-\overset{O}{\overset{||}{C}}-\underset{OH}{\overset{|}{\underset{|}{CH}}}-C_6H_4-CN^-$$

安息香缩合反应既可以发生在相同的芳香醛之间,也可以发生在不同的芳香醛之间,但是不论哪种情况,反应都有一定的局限性,即受芳香醛结构本身的限制。也就是说,反应能否发生以及发生后产物是什么,既要考虑芳香醛能否顺利地与氰基发生加成产生负碳离子,又要考虑负碳离子能否与羰基发生加成反应。大量的实验事实指出,芳环上有给电子基团时,不易发生缩合,因为给电子基团使羰基碳原子的正电性下降,既不利于使碳离子的生成,也不利于使碳离子对羰基的亲核加成;相反,芳环上邻对位有较强的吸电子基团时,虽然对前边提到的两个因素都有利,但是由于邻对位强的吸电子的影响,使生成的负碳离子的活泼性降低,不容易再和羰基发生亲核加成反应。因此,当两种不同的芳香醛发生混合的安息香缩合反应时,一种芳香醛或环上带有吸电子基团(它提供给羰基),另一种芳香醛环上带有给电子基团(它提供负碳离子)时,反应比较顺利,并且产物的结构很快就会写出,即羟基在含有活泼的羰基的芳香醛一端。例如:

$$C_6H_5CHO + CH_3O-C_6H_4-CHO \xrightarrow{KCN} C_6H_5-\overset{OH}{\underset{H}{C}}-\overset{O}{\underset{}{C}}-C_6H_4-OCH_3$$

$$C_6H_5CHO + (CH_3)_2N-C_6H_4-CHO \xrightarrow{KCN} C_6H_5-\overset{OH}{\underset{H}{C}}-\overset{O}{\underset{}{C}}-C_6H_4-N(CH_3)_2$$

由于氰化物是剧毒品,使用不当会有危险性,本实验用维生素岛(ThiamLne)盐酸盐代替氰化物催化安息香缩合反应,反应条件温和,无毒,产率较高。

二芳基乙醇酮(安息香)在有机合成中常常被用作中间体,因为它既可以被氧化生成α-二酮,又可以在各种条件下被还原而生成二醇、烯、酮等各种类型的还原产物。同时二芳基乙醇酮既有羟基又有羰基两个官能团,能发生许多化学反应。

三、仪器与药品

1. 仪器

熔点仪、100mL 锥形瓶、温度计(100℃)、球形冷凝管、布氏漏斗、水浴、塞子、量筒、试管。

2. 药品

苯甲醛、维生素 B_1(盐酸硫胺素盐噻胺)、95% 乙醇、蒸馏水、氢氧化钠、活性炭、冰块。

四、实验内容

在一个 100mL 的锥形瓶中加入 1.8g 维生素 B_1(盐酸硫胺素盐噻胺)、6mL 蒸馏水和 15mL 95%乙醇,用塞子塞上瓶口,放在冰盐浴中冷却。用一支试管取 5mL 10% 的 NaOH 溶液,也在冰浴中冷却。10min 后,用小量筒取 10mL 新蒸过的苯甲醛。将冷透的 NaOH 溶液加入冰盐浴的锥形瓶中,并立即将苯甲醛加入锥形瓶,充分摇动使反应物混合均匀。然后在锥形瓶上装上回流冷凝管,加几粒沸石,放在温水浴加热反应,水浴温度控制在 60~75℃ 之间,勿使反应物剧烈沸腾。反应混合物呈橘黄色或橘红色均相溶液。80~90min 后,撤去水浴,让反应混合物逐渐冷至室温,析出浅黄色晶体,再将锥形瓶放到冰浴中冷却令其结晶完全。如果反应混合物中出现油层,重新加热使其变成均相,再慢慢冷却,重新结晶。如有必要可用玻璃棒摩擦锥形瓶内壁,促使其结晶。

结晶完全后,用布氏漏斗抽滤收集粗产物,用 50mL 冷水分两次洗涤结晶。称重,用 95%

乙醇进行重结晶,如产物成黄色,可加少量活性炭脱色。纯产物为白色针状结晶,称重,计算产率。产品4~5g,测定熔点134~136℃。

五、注意事项

(1) 维生素 B_1 在酸性条件下是稳定的,但易吸水,在水溶液中易被空气氧化失效。遇光和 Cu、Fe、Mn 等金属离子均可加速氧化。在 NaOH 溶液中噻唑环易开环失效。因此维生素 B_1、NaOH 溶液在反应前必须用冰水充分冷却,否则,维生素 B_1 在碱性条件下会分解。

(2) 反应过程中,溶液开始时不必沸腾,反应后期可以适当缓慢升高温度至 80~90℃。

(3) 重结晶1g粗产品约需6mL 95%的乙醇。

六、思考题

(1) 氢氧化钠在缩合反应中起什么作用?理论用量是多少?

(2) 解析安息香的红外谱图,并指出其主要吸收特征峰。

实验 2-7 2-羟基-5-甲氧基苯甲醛的合成

一、实验目的

(1) 掌握由一类反应活性中间体合成另一类反应活性中间体的方法;

(2) 了解柱层层析法分离物质的方法;

(3) 掌握改良的 Reimer-Tiemann 反应的应用。

二、实验原理

水杨醛是一种用途极广泛的精细化工产品,其衍生物被广泛用于农药、医药、香料、螯合剂、染料中间体,具有很广泛的用途。在医药方面,水杨醛可用于制备抗菌药。低浓度的水杨醛因具有很强的足以降低细菌活性的能力而常被作为防腐剂用于香精和香料中等。另外,水杨醛常被作为食品、饮料、烟草、酒、牙膏、化妆品、香皂、洗涤剂等的重要配料。同时,水杨醛也是有效的酪氨酸酶抑制剂。水杨醛的苯环上引入不同取代基后,由于电子效应、空间效应的不同,其生物活性也有所不同,反应方程式如下:

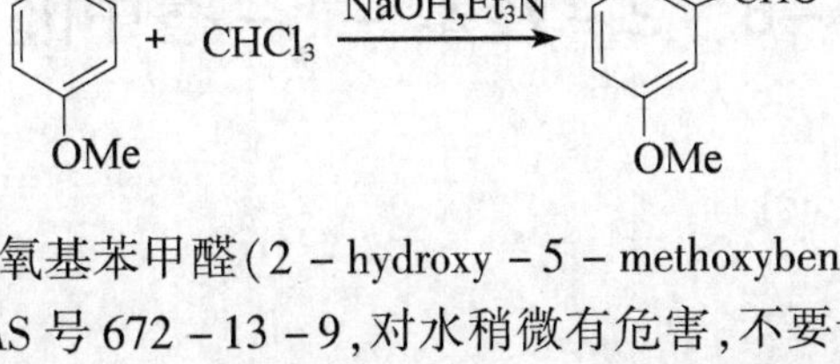

产物 2-羟基-5-甲氧基苯甲醛 (2-hydroxy-5-methoxybenzaldehyde),主要用于医药中间体,分子量 152.15,CAS 号 672-13-9,对水稍微有危害,不要让未稀释或者大量产品接触地下水、水道或者污水系统。若无政府许可,勿将材料排入周围环境。

三、仪器与药品

1. 仪器

50mL 三颈烧瓶、温度计(100℃)、球形冷凝管、磁力搅拌器、磁子、真空磨口塞子、布氏漏斗、抽滤瓶、水泵、电子天平、硫酸纸、10mL 量筒、集热式磁力搅拌、展缸、薄板、旋转蒸发仪、柱层分离柱、柱层层析硅胶(200~300目)、锥形瓶、镊子、调压器、100mL 圆底烧瓶、pH 试纸。

2. 药品

对甲氧基苯酚、氯仿、氢氧化钠、三乙胺、盐酸、无水乙醇、展开剂(石油醚与乙酸乙酯体积比 10∶1)、无水硫酸钠。

四、实验内容

对甲氧基苯酚是由对苯二酚制得的,其产率大约为 50%,所以必须对产品进行预处理。预处理的方法:将混合物进行柱层层析分离(洗脱剂为石油醚与乙酸乙酯体积比 10∶1),从而得到较为纯净的对甲氧基苯酚。

按实验装置图组装实验仪器;取对甲氧基苯酚 0.9g,加入三颈烧瓶中,加入 10mL 无水乙醇,开始搅拌,观察溶液颜色变化;取 2g(0.5mol)氢氧化钠、1mL 三乙胺、1mL 氯仿,在回流搅拌下于 70℃ 左右,温度范围在 60~70℃,最高不能超过 75℃,然后反应 1.5h 左右,观察溶液颜色变化;反应完毕后,加入一定量的 1mol/L 盐酸进行中和,调至中性;用抽滤机对溶液进行抽滤,用少量无水乙醇对三颈烧瓶、磁子及滤渣进行洗涤,要求尽量洗净(将滤渣洗至白色为最佳),将滤液用无水硫酸钠进行干燥,静置 15min;将干燥后的滤液用旋转蒸发仪进行浓缩(不可蒸干);用薄板层析法(TLC 法)对产品进行检测,回收产品,计算产率。

五、注意事项

(1)对甲氧基苯酚的预处理过程中注意柱层层析法的操作过程;
(2)在反应过程中注意溶液颜色的变化;
(3)在反应过程中注意体系温度的控制。

六、思考题

(1)反应过程中氢氧化钠的作用是什么?
(2)用盐酸溶液进行中和时主要与体系中的哪种物质进行反应?

实验 2-8 2-羟基-1-萘甲醛的合成

一、实验目的

(1)掌握一类反应活性中间体的合成;

(2)掌握改良的 Reimer-Tiemann 反应的应用。

二、实验原理

2-萘酚（$C_{10}H_8O$）是一种白色至红色片状晶体，在空气中长期储存时颜色变深，常用于制造吐氏酸、丁酸、β-萘酚-3-甲酸以及偶氮染料，也是橡胶防老剂、选矿剂、杀菌剂、防霉剂、防腐剂、防治寄生虫和驱虫药物等的原料。反应方程式如下：

$$\text{2-Naphthol} + CHCl_3 \xrightarrow{NaOH, Et_3N} \text{2-hydroxy-1-naphthaldehyde}$$

2-羟基-1-萘甲醛为无色针状或棱柱状晶体，熔点82℃，沸点192℃（3.6kPa），溶于乙醇、乙醚和石油，不溶于水，可溶于碱的水溶液，溶于浓硫酸呈黄色，在蒸气中稍有挥发，遇氯化铁呈棕色。2-羟基-1-萘甲醛是有机合成中间体，也是测定钯、铍的分析试剂。2-羟基-1-萘甲醛与丙二酸二乙酯在乙酐存在下成环，可合成荧光增白剂 PEB。

三、仪器与药品

1. 仪器

50mL 三颈烧瓶、温度计（100℃）、球形冷凝管、磁力搅拌器、磁子、真空磨口塞子、布氏漏斗、抽滤瓶、水泵、分析天平、硫酸纸、量筒、集热式磁力搅拌、展缸、薄板、旋转蒸发仪、柱层分离柱、柱层层析硅胶（200~300目）、50mL 锥形瓶（20个）、镊子、调压器、100mL 圆底烧瓶、pH 试纸。

2. 药品

2-萘酚、氯仿、氢氧化钠、三乙胺、盐酸、无水乙醇、展开剂（石油醚与乙酸乙酯的体积比为10:1）、无水硫酸钠。

四、实验内容

根据实验装置图组装实验仪器；取 2-萘酚 1g，加入三颈烧瓶中，加入 10mL 无水乙醇，开始搅拌，观察溶液颜色变化；取 2g 氢氧化钠、1mL 三乙胺、1mL 氯仿，注意添加药品的顺序，观察溶液颜色变化。在回流搅拌下于 75℃ 左右，温度范围 60~70℃，最高不能超过 75℃，然后反应 2.5h 左右，观察溶液颜色变化；反应完毕后，加入一定量的 1mol/L 盐酸进行中和，调至中性；用抽滤机对溶液进行抽滤，用少量无水乙醇对三颈烧瓶、磁子及滤渣进行洗涤，要求尽量洗净（将滤渣洗至白色为最佳）；将滤液用无水硫酸钠进行干燥，静置 15min；将干燥后的滤液用旋转蒸发仪进行浓缩（不可蒸干）；用薄板层析法（TLC 法）对产品进行检测；回收产品，计算产率。

五、注意事项

(1)反应过程中溶液颜色随温度及添加药品过程的变化，做好详细记录，并注意添加药品的顺序；

(2)在反应过程中温度应严格控制；

(3)反应时间一定要充足,这样可以确保反应物反应的彻底性。

六、思考题

(1)解释反应物中三乙胺的作用。
(2)计算反应中各物质的用量(2-萘酚以1g计算)。
(3)说明反应中氢氧化钠的作用。

实验 2-9 1,3-环己二酮甲基反应

一、实验目的

(1)掌握 1,3-环己二酮的甲基化反应;
(2)了解掌握甲基化反应原理与催化剂作用机理。

二、实验原理

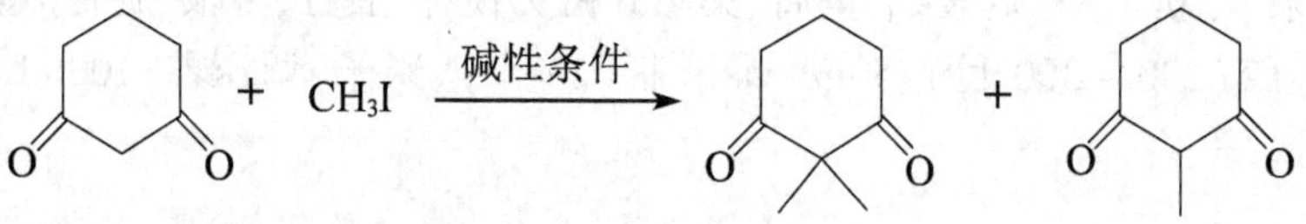

环己酮类物质的甲基化反应产物,除自身的优良特性外,还是重要的有机合成中间体,它在萜类和甾体类等天然产物的合成中具有重要的应用。

三、仪器与药品

1. 仪器

真空泵、旋转蒸发仪、升降架、电子天平、机械搅拌器、超声波清洗器、冷凝管、100mL 三口烧瓶、磁把皿、调压器、100℃温度计、硫酸纸、层析柱、50mL 锥形瓶、50mL 量筒、转化口(24# ~ 19#)、500mL 烧杯、玻璃棒、刮刀、注射针管、8#针头。

2. 药品

1,3-环己二酮、CH_3I、NaOH、无水 Na_2SO_4、乙酸乙酯、石油醚、硅胶 200~300 目、硅胶 GF254。

四、实验内容

在 4.45g NaOH 的水溶液中加入 5g 的 1,3-环己二酮,搅拌并加入 12.55g CH_3I。将该混合溶液剧烈搅拌并回流 26h,溶液冷却到 0℃,过滤除去固体,干燥。蒸除溶剂,粗产品用硅胶柱层析进行分离,得到产物。

五、注意事项

(1) 在反应过程中温度应严格控制;
(2) 反应时间一定要充足,这样可以确保反应物反应的彻底性。

实验 2-10 7-醛基-8-羟基喹啉的合成

一、实验目的

(1) 掌握一类反应活性中间体的合成;
(2) 掌握改良的 Reimer-Tiemann 反应的应用。

二、实验原理

7-醛基-8-羟基喹啉是抗癌药物合成的重要中间体,也可以作为重要的有机电致发光材料。

三、仪器与药品

1. 仪器

50mL 三颈烧瓶、温度计(100℃)、球形冷凝管、磁力搅拌器、磁子、真空磨口塞子、布氏漏斗、抽滤瓶、水泵、电子天平、硫酸纸、量筒、集热式磁力搅拌、展缸、薄板、旋转蒸发仪、镊子、调压器、圆底烧瓶、pH 试纸。

2. 药品

8-羟基喹啉、氯仿、氢氧化钠、三乙胺、盐酸、无水乙醇、无水硫酸钠、展开剂(石油醚与乙酸乙酯的体积比为 4∶1)。

四、实验内容

按实验装置图组装实验仪器;取 8-羟基喹啉 1g,加入三颈烧瓶中,加入 18mL 无水乙醇,开始搅拌,观察溶液颜色变化;取 3g 氢氧化钠、2mL 三乙胺、2mL 氯仿,注意添加药品的顺序,观察溶液颜色变化。在回流搅拌下于 75℃ 左右,温度范围 60~75℃,最高不能超过 80℃,然后反应 4h 左右,观察溶液颜色变化;反应完毕后,加入一定量的 1mol/L 盐酸进行中和,调至中性;用抽滤机对溶液进行抽滤,用少量无水乙醇对三颈烧瓶、磁子及滤渣进行洗涤,要求尽量洗净(将滤渣洗至白色为最佳);将滤液用无水硫酸钠进行干燥,静置 15min;用薄板层析法(TLC

法)对产品进行检测;回收产品,粗产品过硅胶柱分离(洗脱剂为石油醚与乙酸乙酯体积比4∶1)计算产率。

五、注意事项

(1)反应过程中溶液颜色随温度及添加药品过程的变化,做好详细记录,并注意添加药品的顺序;
(2)在反应过程中温度的严格控制;
(3)反应时间一定要充足,这样可以确保反应物反应的彻底性。

六、思考题

(1)解释反应物中三乙胺的作用机理。
(2)计算反应中各物质的用量(8-羟基喹啉以1g计算)。
(3)说明反应中氢氧化钠的作用。
(4)用盐酸溶液进行中和时主要与体系中的哪种物质进行反应?

实验 2-11 己二酸的合成

一、实验目的

(1)掌握己二酸的合成原理与工艺;
(2)学会硝酸氧化反应的原理与操作方法。

二、实验原理

己二酸(adipic acid),又称肥酸,是一种重要的有机二元酸,能够发生成盐反应、酯化反应、酰胺化反应等,并能与二元胺或二元醇缩聚成高分子聚合物等。己二酸是工业上具有重要意义的二元羧酸,在化工生产、有机合成工业、医药、润滑剂制造等方面都有重要作用,产量居所有二元羧酸中的第二位。己二酸是合成尼龙-66的主要原料之一。本实验用硝酸氧化环己醇合成己二酸反应方程式如下:

$$\text{环己醇} \xrightarrow{HNO_3} HOOC(CH_2)_4COOH$$

三、仪器与药品

1. 仪器

带滴液漏斗和温度计的回流装置、125mL三颈烧瓶、气体吸收装置、抽滤装置、水浴、干燥箱、熔点仪。

2.药品

环己醇;硝酸;氢氧化钠。

四、实验内容

(1)在125mL的三颈烧瓶上装置滴液漏斗、温度计和回流冷凝管。在冷凝管上接一气体吸收装置,用10%的氢氧化钠溶液吸收反应过程中产生的二氧化氮气体。

(2)在三颈烧瓶中加入16mL 50%的硝酸。

(3)用水浴预热硝酸溶液到80℃,振荡下滴加一滴环己醇,温度迅速升至90℃。待温度回到85℃时,再滴加第二滴,维持反应体系的温度在85℃左右,慢慢滴加环己醇。滴加过程中需经常摇动反应瓶,控制滴加速度,使瓶内温度维持在85~90℃。

(4)滴加结束后,继续振荡并用80~90℃的水浴加热,反应15min,至几乎无红棕色气体放出为止。

(5)冷却反应瓶,使固体析出。

(6)抽滤,用3mL冷水洗涤固体,压干水分。

(7)干燥,称重,测熔点,计算产率。纯己二酸为白色棱状晶体,熔点为153℃。

五、注意事项

(1)NO_2吸收装置的导气管不能进入液面,否则会倒吸。

(2)环己醇与浓硝酸切不可用同一量筒量取,两者相遇会发生剧烈反应,甚至发生意外。

(3)二氧化氮气体有毒,装置应严密不漏气,且反应最好在通风橱内进行。

(4)此反应为强放热反应,滴加速度要慢,以免反应过剧,引起爆炸。

(5)温度过高可用冷水浴冷却,过低时可用水浴加热。

(6)必要时可用热水作溶剂进行重结晶纯化。

实验2-12 三苯甲醇的合成

一、实验目的

(1)掌握三苯甲醇的合成方法;

(2)了解掌握Grignard反应原理与操作方法。

二、实验原理

三苯甲醇可以通过Grignard反应来合成。

方法一:

$$\text{C}_6\text{H}_5\text{Br} + \text{Mg} \xrightarrow{\text{乙醚}} \text{C}_6\text{H}_5\text{MgBr}$$

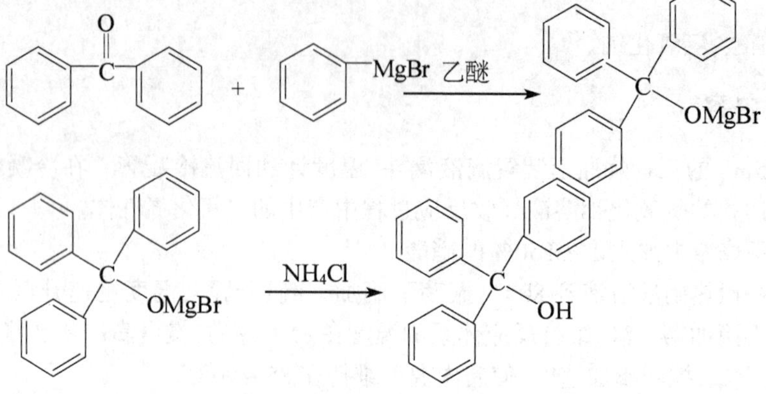

方法二：

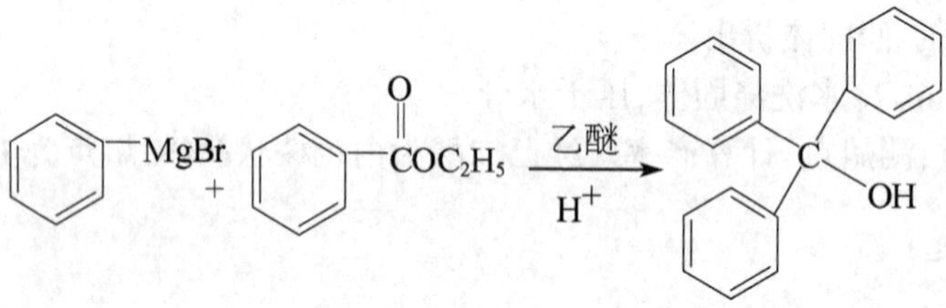

副反应：

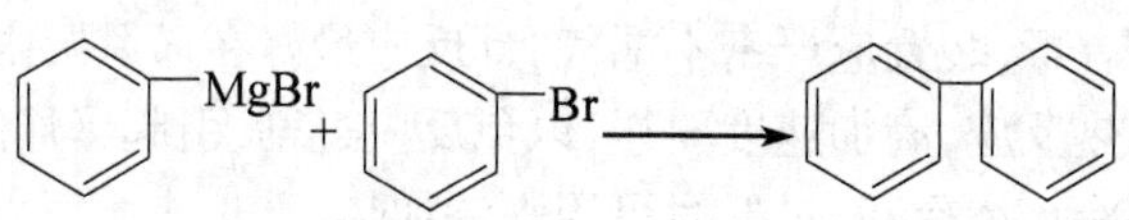

三苯甲醇为片状晶体,熔点 164.2℃,沸点 380℃,相对密度 1.199,不溶于水和石油醚,溶于乙醇、乙醚、丙酮、苯,溶于浓硫酸显黄色。三苯甲醇上的羟基很活泼,与干燥氯化氢在乙醚中生成三苯氯甲烷,与一级醇作用成醚。用锌和乙酸还原三苯甲醇得三苯甲烷。由三苯氯甲烷水解或溴化苯基镁(格利雅试剂)与二苯甲酮(或苯甲酸乙酯)反应制备三苯甲醇。

三、仪器与药品

1. 仪器

带滴加和回流的搅拌装置,100mL、250mL 三颈烧瓶,氯化钙干燥管,电子秤。

2. 药品

溴苯、无水乙醚、镁屑或镁条、二苯甲酮、苯甲酸乙酯、饱和氯化铵溶液、石油醚、碘。

四、实验内容

方法一：

在一个干净、干燥的 250mL 三颈烧瓶上分别装置搅拌器、回流冷凝管和滴液漏斗。在滴液漏斗和冷凝管的上面装置氯化钙干燥管,冷凝管中通入冷凝水。向反应瓶内投入 1.4g (0.055mol)镁屑和一小粒碘。在滴液漏斗中加入 5.3mL(0.05mol)溴苯和 20mL 无水乙醚,混匀,从滴液漏斗中滴入 4~5mL 混合液至三颈瓶中。将烧瓶置于热水浴(45~50℃)中,乙醚开始沸腾,棕色的溶液褪色,移去热水浴。开动搅拌器,继续滴加其余的混合液,控制滴加速度,使反应保持中等回流的速度。滴加完毕,用温水浴(45~50℃)搅拌回流 30min,使镁屑几乎作用完全。将反应瓶置于冰水浴中,搅拌下从滴液漏斗中缓缓加入 9g(0.05mol)二苯甲酮和 25mL 无水乙醚的混合液。加毕,用温水浴(45~50℃)回流 30min,使反应完全。在冰水浴中,搅拌下由滴液漏斗滴入 40mL 氯化铵溶液。将反应装置改成简单蒸馏装置,用水浴加热慢慢蒸馏乙醚。向烧瓶中加入 20mL 低沸点的石油醚(60~90℃),并搅拌数分钟。冷却,抽滤得粗产品。粗产品用 2∶1 的石油醚(60~90℃)∶95% 乙醇进行重结晶。干燥后,测熔点,称重并计算产率。

方法二

在干燥的 100mL 三颈瓶上,分别装上回流冷凝管和滴液漏斗,在冷凝管和滴液漏斗的上面装置氯化钙干燥管。在烧瓶内放入 0.5g(0.05mol)镁屑和一小粒碘。在滴液漏斗中加入 2.8mL(0.03mol)溴苯和 10mL 无水乙醚,混匀,从滴液漏斗中滴入 2~3mL 此溶液至三颈烧瓶中。当棕色的溶液褪色,乙醚开始沸腾,说明反应已经开始,将剩余的溶液缓缓滴入烧瓶中,控制滴加速度为每分钟 1~3 滴。加毕,在温水浴上回流 30min,使镁几乎作用完。将反应物冷却至室温,在振摇下自滴液漏斗中慢慢滴入 1.3mL(0.01mol)苯甲酸乙酯和 5mL 无水乙醚的混合液。加毕,用温水浴回流 30min。烧瓶用冷水冷却,在搅拌下自滴液漏斗慢慢滴加氯化铵溶液(由 2.5g 氯化铵和 20mL 水配成)。水浴上蒸去乙醚至三苯甲醇晶体生成,向烧瓶中加入 15mL 低沸点石油醚(60~90℃),搅拌数分钟。

冰浴冷却,抽滤,收集产品。用方法一中叙述的方法进行重结晶。干燥,测定熔点,称重,计算产率。纯的三苯甲醇为白色晶体,熔点为 164.2℃。

五、注意事项

(1)在实验前必须充分干燥所用的玻璃仪器和试剂。在格氏试剂的制备和反应过程中需保持干燥条件。

(2)光亮的镁条可以代替镁屑,用细砂纸磨去镁条两面的氧化膜,并将其剪切成 5mm 左右的小碎条。

(3)加一小粒碘可促使非均相反应在镁的表面发生,诱导反应开始。

(4)滴加速度应加以控制,使回流环不超过冷凝管内管的一半高度。若反应过于激烈,会增加副产物联苯的生成。

(5)必要时可用热水浴(45~50℃)温热烧瓶,诱导反应发生。

实验 2-13 间甲基苯甲醚的合成

一、实验目的

(1)掌握间甲基苯甲醚的合成方法;

(2)掌握烷基化反应的机理;

(3)了解间甲基苯甲醚的性质和用途。

二、实验原理

醇羟基或酚羟基的氢被烃基取代,生成二烷基醚、烷基芳基醚或二芳基醚的反应称作 O-烃化。

间甲基苯甲醚是由间甲酚和甲醇烷基化反应而制成,或由间甲酚与烷基化试剂硫酸二甲酯在碱性条件下,利用相转移催化剂而制成。它的反应方程式如下。

甲醇烷基化法:

硫酸二甲酯烷基化法:

产物为无色透明液体。本品为医药、农药重要的中间体,也是压敏、热敏染料的重要原料。

三、仪器与药品

1. 仪器

搅拌器、温度计、回流冷凝管、500mL 四口瓶、气相色谱、反应器(内径 22mm,长 880mm)。

2. 药品

间甲苯酚、氢氧化钠、四丁基溴化铵、高岭土(8~14 目)、蒸馏水、硫酸二甲酯、无水硫酸镁、硅酸铝、甲醇。

四、实验内容

1. 硫酸二甲酯烷基化法

在装有搅拌器、温度计、回流冷凝管的 500mL 四口瓶中,加入氢氧化钠 12g、四丁基溴化铵 4.8g、水 60mL。搅拌,使氢氧化钠溶解。稍冷,滴加间甲苯酚(16.2g,0.15mol)。待反应液温度降至室温后,在激烈搅拌下,滴加硫酸二甲酯(22.7g,0.18mol)。保持反应温度不超过 45℃,滴加完毕,继续反应 4h。分去水层,有机层用无水硫酸镁干燥;经减压蒸馏,收集 45℃ (800Pa)馏分而为产品。

注:实验必须在通风橱中进行。

2. 甲醇烷基化法

催化剂采用硅酸铝,其中三氧化二铝含量为 20%~80%(质量分数);反应温度采用比间甲苯酚的沸点高 5~100℃ 的温度。

向内径 22mm、长 880mm 的反应器中填充 8~14 目的高岭土催化剂 40mL,在 225℃ 下进行反应,间甲苯酚:甲醇=1:4(物质的量之比),该混合液的流速为 10mL/h。反应产物收集于阱,用气相色谱进行分析。间甲苯酚的转化率为 65%,间甲苯甲醚的选择性为 90%。

五、思考题

(1) 查阅硫酸二甲酯的物性。
(2) 简述烷基化的反应历程。

实验 2-14　4-氨基-2,6-二甲氧基嘧啶的合成

一、实验目的

(1) 掌握 4-氨基-2,6-二甲氧基嘧啶的合成方法;
(2) 了解 4-氨基-2,6-二甲氧基嘧啶的性质及用途;
(3) 掌握醚化反应的机理。

二、实验原理

醇羟基或酚羟基与芳香族卤素化合物相作用生成烷基芳基醚或二芳基醚的反应称作 O-芳基化。本实验的方法一、方法二即为该类反应。反应方程式如下。

方法一:

$$2CH_3OH + \underset{\text{(4-amino-2,6-dichloropyrimidine)}}{\text{Ar}} + 2NaOH \longrightarrow \underset{\text{(product)}}{\text{Ar}'} + 2NaCl + H_2O$$

方法二:

$$\underset{\text{(4-amino-2,6-dichloropyrimidine)}}{\text{Ar}} + 2CH_3ONa \longrightarrow \underset{\text{(product)}}{\text{Ar}'} + 2NaCl + H_2O$$

方法三:

$$2\,\underset{\text{(4-chloro-2,6-dimethoxypyrimidine)}}{\text{Ar}} + 2NH_2NH_2 \cdot H_2O + K_2CO_3 \longrightarrow 2\,\underset{\text{(product)}}{\text{Ar}'} + 2KCl + CO_2 + 3H_2O$$

本品外观为柱状结晶,熔点150~152℃,溶于甲醇、乙醇、热水、热乙酸乙酯、热苯和热乙醚。本品主要用于合成磺胺二甲氧啶(SDM)和赛甲氧星。

三、仪器与药品

1. 仪器

搅拌器、温度计、回流冷凝器、500mL四口瓶、干燥箱、电子秤、熔点仪。

2. 药品

4-氨基-2,6-二氯嘧啶、甲醇、氢氧化钠、乙酸乙酯、活性炭、甲醇钠、乙醇、镭尼镍、水合肼。

四、实验内容

方法一:以4-氨基-2,6-二氯嘧啶、甲醇、氢氧化钠为原料。

在装有搅拌器、温度计、回流冷凝器的500mL四口瓶中,加入160g甲醇和16g氢氧化钠,搅拌溶解,再慢慢加入20g 4-氨基-2,6-二氯嘧啶。加毕,升温至回流,并保持缓缓回流2~4h。

反应结束后,先蒸馏回收过量的甲醇,残留液加水加热回流30min,然后稍冷却,加入适量活性炭,继续回流20min,并趁热过滤。所得的滤液经冷却结晶、离心过滤、用少量冰水淋洗滤饼、过滤、干燥,得4-氨基-2,6-二甲氧基嘧啶,熔点150~151℃。收率大于83%。

方法二:以4氨基2,6-二氯嘧啶、甲醇钠为原料。

在装有搅拌器、温度计、回流冷凝器的500mL四口瓶中,加入180g甲醇和14g甲醇钠,搅拌下加入20g 4-氨基-2,6-二氯嘧啶。投料毕,慢慢升温至65℃,并在65~70℃下搅拌反应2h。然后,真空蒸馏回收甲醇,残留物则加水300mL,升温至沸,并加入适量活性炭搅拌15~20min,然后过滤,滤液冷却析出结晶,再过滤、干燥,得柱状结晶。熔点149~150℃,收率75%。反应结束后,也可先冷却、过滤除去氯化钠,再脱色、过滤,滤液加水以析出结晶。

方法三:以2,6-二甲氧基-4-氯嘧啶为原料。

在装有搅拌器、温度计、回流冷凝器的500mL四口瓶中,加入40g 2,6-二甲氧基-4-氯嘧啶、3.2g碳酸钾和质量分数50%的水合肼68g,搅拌,慢慢升温至回流。回流2~3h后,用热乙酸乙酯萃取,并将萃取相冷却以析出针状结晶,即为2,6-二甲氧基-4-肼基嘧啶(熔点120~122℃)。

将上述产物2,6-二甲氧基-4-肼基嘧啶、100g乙醇和3.2g镭尼镍加入另一只装有搅拌器、温度计、回流冷凝器的500mL四口瓶中,在搅拌下加热至回流,并回流1~2h,然后蒸出溶剂乙醇,加水析出结晶,再过滤、干燥,得粗品。

粗品经乙酸乙酯重结晶后得棱柱状结晶,熔点149~150℃,收率45%。

五、思考题

(1) 4-氨基-2,6-二甲氧基嘧啶的合成是否还有其他方法?
(2) 比较各种合成方法的优缺点。
(3) 叙述 O-芳基化的反应机理。

实验 2-15　2-氨基-4-乙酰氨基苯甲醚的合成

一、实验目的

(1) 掌握 2-氨基-4-乙酰氨基苯甲醚的合成方法;
(2) 掌握醚化、酰化、硝化、还原反应的机理;
(3) 了解 2-氨基-4-乙酰氨基苯甲醚的用途和性质。

二、实验原理

还原反应是指有机物分子中增加氢的反应或减少氧的反应,或两者兼而有之的反应。还原反应的方法有化学还原、催化还原和电化学还原。化学还原有铁粉还原、锌粉还原、硫化碱还原、亚硫酸盐还原、金属复氢化合物还原。

2-氨基-4-乙酰氨基苯甲醚的合成方法有以对氯硝基苯为原料,经甲醇醚化、加氢还原、乙酸乙酰化、混酸硝化、铁粉还原或加氢还原而得。反应方程式如下。

醚化:

$$\text{Cl-C}_6\text{H}_4\text{-NO}_2 \xrightarrow[\text{NaOH}]{\text{CH}_3\text{OH}} \text{CH}_3\text{O-C}_6\text{H}_4\text{-NO}_2 + \text{NaCl} + \text{H}_2\text{O}$$

加氢还原:

$$\text{CH}_3\text{O-C}_6\text{H}_4\text{-NO}_2 + 3\text{H}_2 \xrightarrow{\text{催化剂}} \text{CH}_3\text{O-C}_6\text{H}_4\text{-NH}_2 + 2\text{H}_2\text{O}$$

乙酰化:

$$\text{CH}_3\text{O-C}_6\text{H}_4\text{-NO}_2 \xrightarrow[\text{(CH}_3\text{CO)}_2\text{O}]{\text{CH}_3\text{COOH}} \text{CH}_3\text{O-C}_6\text{H}_4\text{-NHCOCH}_3$$

硝化:

$$\underset{\underset{NHCOCH_3}{}}{\overset{OCH_3}{\bigcirc}} \xrightarrow[H_2SO_4]{HNO_3} \underset{\underset{NHCOCH_3}{}}{\overset{OCH_3}{\bigcirc}}\text{-}NO_2$$

还原:

$$\underset{\underset{NHCOCH_3}{}}{\overset{OCH_3}{\bigcirc}}\text{-}NO_2 \xrightarrow[(2)H_2]{(1)Fe} \underset{\underset{NHCOCH_3}{}}{\overset{OCH_3}{\bigcirc}}\text{-}NH_2$$

还有以 2,4-二硝基氯苯为原料,经醚化,制得 2,4-二硝基苯甲醚,再催化加氢还原,制得 2,4-二氨基苯甲醚,再酰化而得。反应方程式如下。

醚化:

$$\underset{NO_2}{\overset{Cl}{\bigcirc}\text{-}NO_2} \xrightarrow[NaOH]{CH_3OH} \underset{NO_2}{\overset{OCH_3}{\bigcirc}\text{-}NO_2}$$

加氢还原:

$$\underset{NO_2}{\overset{OCH_3}{\bigcirc}\text{-}NO_2} + 6H_2 \xrightarrow{Pd/C} \underset{NH_2}{\overset{OCH_3}{\bigcirc}\text{-}NH_2} + 4H_2O$$

酰化:

$$\underset{NH_2}{\overset{OCH_3}{\bigcirc}\text{-}NH_2} \xrightarrow{Ac_2O} \underset{NHCOCH_3}{\overset{OCH_3}{\bigcirc}\text{-}NH_2}$$

铁粉还原的优点是价格低廉,工艺简单;缺点是有环境污染问题,目前国内仍有一些产品的生产用铁粉作还原剂,而很多产品已逐渐改用氢气还原法或硫化碱还原法。

产物熔点 102.5℃,沸点 180~195℃。本品可用于制造 4-乙酰氨基-2-(N,N-双乙醇胺基)苯甲醚,用以生产染料分散蓝 S-3GL、分散蓝 HGL 等。

三、仪器与药品

1. 仪器

高压釜、搅拌器、温度计、回流冷凝器、250mL 四口瓶、干燥箱、熔点仪。

2. 药品

4-乙酰氨基-2-硝基苯甲醚(由实验2-13制得)、碳酸钠、铁粉、浓盐酸、硫化钠、亚硫酸氢钠、N,N-二甲基甲酰胺、镭尼镍、醋酸。

四、实验内容

方法1:4-乙酰氨基-2-硝基苯甲醚的铁粉还原。

在装有搅拌器、温度计和回流冷凝器的250mL四口瓶中,加水30~40mL,铁粉8.5g,浓盐酸1.5mL,升温至90℃,搅拌30min进行预蚀。然后在90℃下于30min内慢慢加入10.5g 4-乙酰氨基-2-硝基苯甲醚(由实验2-13制得),后于90~100℃保温2h,在此过程中用渗圈法随时检查酸量,即用硫化钠溶液测试有铁离子存在,保温完毕,在此温度下,加入固体碳酸钠,调节pH值=8~9,并用硫化钠溶液测试无铁离子。趁热过滤,把滤液和洗液合并,加入少许亚硫酸氢钠,冷却至25℃以下,过滤,得灰白色产品,干燥。产品称重,计算收率。测熔点。

方法2:2,4-二硝基苯甲醚的催化加氢还原和乙酰化。

向高压釜中加入2,4-二硝基苯甲醚70份、N,N-二甲基甲酰胺300份和镭尼镍催化剂2.8份,搅拌,在60~65℃和1.01~3.04MPa(表)的氢压下进行加氢。170min后反应结束。过滤催化剂,得含2,4-二氨基苯甲醚48.1份的反应混合物374.2份。然后,冷却上述反应混合物至10℃,经2h滴加35.5份的无水乙酸。再搅拌反应30min,在减压下蒸出溶剂二甲基甲酰胺和副产物乙酸,得浓缩物62.1份。产物组成为2-氨基-4-乙酰氨基苯甲醚96.2%,2-乙酰氨基-4-氨基苯甲醚小于0.8%,2,4-双(乙酰氨基)苯甲醚1.3%,2,4-二氨基苯甲醚1.1%,其他1.3%(均为质量分数)。将该浓缩物进行减压精馏,收集190~195℃(133Pa)馏分,得2-氨基-4-乙酰氨基苯甲醚57.6份,含量98.9%,总收率89.5%。

五、思考题

(1)铁粉还原的主要影响因素有哪些?
(2)请分析两种合成方法的优缺点。
(3)请分析各种还原方法的优缺点。

第三章　医药中间体的合成

药物合成的关键原料——药物中间体对于制药工业的发展是十分重要的。药物中间体是一类高技术密集、高附加值、用途专一的化工产品。随着人们生活水平的不断提高、药品的不断更新换代，对中间体的需求越来越大。因为药物的合成涉及药理、毒理及临床药理、处方、生物利用度等多方面，不便于学生室内完成，所以本章只介绍一些医药中间体的合成方法。

实验 3-1　美多心安的合成

一、实验目的

(1) 掌握甲基化、硝化、还原、重氮化、醚化等合成原理和合成方法；
(2) 学习减压蒸馏的实验方法。

二、实验原理

美多心安，化学名 1-异丙氨基-4-[4-(2-甲氧乙基)苯氧基]丙醇-2-盐酸盐，分子式 $C_{15}H_{25}NO_5$，分子量 303.83，白色粒状结晶，易溶于水，溶于乙酸和乙醇，不溶于丙酮，熔点 80~81℃。美多心安是一种 β-受体阻滞剂，用于轻、中度高血压的治疗，同时也可用于心律失常和心绞痛的治疗。

苯乙醇与硫酸二甲酯发生甲基化后，经硝化、还原、重氮化、水解，得到 4-羟基-β-甲氧基乙苯，然后与氯代环丙烷醚化，与异丙胺加成，成盐得到美多心安。反应方程式如下：

$$\underset{CH_3}{\overset{CH_3}{H-C}}-NH-CH_2\underset{OH}{CHCH_2O}-\underset{}{\bigcirc}-CH_2CH_2OCH_3 \xrightarrow{HCl}$$

$$\underset{CH_3}{\overset{CH_3}{H-C}}-NH-CH_2\underset{OH}{CHCH_2O}-\underset{}{\bigcirc}-CH_2CH_2OCH_3 \cdot HCl$$

三、仪器与药品

1. 仪器

搅拌器、温度计、回流冷凝器、250mL 四口瓶、干燥箱、熔点仪、减压蒸馏装置。

2. 药品

苯乙醇、氢氧化钠、硫酸二甲酯、乙醚、无水硫酸钠、硫酸、硝酸、镍、亚硝酸钠、环氧氯丙烷、石油醚、浓盐酸、乙酸乙酯、异丙醇。

四、实验内容

(1)甲基化:向反应瓶中加入苯乙醇75g,在氢氧化钠存在下,于95℃缓缓滴入硫酸二甲酯90mL,继续保温搅拌2h,反应毕加水水解,放冷后,用乙醚提取,提取液用无水硫酸钠干燥,回收乙醚,将残留液减压蒸馏,收集 84~86℃、22×133.3Pa 的馏分,即得无色透明液体苯乙基甲醚。

(2)硝化:将苯乙基甲醚18g于0℃以下,缓缓加入50mL硫酸及硝酸的混合液中,加完后继续搅拌1h,然后将反应液倒入冰水中析出固体,过滤得4-硝基苯乙基甲醚粗品,重结晶得微黄色针状结晶,熔点为 61~62℃。

(3)还原:将4-硝基苯乙基甲醚溶于5~10倍体积的95%(质量分数)乙醇,加入镍氢化。将反应液过滤,滤液减压蒸馏,收集 117~122℃、8×133.3Pa 的馏分,即得无色透明液体4-氨基苯乙基甲醚。

(4)重氮化与水解:将4-氨基苯乙基甲醚溶于20倍体积的稀硫酸,降温至0℃,加入亚硝酸钠溶液,进行重氮化反应。结束后将产品水解,用乙醚提取酚,干燥,减压蒸馏,收集127℃、8×133.3Pa 的馏分,即得黄色液体4-羟基苯乙基甲醚。

(5)缩合:将4-羟基苯乙基甲醚10g在碱性条件下与环氧氯丙烷反应,用乙醚提取,干燥,减压蒸馏,收集 118~128℃、0.35~133.3Pa 的馏分,即得淡黄色液体3-[4-(2-甲氧乙基)苯氧基]-1,2-环氧丙烷。

(6)胺化:将12g 3-[4-(2-甲氧乙基)苯氧基]-1,2-环氧丙烷及20mL异丙胺溶于异丙醇,100℃反应5h,蒸去溶剂,残留物用石油醚重结晶,得白色针状结晶,熔点 52~53℃。

(7)成盐:将9g白色针状结晶溶于乙酸乙酯,通入氯化氢呈酸性,放冷析出白色粒状结晶即为美多心安,熔点 80~81℃。

五、思考题

(1)为什么胺化反应要注意保持干燥?
(2)阐述硝化反应的机理。

实验 3-2　咪唑的合成

一、实验目的

(1) 掌握缩合环化的反应机理；
(2) 熟悉减压蒸馏实验方法；
(3) 了解实验原理。

二、实验原理

1. 主要性质和用途

咪唑又称 1,3-二氮唑、1,3-二氮-2,4-环戊二烯，分子式 $C_3H_4N_2$，分子量 68.08，为无色菱形结晶，熔点 90~91℃，沸点 257℃，闪点 145℃，相对密度 1.0303，易溶于水、乙醇、乙醚、氯仿、吡啶，微溶于苯，不溶于石油醚。

2. 合成原理

乙二醛、甲醛和硫酸铵缩合环化得到咪唑硫酸盐，然后用石灰水中和得到咪唑。反应方程式如下：

$$\begin{array}{c}\text{CHO}\\\text{CHO}\end{array} \xrightarrow{HCHO,(NH_4)_2SO_4} \underset{\underset{H}{N}}{\overset{N}{\diagdown}} \cdot \frac{1}{2}H_2SO_4 \xrightarrow{Ca(OH)_2} \underset{\underset{H}{N}}{\overset{N}{\diagdown}}$$

咪唑可用作环氧树脂固化剂，可提高制品的弯曲、拉伸、压缩等机械性能，提高绝缘的电性能，提高耐化学药剂的化学性能，广泛用于计算机、电器。

咪唑还可用作医药原料，用于制造抗真菌药、抗霉剂、低血糖治疗药、人造血浆、滴虫治疗药、支气管哮喘治疗药、防斑疹剂等。此外，咪唑也用作脲醛树脂固化剂、摄影药物、黏合剂、涂料、橡胶硫化剂、防静电剂等的原料；还可作为有机合成中间体。

三、仪器与药品

1. 仪器

搅拌器、温度计、回流冷凝器、250mL 四口瓶、干燥箱、熔点仪、减压蒸馏装置。

2. 药品

乙二醛、37% 的甲醛、硫酸铵、石灰。

四、实验内容

在 250mL 四口瓶反应器中，加入 28g 质量分数为 40% 的乙二醛、16g 质量分数为 37% 的甲醛和 25g 硫酸铵,搅拌,加热至 85~88℃,保温反应 5h。然后冷却至 50~60℃,用石灰水中和至 pH 值达 10 以上,升温至 85~90℃,排氨 2h,稍冷,过滤,滤饼用热水洗涤,将洗液与滤液合并,先减压浓缩至无水蒸出,再蒸出低沸点物,然后搜集 150~160℃、(10~20)×133.3Pa 馏分,得咪唑。

实验 3-3 抗癫灵的合成

一、实验目的

(1) 掌握烃化的反应原理;
(2) 熟悉减压蒸馏和常压蒸馏等方法。

二、实验原理

1. 主要性质和用途

抗癫灵又称丙戊酸钠,化学名 2-丙基戊酸钠,分子式 $C_8H_{15}O_2Na$,分子量 166.19,为白色粉状结晶,味微涩,易溶于水、乙醇、热乙酸乙酯,几乎不溶于乙醚、石油醚,吸湿性强。抗癫灵是一种抗癫痫药,主要用于预防和治疗各种癫痫的大发作和小发作。

2. 合成原理

丙二酸二乙酯与溴代正丙烷发生烃化反应,得到二丙基丙二酸二乙酯,在氢氧化钾催化下,水解得到二丙基丙二酸,加热进行脱羧反应,得到二丙基乙酸,最后与氢氧化钠发生中和反应,得到丙戊酸钠。反应方程式如下:

$$\begin{array}{c}\text{COOC}_2\text{H}_5\\|\\\text{CH}_2\\|\\\text{COOC}_2\text{H}_5\end{array}\xrightarrow[\text{C}_2\text{H}_5\text{ONa}]{\text{CH}_3\text{CH}_2\text{CH}_2\text{Br}}\begin{array}{c}\text{CH}_3\text{CH}_2\text{CH}_2\quad\text{COOC}_2\text{H}_5\\\diagdown\quad\diagup\\ \text{C}\\\diagup\quad\diagdown\\\text{CH}_3\text{CH}_2\text{CH}_2\quad\text{COOC}_2\text{H}_5\end{array}\xrightarrow[\text{HCl}]{\text{KOH}\cdot\text{H}_2\text{O}}$$

$$\begin{array}{c}\text{CH}_3\text{CH}_2\text{CH}_2\quad\text{COOH}\\\diagdown\quad\diagup\\\text{C}\\\diagup\quad\diagdown\\\text{CH}_3\text{CH}_2\text{CH}_2\quad\text{COOH}\end{array}\xrightarrow{180℃,\,0.5\,\text{h}}$$

$$\begin{array}{c}\text{CH}_3\text{CH}_2\text{CH}_2\\\diagdown\\\text{CHCOOH}\\\diagup\\\text{CH}_3\text{CH}_2\text{CH}_2\end{array}\xrightarrow{\text{NaOH},\text{H}_2\text{O}}\begin{array}{c}\text{CH}_3\text{CH}_2\text{CH}_2\\\diagdown\\\text{CHCOONa}\\\diagup\\\text{CH}_3\text{CH}_2\text{CH}_2\end{array}$$

三、仪器与药品

1. 仪器

搅拌器、恒压滴液漏斗、回流冷凝管(附有氯化钙干燥管)、三口烧瓶、蒸馏装置。

2. 药品

溴代正丙烷、丙二酸二乙酯、乙醇钠、无水乙醇、无水硫酸钠、氢氧化钾、浓盐酸、二丙基丙二酸、氢氧化钠。

四、实验内容

1. 烃化

在装有密封搅拌器、恒压滴液漏斗和回流冷凝管（附有氯化钙干燥管）的三口烧瓶中，投入950mL质量分数16%～18%的乙醇钠溶液，搅拌下，加热至80℃左右，开始滴加16g丙二酸二乙酯。加毕，搅拌反应10min后，滴加29g溴代正丙烷，约0.5h加完，搅拌回流反应2h。室温下静置2h，过滤除去溴化钠，以少量无水乙醇洗涤滤饼，合并滤液和洗液，常压蒸馏回收乙醇，得到油状物二丙基丙二酸二乙酯粗品。经无水硫酸钠干燥后进行减压蒸馏，收集110～124℃、(7～8)×133.3Pa的馏分，产品为无色油状液。

2. 水解、中和

在烧瓶中加入23g二丙基丙二酸二乙酯、23g氢氧化钾和40mL水配成的氢氧化钾水溶液，快速搅拌下，加热回流4h。然后蒸掉乙醇，冷却至10℃以下，用浓盐酸中和至pH值=2，静置，过滤，得白色针状结晶，为二丙基丙二酸。

3. 脱酸

在反应器中加入14g二丙基丙二酸，加热至160～180℃，反应物逐渐熔融，并伴有二氧化碳逸出，于180℃保持0.5h，直到无二氧化碳逸出，蒸出低沸物，再真空蒸馏收集111～115℃、(10～12)×133.3Pa馏分，得无色油状液体二丙基乙酸。

4. 加热浓缩

在二丙基乙酸中缓缓加入质量分数为14%的20mL氢氧化钠水溶液，加热浓缩至干，得白色固体钠盐。

实验3-4 平痛新的合成

一、实验目的

(1) 熟悉氯化、还原、环和胺化等反应机理；
(2) 掌握萃取、减压蒸馏、重结晶等实验技能。

二、实验原理

1. 主要性质和用途

平痛新又称强痛平、盐酸苯并噁唑辛等，化学名称为3,4,5,6-四氢-5-甲基-1-苯基

-2,5-苯丙噁唑辛,分子式 $C_{17}H_{20}CNO$,分子量289.8,白色结晶性粉末,熔点238~242℃,溶于水、氯仿、甲醇。

平痛新具有强力镇痛和肌肉松弛作用,适用于各种手术后疼痛、外伤痛、肿瘤痛、内脏平滑肌绞痛和关节痛等,也可用作肌肉松弛剂,无成瘾性。

2. 合成原理

苯酐在无水三氯化铝存在下与苯发生酰化反应,然后氯化,与2-甲氨基乙醇胺化,经氯化、还原、环和、成盐得到平痛心,反应方程式如下:

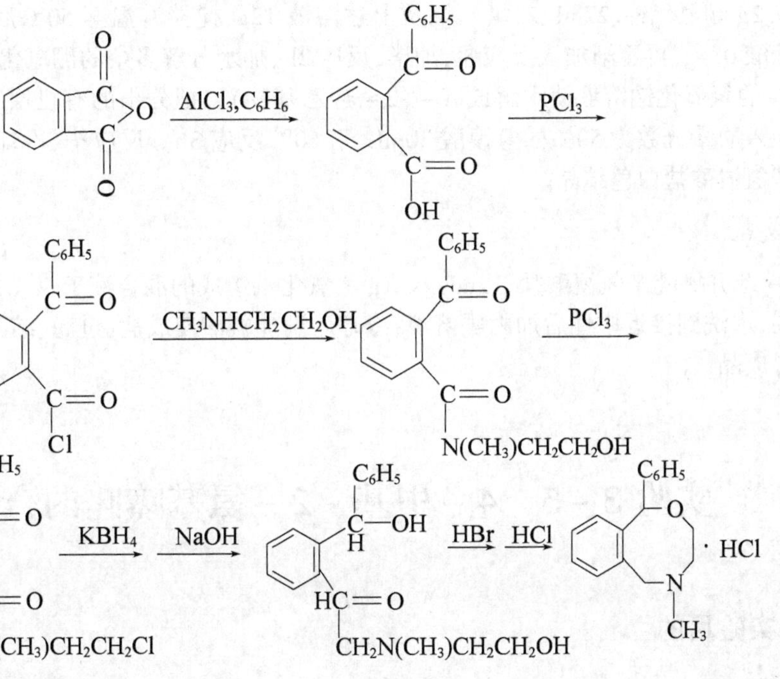

三、仪器与药品

1. 仪器

搅拌器、恒压滴液漏斗、回流冷凝管、三口烧瓶、干燥箱、蒸馏装置。

2. 药品

苯酐、苯、无水三氯化铝、浓盐酸、碳酸钠、活性炭、三氯化磷、二氯乙烷、硼氢化钾、2-甲氨基乙醇、三乙胺、异丙醇、醋酸、丙酮、氢溴酸。

四、实验内容

1. 酰化

向三口烧瓶反应器中加入24g苯酐、130mL苯。搅拌下分次加入48g无水三氯化铝,加完后升温至70℃,反应4h。反应毕,冷却。加入160mL冷水与72mL盐酸,分出有机层,回收苯后再冷却,过滤,得粗品。将此粗品溶于稀碳酸钠溶液,用活性炭褪色,滤液以盐酸酸化,冷却。结晶后过滤,于70℃干燥至恒重,即得邻苯甲酰苯甲酸。

2. 氯化、胺化

将 12g 邻苯甲酰苯甲酸、2mL 三氯化磷与 12mL 二氯乙烷的混合物于室温下搅拌 10~16h，静置后，分出上层澄清液。将酰氯液于 5℃ 下滴加 2mL 至于预先加有 4.2g 2-甲氨基乙醇、6.4g 三乙胺、16mL 二氯乙烷的反应器中，加完后于室温下搅拌 1h，再滴加 2mL 三氯化磷，减压蒸馏二氯乙烷，得粗品，用异丙醇重结晶得 N-氯乙基-N-甲基邻苯甲酰苯甲酰胺白色结晶。

3. 还原、环合

将 N-氯乙基-N-甲基邻苯甲酰苯甲酰胺 30g 溶于 75mL 二氯乙烷中，备用。在反应瓶中加入 8.2g 硼氢化钾、27mL 二氯乙烷及上述溶液 12g，搅拌升温至 50℃ 后滴加质量分数为 98% 的乙酸 0.4g，再逐渐加入反应瓶，加毕，反应 2h，加水分解多余的硼氢化钾，再加上质量分数为 40% 的氢氧化钠溶液使水解成 N-(2-羟乙基物)。把分出的有机层冷却到 20℃，搅拌下缓缓加入质量分数为 50% 的氢溴酸 30mL，于 60℃ 反应 3h。反应毕，冷却到 0℃，过滤得苯并噁唑辛氢溴酸盐白色结晶。

4. 成盐

将 6g 苯并噁唑辛氢溴酸盐、12mL 水、1g 氢氧化钠组成的混合液于 60℃ 搅拌 1h，静置后分出有机层，水洗到接近中性后加丙酮溶液，冷却后滴加盐酸使成盐，过滤、结晶以丙酮洗涤后真空干燥得成品。

实验 3-5　4-甲基-2-氨基噻唑的合成

一、实验目的

(1) 掌握 4-甲基-2-氨基噻唑的合成方法；
(2) 掌握环合反应的机理；
(3) 了解 4-甲基-2-氨基噻唑的性质和用途。

二、实验原理

环合反应是指在有机化合物分子中形成新的碳环或杂环的反应，也可称为"成环缩合"。环合可分为分子间环合和分子内环合，反应历程包括亲电环合，亲核环合、游离基环合及协同效应等历程。

4-甲基-2-氨基噻唑，以氯代丙酮和硫脲为原料，经环合、中和等工艺合成。反应方程式如下：

$$CH_3COCH_2ClH + NH_2CSNH_2 \longrightarrow \underset{\underset{NH_2 \cdot HCl}{|}}{\overset{H_3C}{\underset{S}{\bigvee}}\!} + H_2O$$

$$\text{(4-甲基-2-氨基噻唑·HCl)} + NaOH \longrightarrow \text{(4-甲基-2-氨基噻唑)} + NaCl + H_2O$$

还可以丙酮、硫脲和碘为原料而制得。反应方程式如下：

$$CH_3OCH_3 + 2NH_2CSNH_2 + I_2 + 2NaOH \longrightarrow$$

$$\underset{\underset{S}{|}}{\overset{H_3C}{\diagdown}}\! \overset{N}{\diagup} \!\!\!\!\!\!\!\! \underset{NH_2 \cdot HCl}{} + \underset{SH\ \ NH_2}{\overset{NH}{\diagup\diagdown}} + 2NaI + H_2O$$

本品外观为白色结晶，熔点 45～46℃，沸点 231～232℃（101.3kPa），124～126℃（2.67kPa），70℃（0.0533kPa），极易溶于水、乙醇和乙醚。

本品主要用于合成磺胺甲噻唑等。

三、仪器与药品

1. 仪器

搅拌器、温度计、回流冷凝器、500mL 四口瓶、减压蒸馏装置、过滤装置。

2. 药品

硫脲、氯丙酮、氢氧化钠、乙醚、丙酮、硫脲、碘。

四、实验内容

方法一：以氯代丙酮和硫脲为原料。

向装有搅拌器、温度计、回流冷凝器的 500mL 四口瓶中，加入 63mL 水和 25g 硫脲，在搅拌下滴加 30g 氯丙酮，加毕，继续搅拌直至硫脲全部溶解，反应液呈黄色。然后慢慢升温至回流，并保持缓缓回流 3h。搅拌下冷却至 40℃ 以下，分批加入固体氢氧化钠 65g，进行中和。加毕，继续搅拌 15min，再静置分层，分出有机层，将水层加 80～100g 乙醚萃取，并将萃取相与有机层合并，加 10g 氢氧化钠干燥，然后过滤，滤液去蒸馏。先常压蒸馏回收萃取剂（可套用），最后改为真空蒸馏，接收 2.67kPa 下 124～126℃ 的馏分，得产品 4-甲基-2-氨基噻唑，收率大于 75%。

方法二：以丙酮、硫脲和碘为原料。

向装有搅拌器、温度计、回流冷凝器的 500mL 四口瓶中加入 26g 丙酮和 25g 硫脲，搅拌，待搅拌成乳白色悬浮液后，加入 42g 碘，接着慢慢升温至回流，并保持平稳回流 4～5h。反应结束后，先减压蒸馏回收丙酮，再将残馏物加到预先装有 325g 冰水的四口瓶中。搅拌并冷却，分批慢慢加入氢氧化钠 65g，使料液逐渐析出黄色浮状物。然后静置分层，分出上层油层。油层加入适量的氢氧化钠干燥后，过滤，滤液经减压蒸馏，收集 2.67kPa 下 124～126℃ 的馏分，即得产品 4-甲基-2-氨基噻唑。

五、思考题

(1) 比较两种合成方法的优缺点。
(2) 还有哪些有机溶剂可作本产品的萃取剂？
(3) 乙醚可将水层中的哪些成分萃取出来？

实验3-6 氨基乙酸的合成

一、实验目的

(1) 掌握氨基乙酸的合成方法；
(2) 掌握氨解反应的机理；
(3) 了解氨基乙酸的性质和用途。

二、实验原理

氨基乙酸可以用氯乙酸与氨水作用，得到目标产物。此法工艺简单，基本上无公害。缺点是催化剂乌洛托品不能回收，精制用甲醇消耗高。反应方程式如下：

$$ClCH_2COOH + NH_3 + H_2O + (CH_2)_6N_4 \xrightarrow{Ni} NH_2CH_2COOH + NH_4Cl + HCHO$$

本品为白色结晶或结晶性粉末，带有甜味，熔点232～236℃，分解温度236℃，相对密度1.1607，易溶于水，溶于乙醇和乙醚，能与盐酸作用生成盐酸盐，存在于低级动物的筋肉中。本品无毒，无腐蚀性。

本品在农药工业用作新型农药甘草膦和增甘膦的原料；制药工业用作氨基酸输液制剂的组分并用于合成抗帕金森病的药物L-DoPa及合成马尿酸。还用于合成甘氨酸酐、甘氨酸乙酯盐酸盐、甘氨酰甘氨酸以及其他精细化学品等。作为食品添加剂，在肉食品、清凉饮料加工中对Vc起稳定化作用，并用于调节pH值。饲料工业用作饲料的营养补充成分和抗氧剂；化肥工业用作脱二氧化硫的辅助溶剂。此外，本品还有许多其他方面的应用。

三、仪器与药品

1. 仪器

搅拌器、温度计、滴液漏斗、500mL四口瓶、1000mL烧杯、过滤装置、干燥箱、电子秤、熔点仪。

2. 药品

乌洛托品、28%氨水、氯乙酸溶液(由100g氯乙酸与33mL水配成)、95%乙醇。

四、实验内容

在装有搅拌器、温度计、滴液漏斗的500mL四口瓶中，加入乌洛托品21g，加入氨水22mL，搅拌，降温，使其充分溶解后，滴加氯乙酸溶液(由100g氯乙酸与33mL水配成)，并同时滴加质量分数28%的氨水约200g。反应温度控制在50～60℃，pH值=7～8，在2～78℃保温2～3h；冷至45℃以下，将反应物倒入装有1000mL质量分数95%乙醇的烧杯中，进行醇析，静置10h，虹吸上层清液，并回收乙醇。将粗品过滤，然后用质量分数75%的乙醇精制，干燥，即得到产品。称重，计算收率，测熔点。

五、思考题

(1) 该反应中存在哪些副反应？
(2) 叙述氨基乙酸的其他合成方法。

实验 3-7　苯基甲硫醚的合成

一、实验目的

(1) 掌握苯基甲硫醚的合成方法；
(2) 掌握重氮化及重氮化置换反应的机理；
(3) 了解苯基甲硫醚的性质和用途。

二、实验原理

以苯胺为原料经重氮化制得重氮盐；再与甲硫醇钠发生置换反应，制得苯基甲硫醚。反应方程式如下：

$$\underset{}{\text{C}_6\text{H}_5\text{NH}_2} \xrightarrow{\text{NaNO}_2/\text{HCl}} \underset{}{\text{C}_6\text{H}_5\text{N}_2^+\text{Cl}^-} \xrightarrow{\text{NaSCH}_3} \underset{}{\text{C}_6\text{H}_5\text{SCH}_3}$$

产物为无色液体，沸点 187~188℃，相对密度 1.0533，折射率 1.5842，闪点 75℃，不溶于水，可溶于一般有机溶剂。

本品在医药方面用作抗生素、抗溃疡药物的原料；在农药方面用作合成杀虫剂、杀菌剂、除草剂的原料；还可作维生素 A 的稳定剂、芳香胺的抗氧剂、润滑油的添加剂、香料合成的原料等。

三、仪器与药品

1. 仪器

搅拌器、温度计、排气管、滴液漏斗、1000mL 四口烧瓶、减压蒸馏装置。

2. 药品

35% 浓盐酸、苯胺、亚硝酸钠、氢氧化钠、甲硫醇、苯、无水硫酸钠。

四、实验内容

在装有搅拌器、温度计、排气管和滴液漏斗的 1000mL 四口烧瓶中，加水 254mL，质量分数 35% 的浓盐酸 150g、苯胺 65.1g(0.7mol)，向其中滴加 48.3g(0.7mol) 亚硝酸钠（配制成质量分数为 30% 的水溶液），控制温度在 5℃ 以下，加入时间 25min 左右，进行重氮化。继续搅拌

30min,反应完毕。测试反应终点。

在耐压容器中,加水160mL、固体氢氧化钠29.3g(0.7mol)和甲硫醇33.6g(0.7mol)合成甲硫醇钠,将其倒入1000mL四口烧瓶中。

重氮化完毕,在30℃下立刻将苯胺重氮盐水溶液倒入甲硫醇钠中,加入时间约需100min。氮气产生现象一结束,就向反应液中加入约80g苯,以分离水。然后用5~10g硫酸钠脱水,减压蒸馏,得到苯基甲硫醚,含量约为99%。

五、思考题

(1)说明重氮化反应的终点控制方法。
(2)简述重氮盐置换反应的机理。

实验3-8 乙酰水杨酸的合成

一、实验目的

(1)学习掌握阿司匹林的合成方法;
(2)了解酸催化反应的原理及实施方法;
(3)了解阿司匹林在人类社会发展中所起的作用和意义。

二、实验原理

水杨酸与乙酸酐在H^+催化下反应生成乙酰水杨酸。

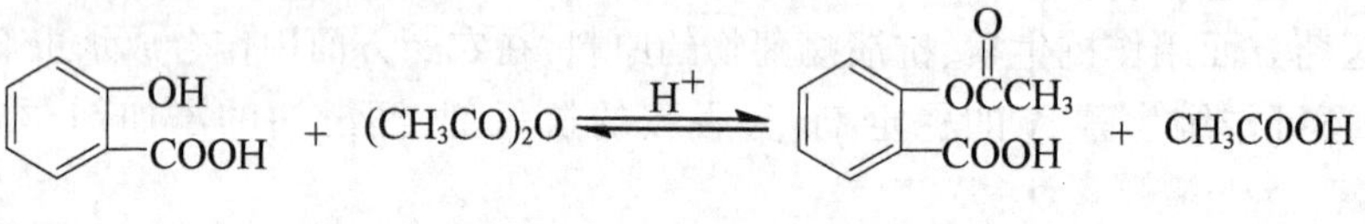

$$\text{水杨酸(OH, COOH)} + (CH_3CO)_2O \underset{}{\overset{H^+}{\rightleftharpoons}} \text{乙酰水杨酸(OCCH}_3\text{, COOH)} + CH_3COOH$$

阿司匹林(Aspirin,乙酰水杨酸)是一种白色结晶或结晶性粉末,无臭或微带醋酸臭,微溶于水,易溶于乙醇,可溶于乙醚、氯仿,水溶液呈酸性。它为水杨酸的衍生物,经近百年的临床应用,证明对缓解轻度或中度疼痛,如牙痛、头痛、神经痛及痛经效果较好,也用于感冒、流感等发热疾病的退热等。近年来发现阿司匹林对血小板聚集有抑制作用,能阻止血栓形成,临床上用于预防短暂脑缺血发作、心肌梗死、人工心脏瓣膜和静脉瘘或其他手术后血栓的形成。

三、仪器与药品

1. 仪器

100mL锥形瓶、水浴、抽滤瓶、干燥箱、电子秤。

2. 药品

水杨酸3.2g;乙酸酐;浓硫酸;95%乙醇;三氯化铁;阿司匹林药片。

四、实验内容

（1）3.2g(0.023mol)水杨酸放入100mL锥形瓶中，加入5mL(0.05mol)乙酸酐，然后加入5滴浓硫酸，充分摇匀。

（2）水浴加热，水杨酸立即溶解，维持15min，并施加振摇。

（3）稍冷后，在不断搅拌下倒入50mL冰水中，并用冰水浴冷却。

（4）抽滤，分别用8mL冰水洗涤两次，将初产物干燥。

（5）用水和乙醇的混合溶剂重结晶，干燥产品，称重，计算产率。纯的乙酰水杨酸(Aspirin)为白色晶体，熔点为136℃。

五、注意事项

（1）乙酸酐刺激眼睛，应在通风橱内倒试剂，小心操作。

（2）水杨酸是一个双官能团的化合物，反应温度应控制在70℃左右，以防下述副产物的生成。

（3）水将消除未反应的乙酸酐，并使不溶于水的产物阿司匹林沉淀析出。

（4）经重结晶后的产品是否纯，可用1%的$FeCl_3$溶液进行试验。

实验3-9 对乙酰氨基苯磺酰氯的合成

一、实验目的

(1)掌握氯磺酸反应的基本原理与实施方法；
(2)了解乙酰氨基苯磺酰氯医药中间体在药物合成中的作用。

二、实验原理

对乙酰氨基苯磺酰氯是制备磺胺(对乙酰氨基苯磺酰胺)的中间体，由乙酰苯胺与氯磺酸反应制备。

对乙酰氨基苯磺酰氯是一种化学物质,分子式是 $C_8H_8ClNO_3S$。在空气中易吸潮分解,有轻微乙酸气味。有腐蚀性,有毒。对皮肤和黏膜有刺激性。生产过程中应注意防护措施,防止误服。操作人员应穿戴防护用具,切勿黏沾皮肤。本品为有机中间体,产品易吸潮引起分解,故不宜长期储存。一般在生产厂制出后立即用于制取其他产品。充氮气密封保存。主要用途为多种磺胺药物的中间体,如磺胺噻唑、磺胺异噁唑、磺胺甲基异噁唑、磺胺苯吡唑、磺胺二甲异嘧啶等,也是染料的中间体。

三、仪器与药品

1. 仪器

100mL 三角烧瓶、酒精灯、气体捕集器、玻璃管、橡皮塞、水浴、250mL 烧杯、抽滤瓶、电子秤。

2. 药品

乙酰苯胺 5g;氯磺酸。

四、实验内容

(1)放置 5g 干燥的乙酰苯胺于一个 100mL 的干燥的三角烧瓶中,小火加热使其熔融,转动烧瓶使乙酰苯胺在烧瓶底部形成薄膜。

(2)用插有短玻璃管的橡皮塞将烧瓶口塞好,用一根橡皮管将烧瓶与气体捕集器相连,导气管的末端要与吸收水面接近,但不能接触,以免倒吸而引起事故。

(3)将烧瓶置于冰水浴中,用一个干燥的量筒量取 13mL 氯磺酸,然后将其迅速一次倒入烧瓶中。

(4)将烧瓶与气体捕集器相连,轻轻振摇烧瓶,并保持水浴温度在 20℃ 以下(可不断加入冰块)。

(5)待全部固体溶解,将烧瓶暖至室温,然后在热水浴上加热 10~20min。

(6)将反应混合物冷至室温,在一个 250mL 的烧杯中加入 75~100g 碎冰,在通风橱中,强力搅拌下将反应混合物慢慢倒入烧杯中,此时出现固体,并将大块尽量搅碎。

(7)抽滤,用少量水洗涤,再尽量抽干。

(8)称重,计算产率,粗产品不需纯化即可用于下步磺胺的合成。但应及时使用,不可久置,因为不稳定。纯的对氨基苯磺酰氯为无色针状结晶,熔点为 149℃。

五、注意事项

(1)氯磺酸与水反应剧烈,乙酰苯胺需干燥,反应所需的仪器也需充分干燥。

(2)氯磺酸是一种有毒且腐蚀性很强的化学品,使用时需倍加小心,避免与皮肤或湿气接触。若不小心沾到皮肤上,应立即用大量的冷水洗涤,再用稀的碳酸氢钠溶液清洗。洗涤盛装或曾接触过氯磺酸的仪器时,需十分小心。

(3)时常振摇反应瓶可加速反应,当不再有气体产生时,表明反应已经完成。

(4)应牢记产物将与水反应,所以只能用少量水洗涤,并尽可能抽干。

(5)若要得到纯的产品,可用氯仿进行重结晶。

实验 3-10　对氨基苯磺酰胺的合成

一、实验目的

(1) 掌握对氨基苯磺酰胺(磺胺)药品的合成工艺及方法；
(2) 了解医药制备过程中的注意事项及产物的精制方法。

二、实验原理

本实验从对乙酰氨基苯磺酰氯出发经下述三步反应合成对氨基苯磺酰胺(磺胺)：

$$\underset{SO_2Cl}{\underset{|}{C_6H_4}}-NHCOCH_3 \xrightarrow[H_2O]{NH_3} \underset{SO_2NH_2}{\underset{|}{C_6H_4}}-NHCOCH_3 \xrightarrow[H_2O]{HCl} \underset{SO_2Cl}{\underset{|}{C_6H_4}}-NH_3Cl$$

$$2\,\underset{SO_2Cl}{\underset{|}{C_6H_4}}-NH_3Cl + Na_2CO_3 \longrightarrow 2\,\underset{SO_2NH_2}{\underset{|}{C_6H_4}}-NH_2 + 2NaCl$$

该品是磺胺类药物的重要中间体。本品对溶血性链球菌、脑膜炎、球菌的抗菌作用强，但因疗效差，毒性大，很少用于内服，外用作撒剂或软膏可以防止创伤感染，但可引起过敏性反应，故也很少用，现在主要作为合成其他磺胺类药的中间体用，国外也用作合成农业"黄草灵"的原料。本品可用作分析试剂，如作为光度法测定亚硝酸盐、亚硝基铁氰化钠的试剂；用于生化研究、有机合成及制药工业；合成磺胺类药物的主要原料，除用来制取结晶磺胺供外用消炎外，还可以合成其他磺胺类药物如磺胺脒、磺胺甲氧嗪、磺胺甲基嘧啶等。

三、仪器与药品

1. 仪器

50mL 烧杯、水浴、抽滤瓶、50mL 圆底烧瓶、回流冷凝管、电子秤、熔点仪。

2. 药品

对乙酰氨基苯磺酰氯粗产品；氨水；盐酸；碳酸钠。

四、实验内容

1. 对乙酰氨基苯磺酰胺的合成

(1) 将自制的对乙酰氨基苯磺酰氯粗品放入一个 50mL 的烧杯中。(2) 在通风橱内，搅拌下慢慢加入35mL浓氨水(28%),立即发生放热反应生成糊状物。(3)加完氨水后,在室温下继续搅拌10min,使反应完全。(4)将烧杯置于热水浴中,于70℃反应10min,并不断搅拌,以除去多余的氨,然后将反应物冷却至室温。(5)振荡下向反应混合液中加入10%的盐酸,至反应液使石蕊试纸变红(或对刚果红试纸显酸性)。(6)用冰水浴冷却反应混合物至10℃,抽滤,用冷水洗涤。得到的粗产物可直接用于下步合成。

2. 对氨基苯磺酰胺(磺胺)的合成

(1)将对乙酰氨基苯磺酰胺的粗品放入50mL的圆底烧瓶中,加入20mL10%的盐酸和一粒沸石。(2)装上一回流冷凝管,使混合物回流至固体全部溶解(约需10min),然后再回流0.5h。(3)将反应液倒入一个大烧杯中,将其冷却至室温。(4)在搅拌下小心加入碳酸钠固体(约需4g),至反应液对石蕊试纸恰显碱性(pH值=7~8),在中和过程中,磺胺沉淀析出。(5)在冰水浴中将混合物充分冷却,抽滤,收集产品。(6)用热水重结晶产品并干燥。(7)称重,计算产率。(8)测定熔点。纯的对氨基苯磺酰胺(磺胺)为一白色针状晶体,熔点为165~166℃。

五、注意事项

(1)本反应应需使用过量的氨以中和反应生成的氯化氢,并使氨不被质子化。

(2)此产物对于水解反应来说已经足够纯,若需纯品,可用95%的乙醇进行重结晶,纯品的熔点为220℃。

(3)若溶液呈现黄色,可加入少量活性炭,煮沸,抽滤。

(4)应少量分次加入固体碳酸钠,由于生成二氧化碳,每次加入后都会产生泡沫。

(5)由于磺胺能溶于强酸和强碱中,故pH值应控制在7~8。

第四章　表面活性剂的合成与表征

表面活性剂是从20世纪50年代开始随着石油化工飞速发展与合成塑料、合成橡胶、合成纤维一并兴起的一种新型化学品。目前已被广泛应用于纺织、制药、化妆品、食品、造船、土建、采矿以及洗涤等各个领域,它是许多工业部门必要的化学助剂,其用量虽小,但收效甚大,往往能起到意想不到的效果。表面活性剂是指能溶于水或其他有机溶剂,在相界面上定向地排列,并能改变界面性质的化合物。表面活性剂应具有如下特点:分子中具有亲水性和亲油性基团;至少应溶于液相中的某一相;具有界面吸附性;具有界面定向性;易形成胶束等。表面活性剂基本作用是降低水或其他液体的表面张力,因此具有润湿、渗透、分散、乳化、增溶、发泡、消泡及洗涤作用等。另外还具有平滑、柔软、匀染、抗静电、杀菌、防锈等功能。

表面活性剂主要应用于合成洗涤剂、化妆品,作为助剂广泛应用于纺织、造纸、皮革、医药、食品、石油开采、塑料、橡胶、农药、化肥、涂料、染料、信息材料、金属加工、选矿、建筑、环保、消防、化学、农业等各个领域。

表面活性剂的分类方法有多种,通常以表面活性剂溶于水是否电离及形成离子的类型来分类,一般可分为阴离子、阳离子、非离子、两性及高分子表面活性剂。

由于表面活性剂的种类很多,本章只介绍具有代表性的几种表面活性剂的合成与性能表征。

实验4-1　十二烷基苯磺酸钠的合成

一、实验目的

(1)掌握十二烷基苯磺酸钠的合成方法;
(2)了解用不同磺化剂进行磺化反应的机理和反应特点;
(3)了解十二烷基苯磺酸钠的性质、用途和使用方法。

二、实验原理

磺化反应是向有机分子中的碳原子上引入磺酸基(—SO_3H)的反应,生成的产物是磺酸(R—SO_3H)、磺酸盐(R—SO_3M;M表示NH_4或金属离子)或磺酰氯(R—SO_2Cl)。磺化是亲电取代反应,SO_3分子中硫原子的电负性比氧原子的电负性小,所以硫原子带有部分正电荷而成为亲电试剂。常用的磺化剂是浓硫酸、发烟硫酸、三氧化硫、氯磺酸。

磺化的主要方法有：(1)过量硫酸磺化法(磺化剂是浓硫酸和发烟硫酸)；(2)共沸脱水磺化法；(3)三氧化硫磺化法；(4)氯磺酸磺化法；(5)芳伯胺的烘焙磺化法。

磺化反应的主要目的有：(1)使产品具有水溶性、酸性、表面活性或对纤维素具有亲和力。(2)将磺基转化为—OH、—NH$_2$、—CN 或—Cl 等取代基。(3)先在芳环上引入磺基，完成特定反应后，再将磺基水解掉。

磺化反应的主要影响因素：(1)硫酸的浓度和用量。随着磺化反应的进行，生成的水逐渐增加，硫酸的浓度逐渐下降，使磺化开始阶段和磺化末期，磺化反应速度就可能下降几十倍，甚至几百倍而几乎停止反应，这时的硫酸被称为"废酸"，用"π值"表示。为了消除磺化反应生成的水的稀释作用的影响，必须使用过量很多的硫酸。(2)磺化反应温度和时间的影响。磺化温度会影响磺基进入芳环的位置和磺酸异构体的生成比例，特别是在多磺化时，为了使每一个磺基都尽可能地进入所希望的位置，对于每一个磺化阶段都需要选择合适的磺化温度。低温、短时间的反应有利于 α 取代，高温、长时间的反应有利于 β 取代。

磺化产物的分离：稀释析出法，有些磺化产物在稀硫酸中的溶解度很低，可用稀释法使其析出，这种方法的优点是操作简便、费用低，副产物废硫酸母液便于回收和利用；稀释盐析法，许多芳磺酸盐在水中的溶解度很大，但是在相同正离子的存在下，则溶解度明显下降，因此可以向磺化稀释液中加入氯化钠、硫酸钠或钾盐等，使芳磺酸盐析出来；中和盐析法，可用碳酸钠、氢氧化钠、氨水等中和盐析；脱硫酸钙法；溶剂萃取法。

十二烷基苯磺酸钠是由十二烷基苯与发烟硫酸或三氧化硫磺化，再用碱中和制得。用发烟硫酸磺化的缺点是反应结束后总有部分废酸存在于磺化物料中，中和后生成的硫酸钠带入产品中，影响了它的纯度。目前，工业上均采用三氧化硫—空气混合物磺化的方法。三氧化硫可由 60% 发烟硫酸蒸出，或将硫磺和干燥空气在炉中燃烧，得到含三氧化硫 4% ~8%（体积分数）的混合气体。将该混合气体，通入装有烷基苯的磺化反应器中进行磺化。磺化物料进入中和系统用氢氧化钠溶液进行中和，最后进入喷雾干燥系统干燥，得到的产品为流动性很好的粉末。

在工业生产上，直链烷基苯磺酸盐也不是单一的产物，而是直链烷烃与苯在链中任意点上相连，其结果产生了不同仲烷基比例的混合物。商品烷基苯通常是 C_{10} ~ C_{13} 烷基的混合烷基苯。

在实验室中，我们学习用硫酸进行磺化的方法，反应方程式如下：

$$C_{12}H_{25}\text{—}\bigcirc\text{—} + H_2SO_4 (\text{或} SO_3) \longrightarrow C_{12}H_{25}\text{—}\bigcirc\text{—}SO_3H + H_2O$$

$$C_{12}H_{25}\text{—}\bigcirc\text{—}SO_3H + NaOH \longrightarrow C_{12}H_{25}\text{—}\bigcirc\text{—}SO_3Na + H_2O$$

十二烷基苯磺酸钠为白色浆状物或粉末，具有去污、湿润、发泡、乳化、分散等性能，生物降解度大于 90%，在较宽的 pH 范围内比较稳定。其钠或铵盐呈中性，能溶于水，对水硬度不敏感，对酸、碱水解的稳定性好。它的钙盐或镁盐在水中的溶解度要低一些，但可溶于烃类溶剂中，在这方面也有一定的应用价值。

十二烷基苯磺酸钠大量用作生产各种洗涤剂和乳化剂等的原料，可适量配用于香波、泡沫浴等化妆品中，纺织工业的清洗剂、染色助剂、电镀工业的脱脂剂，造纸工业的脱墨剂。另外，由于直链烷基苯磺酸的盐对氧化剂十分稳定，溶于水，可适用于目前在国际上流行的加氧化漂白剂的洗衣粉配方。

三、仪器与药品

1. 仪器

搅拌器、温度计、滴液漏斗、回流冷凝器、250mL 四口瓶、分液漏斗、水浴、电子秤。

2. 药品

十二烷基苯、98% 硫酸、氢氧化钠。

四、实验内容

1. 磺化

在装有搅拌器、温度计、滴液漏斗和回流冷凝器的 250mL 四口瓶中，加入十二烷基苯 35mL(34.6g)，搅拌下缓慢加入质量分数 98% 的硫酸 35mL，温度不超过 40℃，加完后升温至 60~70℃，反应 2h。

2. 分酸

将上述磺化混合液降温至 40~50℃，缓慢滴加适量水（约 15mL），倒入分液漏斗中，静止片刻，分层，放掉下层（水和无机盐），保留上层（有机相）。

3. 中和

配制质量分数 10% 的氢氧化钠溶液 80mL，将其加入 250mL 四口瓶中约 60~70mL，搅拌下缓慢滴加上述有机相，控制温度为 40~50℃，用质量分数 10% 的氢氧化钠调节 pH 值 = 7~8，并记录质量分数 10% 的氢氧化钠总用量。

4. 盐析

于上述反应体系中，加入少量氯化钠，渗圈试验清洗后过滤，得到白色膏状产品。

五、注意事项

分酸时，温度不可过低，否则易使分液漏斗被无机盐堵塞，造成分酸困难。

六、废酸和硫酸用量的计算

(1) 废酸的计算：π 值是将废酸中所含硫酸的质量换算成 SO_3 的质量后的质量百分数，即按投料计，可用下式计算：π =（废酸中所含硫酸质量×80/90）/（加入硫酸质量—磺化消耗硫酸质量×80/98）×100 也可用磺化液中硫酸和水的质量分数计算：

$$\pi = 100 \times 80/98 \times [W_{硫酸}/(W_{硫酸} + W_{水})]$$

利用 π 值的概念可以定性地说明磺化剂的开始浓度对磺化剂用量的影响，但是利用 π 值所计算的用量，与生产实际常常有很大的出入。

(2) 硫酸用量的计算：

$$x = 80 \times (100 - n)/(a - n)$$

式中　x——1mol 有机物在磺化时所需浓硫酸或发烟硫酸的用量，g；

　　　a——所有磺化剂中的硫酸都折算成 SO_3 的浓度；

　　　n——引入磺基的物质的量。

七、思考题

(1) 磺化反应的影响因素有哪些？
(2) 试计算废酸量。
(3) 烷基苯磺酸钠可用于哪些产品配方中？
(4) 叙述十二烷基苯磺酸钠的分析方法。

实验 4-2 N,N-二甲基十八烷基胺的合成

一、实验目的

(1) 掌握 N,N-二甲基十八烷基胺的合成原理及方法；
(2) 了解脂肪胺类阳离子表面活性剂的性质和用途。

二、实验原理

1. 主要性质和用途

N,N-二甲基十八烷基胺(N,N-dimethyl octadecyl amine)又称十八叔胺，是浅草黄软蜡质固体，易溶于醇类，不溶于水。

本品用作季铵盐类阳离子表面活性剂的重要化学中间体，可与环氧乙烷、氯化苄等反应生成不同的季铵盐类阳离子表面活性剂，还可用作乳化剂、破乳剂、选矿剂、织物柔软剂、抗静电剂、染料固色剂、匀染剂、金属除锈剂、缓蚀剂等，在医药部门也有应用。

2. 合成原理

本实验以十八胺为原料，与甲醛和甲酸经歧化反应合成 N,N-二甲基十八胺，其反应方程式如下：

$$C_{18}H_{37}NH_2 + 2HCHO + 2HCOOH \longrightarrow C_{18}H_{37}N(CH_3)_2 + 2H_2O + 2CO_2$$

三、仪器与药品

1. 仪器

电动搅拌器、电热套、托盘天平、球形冷凝管、分液漏斗(250mL)、量筒(100mL)、温度计(0~100℃)、三口烧瓶(250mL)。

2. 药品

十八胺、氢氧化钠、pH 试纸、无水乙醇、甲醛、甲酸。

四、实验内容

在装有温度计、球形冷凝管和电动搅拌器的 250mL 三口烧瓶中，加入 24mL 无水乙醇和

28g 十八胺,加热溶解,开启搅拌,降温至35℃时,加入14g 甲酸后,控制温度在50℃左右,加 20g 甲醛。升温至78℃,回流2h,用30% 氢氧化钠中和至pH 值为10~13。将反应物倒入分液漏斗中静止,分去水层。

五、思考题

(1) 反应中为什么加入乙醇?
(2) 反应温度确定的依据是什么?

实验4-3 月桂醇聚氧乙烯醚的合成

一、实验目的

(1) 掌握聚氧乙烯醚型表面活性剂的合成原理和合成方法;
(2) 了解月桂醇聚氧乙烯醚的性质和用途。

二、实验原理

1. 主要性质和用途

月桂醇聚氧乙烯醚(polyoxyethylene lauryl alcohol ether)又称聚氧乙烯十二醇醚,代号 AE,属非离子表面活性剂。非离子表面活性剂是一种含有在水中不解离的羟基(—OH)和醚键结构(—O—),并以它们为亲水基的表面活性剂。由于—OH 和—O—结构在水中不解离,因而亲水性极差。光靠一个羟基或醚键结构,不可能将很大的疏水基溶解于水,因此,必须同时有几个这样的基或结构才能发挥其亲水性。这一点与只有一个亲水基就能很好发挥亲水性的阳离子及阴离子表面活性剂大不相同。

聚氧乙烯醚类非离子表面活性剂,是用亲水基原料环氧乙烷与疏水基原料高级醇进行加成反应而制得的。此类表面活性剂的亲水基,由醚键结构和羟基二者组成。疏水基上加成的环氧乙烷越多,醚键结合就越多,亲水性也越大,也就越易溶于水。

本品主要用于配置家用和工业用的洗涤剂,也可作为乳化剂、匀染剂。

2. 合成原理

高碳醇在碱催化剂(金属钠、甲醇钠、氢氧化钾、氢氧化钠等)存在下和环氧乙烷的反应,随温度条件不同而异。当反应温度在130~190℃时,虽所用催化剂不同,其反应速度没有明显差异。而当温度低于130℃时,则反应速度按催化剂不同,有如下顺序:烷基醇钾 > 丁醇钠 > 氢氧化钾 > 烷基醇钠 > 乙醇钠 > 甲醇钠 > 氢氧化钠。

这说明在不同的反应温度条件下,其反应机理不同。脂肪醇聚氧乙烯醚是非离子表面活性剂中最重要的一类产品。由于它具有低泡,能用于低温洗涤及较好地生物降解性,而且价格低廉,因而使其得到广泛应用和迅速发展。

月桂醇聚氧乙烯醚是其中最重要的一种,它是由1mol 的月桂醇和3~5mol 的环氧乙烷加

成制得,反应方程式为:

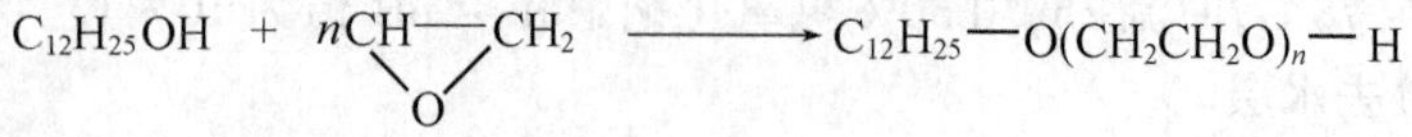

$$C_{12}H_{25}OH + nCH\underset{O}{-}CH_2 \longrightarrow C_{12}H_{25}-O(CH_2CH_2O)_n-H$$

三、仪器与药品

1. 仪器

电动搅拌器、电热套、三口烧瓶(250mL)、球形冷凝管、温度计(0~200℃)。

2. 药品

月桂醇、液体环氧乙烷、氢氧化钾、氮气。

四、实验内容

取 46.5g(0.25mol)月桂醇、0.2g 氢氧化钾加入三口烧瓶中,将反应物加热至 120℃,通入氮气,置换空气。然后升温至 160℃边搅拌边滴加 44g(1mol)液体环氧乙烷,控制反应温度在 160℃,环氧乙烷在 1h 内加完。保温反应 3h,冷却反应物至室温时放料。

五、注意事项

(1)严格按照钢瓶使用方法使用氮气钢瓶。氮气通入量不要太大,以冷凝管口看不到气体为适度。

(2)本反应是放热反应,应注意控温。

六、思考题

(1)脂肪醇聚氧乙烯类非离子表面活性剂有哪些主要性质?用于洗涤剂工业是依据什么性质?

(2)本实验成败的关键是什么?

实验 4-4 烷基酚聚氧乙烯醚的合成

一、实验目的

(1)掌握聚氧乙烯醚型非离子表面活性剂的合成原理和合成方法;
(2)学习小型高压合成釜、真空泵、钢瓶的使用方法;
(3)了解烷基酚聚氧乙烯醚型非离子表面活性剂的性质、用途及产品质量的检验方法。

二、实验原理

1. 性质和用途

烷基酚聚氧乙烯醚又称 OP 型表面活性剂,代号 APE,属非离子表面活性剂。烷基酚聚氧乙烯醚加成物的 EO 摩尔数在 15 以上时,产品在室温下为固体;EO 摩尔数在 10 以下时,为淡黄色液体。EO 摩尔数在 8 以上的产品具有良好的水溶性。根据 EO 摩尔数的多少分别起消泡、破乳、分散、乳化、润湿、渗透、洗涤、匀染等作用,广泛应用于石油、造纸、制革、纺织、农药、橡胶、洗涤等行业。

2. 合成原理

环氧乙烷与许多含有活泼氢的疏水基原料在催化剂的作用下均可生成聚氧乙烯型非离子表面活性剂。本实验以氢氧化钾为催化剂,用烷基酚和环氧乙烷合成烷基酚聚氧乙烯醚。其反应式表示如下:

$$R\text{—}\underset{}{\bigcirc}\text{—OH} + n\text{CH}_2\text{—CH}_2 \longrightarrow RO\text{—}\underset{}{\bigcirc}\text{—}(C_2H_4O)_nH$$

式中,$R = C_8 \sim C_{12}$。

三、仪器与药品

1. 仪器

高压小型合成釜(0.1L,耐压 15~25MPa)、真空泵、氮气钢瓶、环氧乙烷钢瓶、环氧乙烷储罐、不锈钢高压管线(与反应釜配套)、托盘天平、烧杯(100mL、400mL)、广口瓶(125mL)、电热套(250mL)、温度计(0~100℃,0~250℃)、试管、pH 试纸。

2. 药品

烷基酚(烷基碳数 $C_8 \sim C_{12}$)、氢氧化钾(分析纯)、环氧乙烷(含量 >99.8%)、冰醋酸(化学纯)。

四、实验内容

称取 22.0g 烷基酚、0.1g 氢氧化钾投入合成釜中,将合成釜密封好并试压,用氮气置换 3 次,使釜内达到无氧状态。然后启动搅拌,并升温至 140℃,接着启动真空泵,当温度升至 170℃时,停止抽真空。打开进料阀,利用氮气将储罐内已称量好的 50g 环氧乙烷逐渐压入反应釜中,同时记录时间。进料速度控制以釜压不超过 0.4MPa 为准,并保持反应温度为 170~200℃。进料完毕后,继续保持反应温度、压力,直至反应时间达 2h,反应结束后待釜内温度降至 80℃、压力为常压时出料。

五、数据处理

(1)记录产品颜色、产量。

(2)浊点测定。称取 1.0g 产品,用蒸馏水配成 1.0% 的溶液,取此溶液 5mL 左右移至试管中,在水浴中加热,在试管中放入 0~100℃温度计,用温度计轻轻搅拌溶液,当试管中溶液变浑浊时,继续轻轻搅拌溶液至重新变清为止,并记录溶液变清时的温度。此温度即为该产品的浊点温度。再重复上述操作两次,每两次之间的温度差值应小于 1.0℃,取三次实验的平均值作为该产品的浊点温度。测定产品的 pH 值,并记录,用冰醋酸将其中和至 pH 值为 7~8。

(3)中和。测定产品的 pH 值,并记录,用冰醋酸将其中和至 pH 值为 7~8。

六、思考题

(1) 使用高压反应釜应注意哪些事项？
(2) 使用气体钢瓶的操作步骤有哪些？
(3) 非离子表面活性剂还有哪些检验方法？举例说明。

实验 4-5 十二烷基二甲基氧化胺的合成

一、实验目的

(1) 了解氧化胺类表面活性剂的合成及应用；
(2) 熟悉裂解双氧水氧化工艺的操作条件。

二、实验原理

1. 主要性质和用途

十二烷基二甲基氧化胺(dodecyl dimethyl amine oxide)是叔胺氧化生成的氧化胺，分子中含有 ≡N→O 基团，可与水形成氢键，该基团构成了氧化胺类表面活性剂的亲水基。氧化胺类表面活性剂是一类比较特殊的表面活性剂，有人把它划归为两性表面活性剂，结构式为：

$$R-\underset{R_2}{\overset{R_1}{N}}\to O \quad \text{或者} \quad R-\underset{R_2}{\overset{R_1}{\overset{|}{N^+}}}-O^-$$

（结构式Ⅰ） （结构式Ⅱ）

多数文献的写法是按结构式Ⅰ来表示氧化胺，因此许多人认为它是非离子表面活性剂，但在非离子表面活性剂的专著中几乎见不到这类表面活性剂。也许是因为原料来源的原因，在有些书中，它们被划归阳离子表面活性剂部分。在溶液中，当 pH 值 >7 时，十二烷基二甲基氧化胺是以结构式Ⅰ形式存在的，当 pH 值 <3 时，它是以阳离子形式存在的。

$$C_{12}H_{25}-\underset{CH_3}{\overset{CH_3}{N}}\to O + H^+ \rightleftharpoons C_{12}H_{25}-\underset{CH_3}{\overset{CH_3}{\overset{|}{N^+}}}-O-H$$

氧化胺与各类表面活性剂有良好的配伍性。它是低毒、低刺激性、易生物降解的产品。在配方产品中，它具有良好的发泡性、稳泡性和增稠性能，常被用来代替尼纳尔用于香波、浴剂、餐具洗涤剂等产品。

2. 合成原理

此类产品的工业生产目前基本上都采用双氧水氧化叔胺的工艺路线，反应过程中，双氧水过量,反应后用亚硫酸钠将其除去,由于双氧水及氧化胺对铁等某些金属离子比较敏感,合成过程中体系内常加入少量螯合剂。反应方程式如下:

$$\underset{\underset{CH_3}{|}}{\overset{\overset{CH_3}{|}}{C_{12}H_{25}-N}} + H_2O_2 \longrightarrow \underset{\underset{CH_3}{|}}{\overset{\overset{CH_3}{|}}{C_{12}H_{25}-N}} \rightarrow O + H_2O$$

反应温度通常控制在 60~80℃。由于产品的水溶液在高浓度时能形成凝胶,所以其水溶液产品的活性物含量控制在 35% 以下,加入异丙醇可以使产品的浓度更高一些。产品为无色或微黄色透明体,1% 水溶液的 pH 值在 6~8,游离胺不高于 1.5%。

三、仪器与药品

1. 仪器

四口烧瓶(250mL)、球形冷凝管、温度计(0~100℃)、滴液漏斗(60mL)。

2. 药品

十二烷基二甲基胺、双氧水、异丙醇、柠檬酸、亚硫酸钠。

四、实验内容

在装有搅拌器、回流冷凝管、温度计和滴液漏斗的 250mL 的四口烧瓶中加入 21.3g 十二烷基二甲基胺和 0.3g 柠檬酸,在滴液漏斗中加入 13.6g 30% 的双氧水。然后搅拌,升温到 60℃,于 40min 内将双氧水均匀滴入反应体系。然后将反应物升温至 80℃,回流反应约 4h。在反应过程中,体系黏度不断增加,当搅拌状况不好时,将 12g 水和 10g 异丙醇的混合物加入。反应物降温到 40℃时,加入 2g 亚硫酸钠,搅拌均匀后出料。

五、注意事项

(1) 30% 的双氧水对皮肤有腐蚀性,切勿溅到手上。
(2) 双氧水滴加过快或滴加时反应温度低,易产生积累,使反应不平稳,造成逸料。

六、思考题

(1) 典型的氧化胺类表面活性剂有哪些?
(2) 举例说明氧化胺的主要用途。

实验 4-6 非离子表面活性剂的定量分析

一、实验目的

(1) 掌握非离子表面活性剂的定量分析方法;
(2) 了解非离子表面活性剂定量分析的目的意义。

二、实验原理

方法一:硫氰酸钴分光光度法。

硫氰酸钴分光光度法适用于聚乙氧基化烷基酚、聚乙氧基化脂肪醇、聚乙氧基化脂肪酸酯、山梨糖醇脂肪酸酯含量的测定。阴离子表面活性剂及聚乙二醇的存在,会影响分析结果的准确度,应预先分离除去。阴离子表面活性剂的分离参见 GB/T 13173—2021《表面活性剂洗涤剂试验方法》;非离子表面活性剂与聚乙二醇分离参见 GB/T 5560—2003《非离子表面活性剂 聚乙二醇含量和非离子活性物(加成物)含量的测定》,非离子表面活性剂与硫氰酸钴所形成的配合物用苯萃取,然后用分光光度法定量非离子表面活性剂。

方法二:泡沫体积法。

本方法参照 GB/T 15818—2018《表面活性剂生物降解度试验方法》标准的附录 B,适用于脂肪酰二乙醇胺类非离子表面活性剂含量的测定,本方法适用的测定浓度为 10mg/L 以内。本方法是将试样溶液,在一定条件下振荡,根据生成的泡沫体积定量非离子表面活性剂。

三、仪器与药品

1. 仪器

紫外分光光度计、离心机、100mL 具塞量筒、1000mL 容量瓶。

2. 药品

硫氰酸铵、硝酸钴、苯、氯化钠、非离子表面活性剂、基础培养基溶液(参照标准 GB/T 15818—2018)。

四、实验内容

方法一:硫氰酸钴分光光度法。

(1)硫氰酸钴溶液:将 620g 硫氰酸铵(NH_4SCN)和 280g 硝酸钴[$Co(NO_2)_2 \cdot 6H_2O$]溶于少许水中,再稀释至 1L,然后用 30mL 苯萃取两次后备用。

(2)非离子表面活性剂标准溶液。称取相当于 1g 非离子表面活性剂(质量分数 100%)的参照物正月桂基聚氧乙烯醚(EO=7),准确至 1mg,用水溶解并转移至 1L 容量瓶中,稀释至刻度,该溶液非离子表面活性剂浓度为 1mg/mL。移取 10.0mL,上述溶液于 1L 容量瓶中,用水稀释至刻度,混匀,所得稀释液非离子表面活性剂浓度为 0.01mg/mL。

(3)标准曲线的绘制。取一系列含有 0~4.00mg 非离子表面活性剂的整份标准溶液作为试验溶液于 250mL 分液漏斗中。加水至总量 100mL,然后按下列第(2)条规定程序萃取和测定吸光度,绘制非离子表面活性剂含量(mg/L)与吸光度标准曲线。

(4)试样中非离子表面活性剂含量的测定。准确移取适量体积的试样溶液于 250mL 分液漏斗中,加水至总量 100mL(应含非离子表面活性剂 0~3.00mg),再加入 15mL 硫氰酸钴铵溶液和 35.5g 氯化钠,充分振荡 1min,然后准确加入 25mL 苯,再振荡 1min,静止 15min,弃掉水层,将苯放入试管,离心脱水 10min(转速 2000r/min)。而后移入 10mm 石英比定试样苯萃取液的吸光度。将测得的试样吸光度与标准曲线比较,得到相应非离子表面活性剂的量,以毫克每升(mg/L)表示。

方法二:泡沫体积法。

(1)标准曲线绘制。用培养基溶液将待测试月桂酰二乙醇胺非离子表面活性剂配制成 1mg/L、3mg/L、5mg/L、7mg/L、10mg/L 标准溶液,然后各取 50mL 按下列第(2)条规定程序测定泡沫体积,同时做空白试验。标准溶液的泡沫体积减去空白试验的泡沫体积,得到净泡沫体积,绘制浓度(mg/L)与净泡沫体积的标准曲线。

(2)非离子表面活性剂含量的定量。将 50mL 试样溶液放入 100mL 具塞量筒中,用力上下振摇 50 次(每秒约 2 次),静置 30s 后,观测净泡沫体积,重复上述操作,取两次测定结果的平均值。将测得的净泡沫体积查标准曲线,得相应月桂酰二乙醇胺表面活性剂样品溶液的浓度(mg/L)。

五、思考题

叙述非离子表面活性剂定量测试的原理。

实验 4-7 乳化力的测定——比色法

一、实验目的

(1)掌握乳化力的测定方法;
(2)学会采用标准曲线法定量分析的原理。

二、实验原理

本方法适用于流出油处理剂乳化能力的测定。乳化剂与具有颜色的油类以一定比例进行充分混合后,加到水中,经过振荡,生成乳化液,静置分层后用溶剂萃取乳化层中的油。测定萃取液的吸光度,从工作曲线上找到对应的乳化油量,从而算出乳化力的大小。

三、仪器与药品

1. 仪器

(1)球形分液漏斗,容量 60mL;(2)移液管,容量 10mL、20mL、25mL;(3)容量瓶,容量 25mL、50mL、100mL;(4)具刻度烧杯,容量 50mL;(5)水平振荡器,220V,240 次/min;(6)搅拌器,不锈钢制浆式搅拌器及圆柱形杯;(7)手持式转速表,测定搅拌速度;(8)秒表。

2. 药品

三氯甲烷;燃料油(船用内燃机燃料油);蒸馏水;无水硫酸钠。

四、实验内容

1. 绘制工作曲线

称取燃料油 0.5g(精确至 0.001g),用三氯甲烷稀释至 100mL。分别吸取 1mL、2mL、3mL、

4mL、5mL、6mL,各稀释至50mL,测定吸光度。根据所测的6个吸光度值,与已知油的含量作一工作曲线。

2. 燃料油与乳化剂混合物的配制

称燃料油30g(精确至0.1g),放入圆柱形杯中,开动搅拌。再称取乳化剂0.6g(精确至0.05g),滴加到正在搅拌的燃料油中。调节搅拌速度为1400~1500r/min,搅拌30min。

3. 测定

在3只60mL分液漏斗中各加规定温度蒸馏水(pH值=7~8)25mL,然后分别加入新配制的乳化剂与油混合物0.2g(精确至0.001g),再各补加蒸馏水25mL。将分液漏斗置于水平振荡器上,振荡2min,然后垂直置于支架上静置30s。放下乳溶液30mL于烧杯中,用移液管将溶液搅动均匀后吸取10mL,放入另一60mL分液中。用三氯甲烷约50mL,分几次进行萃取,萃取液收集在50mL容量瓶中。若发现萃取液较浑浊,可加入无水硫酸钠进行脱水,使溶液成褐色透明。在 $\lambda=400\text{nm}$ 波长下,以三氯甲烷为参比液,对3只容量瓶内的萃取液进行吸光度。根据吸光度值,从工作曲线上找到对应的含油量,与加入油量相比,得到该乳化力。

五、数据处理

以乳化层中含油量的质量分数表示的乳化力,按下式计算:

$$乳化力 = \frac{乳化层中含油量}{加入油量} \times 100\% = \frac{cV \times \frac{50}{10}}{M \frac{30}{30+0.6}} \times 100\%$$

式中　c——从工作曲线上查得的乳化油量,g/L;
　　　V——萃取液体积,L;
　　　M——加入乳化剂和燃料油的质量,g。

六、允许误差

由同一分析人员进行的三次测试中至少两次结果的差不超过平均值的5%。

实验4-8　十二烷基二甲基甜菜碱的合成

一、实验目的

(1)学习以脂肪族长碳链伯胺为原料合成叔胺的原理和方法;
(2)了解甜菜碱型两性表面活性剂的合成方法;
(3)熟练减压蒸馏及重结晶基本实验操作。

二、实验原理

以脂肪族长碳链伯胺为原料合成 N,N-二甲基十二烷胺是使用醛或酮作试剂的 N-烷基

化反应,伯胺与醛酸发生反应,先得到仲胺:

$$R-NH_2 + HCHO \underset{}{\overset{H^+}{\rightleftharpoons}} R-NHCH_2OH \underset{}{\overset{H^+}{\rightleftharpoons}} R-\overset{+}{N}H=CH_2 + H_2O$$

$$R-\overset{+}{NH_2}=CH_2 + H-\overset{O}{\overset{\|}{C}}-OH \longrightarrow R-NH-CH_3 + CO_2 + H^+$$

仲胺还能进一步与醛酸反应,最终生成叔胺:

$$R-NH-CH_3 + HCHO \underset{}{\overset{H^+}{\rightleftharpoons}} R-\underset{CH_3}{\overset{}{N}}-CH_2OH \underset{}{\overset{H^+}{\rightleftharpoons}} R-\underset{CH_3}{\overset{+}{N}}=CH_2 + H_2O$$

$$R-\underset{CH_3}{\overset{}{N}}=CH_2 + H-\overset{O}{\overset{\|}{C}}-OH \longrightarrow R-N(CH_3)_2 + CO_2 + H^+$$

在这类还原性烷基化中用得最多的是甲醛水溶液,可以在氮原子上引入甲基,常用的还原剂为甲酸或氢气,反应是在液相常压条件下进行的。常压法制叔胺的优点是反应条件温和,容易操作,但缺点是甲酸对设备的腐蚀作用,在适当的催化剂(如骨架镍等)存在下,可以用氢气代替甲酸,但需要采用高压设备。

反应方程式为:

$$C_{12}H_{25}NH_2 + 2HCHO + 2HCOOH \xrightarrow[\text{常压}]{70\sim80℃} C_{12}H_{25}-\underset{CH_3}{\overset{CH_3}{N}} + CO_2 + H_2O$$

十二烷基二甲基甜菜碱是将 N,N - 二甲基十二烷胺和氯乙酸钠在 60~80℃反应而成。

$$C_{12}H_{25}\underset{CH_3}{\overset{CH_3}{N}} + ClCH_2COONa \longrightarrow C_{12}H_{25}-\underset{CH_3}{\overset{\overset{CH_3}{|}}{\underset{|}{N^+}}}-CH_2COO^- + NaCl$$

甜菜碱型两性表面活性剂无论在酸性、碱性和中性下都溶于水,即使在等电点也无沉淀,且在任何 pH 值时均可使用,具有比氨基酸型两性表面活性剂良好的去污、渗透及抗静电等性能。特别其杀菌作用比较柔和,较少刺激性,不像阳离子表面活性剂那样对人体有毒性。

三、仪器与药品

1. 仪器

搅拌器、球形冷凝管、温度计、250mL 四口烧瓶、分液漏斗、水浴、电子秤、常减压蒸馏装置。

2. 药品

十二烷胺、95%乙醇、85%甲酸、36%甲醛、丙酮、亚硝基铁氰化钠、氢氧化钠、氯化钠、氯乙酸钠、浓盐酸、乙醚。

四、实验内容

1. N,N - 二甲基十二烷胺的制备

在装有搅拌器、球形冷凝管和温度计的 250mL 四口烧瓶中加入 27.8g 十二烷胺,搅拌下

加 45mL 95%的乙醇溶液溶解,然后在水冷却下滴加 39g 85%的甲酸溶液,反应温度低于 30℃约 15min 加完。升温至 60℃,再滴加 25g 36%的甲醛溶液,30min 加完。升温回流 2h,至定性测定溶液中无伯胺为止。测定方法:将 1mL 丙酮加至事先已调成碱性的 5mL 反应溶液中,再加 1%亚硝基铁氰化钠溶液 1 滴,若 2min 内溶液不呈紫色,证明已到终点。若明显紫色则可延长反应时间或再加一些甲酸、甲醛继续反应。

将反应物冷却到室温,加入 30%的氢氧化钠溶液中和至 pH 值为 11~13。反应物倒入分液漏斗中,上层油状液用 30%氯化钠溶液洗涤三次,每次约 40mL。下层水液约 40mL 苯分三次抽提,苯液合并至油状液中。然后进行常压蒸馏,蒸出乙醇与水、再减压蒸馏,收集 120~122℃、5mmHg(0.666×10^3Pa)的馏分,得产物 18~19g,折光率 $n_D^{20}=1.4362$。

2. 十二烷基二甲基甜菜碱的制备

在装有搅拌器、温度计和球形冷凝管的 250mL 三口烧瓶中加入 10.7g N,N-二甲基十二烷胺、5.8g 氯乙酸钠和 30mL 50%的乙醇溶液,水浴中加热至 60~80℃,并在此温度下回流至反应液变成透明为止。反应液冷却后,在搅拌下滴加浓盐酸,直至出现乳状液不再消失为止,放置过夜。第二天,十二烷基甜菜碱盐酸盐结晶析出,过滤。每次用 10mL 乙醇和水(1:1)的混合溶液洗涤两次,然后干燥滤饼。所得粗产品用乙醇:乙醚(2:1)溶液重结晶,得精制的十二烷基甜菜碱,测定熔点。

五、注意事项

(1)所用的玻璃仪器必须干燥。
(2)滴加浓盐酸不要太多,至乳状液不再消失即可。
(3)洗涤滤饼时,溶剂要按规定量加,不能太多。

六、思考题

(1)除不以脂肪族长碳链伯胺为原料外,还有什么方法可合成叔胺?
(2)以叔胺为原料可合成哪些表面活性剂?
(3)两性表面活性剂有哪几类?其在工业和日用化工方面有哪些用途?
(4)甜菜碱型与氨基酸型两性表面活性剂相比其性质的最大差别是什么?

第五章 助剂的合成

实验 5–1　101 交联剂 H 的合成

一、实验目的
(1) 了解 101 交联剂 H 的合成方法；
(2) 掌握 101 交联剂 H 的应用。

二、实验原理
101 交联剂 H 为浅棕色半透明低黏稠液体,固含量 37% ~44%(质量分数),pH 值为 4 ~ 5,与成膜剂配套印花,所得样布刷洗 20 次,排刷牢度与标准品比较不低于半级。101 交联剂 H 主要用于涂料印花交联剂与胶黏剂配套使用,在织物表面上起过格作用,生成网状结构的更大分子皮膜,从而提高涂料印花的搓洗和摩擦牢度,也可用于硫化、酸性、活性等染料的染色,对提高染料湿处理牢度有良好的效果。101 交联剂 H 由环氧氯丙烷与己二胺经缩聚反应而成,反应方程式如下:

$$H_2C-CHCH_2Cl + NH_2(CH_2)_6NH_2 \longrightarrow \left[ClCH_2\underset{OH}{CH}CH_2NH(CH_2)_6NHCH_2\underset{OH}{CH}CH_2Cl \right]_n$$

三、仪器与药品

1. 仪器
冷凝器、搅拌器、温度计、滴液漏斗、四口烧瓶、烧杯、水浴、电子秤。

2. 药品
环氧氯丙烷、己二胺、酒精、冰醋酸、广泛 pH 试纸。

四、实验内容

1. 己二胺溶液合成
在烧杯内加 50.2g 水、8.1g 酒精及 12.8g 己二胺,搅拌使其全溶解。

2. 缩聚反应

在带有冷凝器、搅拌器、温度计、滴液漏斗的四口烧瓶内加入环氧氯丙烷 18.9g。开动脱拌升温至 55℃，在 2~3h 内滴加入已溶解好的己二胺溶液，反应温度控制在 55~58℃，加完后不断测黏度，当达到要求黏度时立即加入 10.0g 醋酸，pH 值 = 4~5，降温至 30℃ 以下，可得 101 交联剂 H 98g。

五、注意事项

(1) 配制的己二胺溶液一定要全溶解，保证反应均匀。
(2) 己二胺溶液要慢慢滴加，控制缩聚分子量大小及分布。
(3) 环氧氯丙烷有毒及爆炸危险性，实验应在通风橱中进行。

六、思考题

(1) 什么是缩聚反应？其转化率、分子量、聚合度之间有何关系？
(2) 缩聚反应中为何要测黏度？主要控制什么指标？

实验 5-2　织物低甲醛耐久整理剂 2D 的合成

一、实验目的

(1) 学习整理剂 2D 的合成原理及方法；
(2) 掌握耐久整理剂 2D 的用途及织物定型处理方法。

二、实验原理

1. 主要性质和用途

整理剂 2D 树脂是指二羟甲基二羟基乙烯脲树脂。该树脂外观为淡黄色液体，相对密度为 1.2(20℃)，游离甲醛为 1%，固含量 40%~50%（质量分数），易溶于水，pH 值为 6~6.5，整理的织物手感丰富，富有弹性。本品用作织物耐久定型整理剂，在花色布、涤、棉混纺织物及丝、麻织物的整理方面应用很广，但不适于漂白耐氯织物的整理。

2. 合成原理

整理剂 2D 树脂的合成分环构化和羟甲基化两步。
环构化：

羟甲基化:

$$\underset{\text{HN-CHOH}}{\overset{\text{HN-CHOH}}{O=C}}\Big\rangle + 2HCHO \xrightarrow{OH^-} O=C\underset{\text{N-CHOH}}{\overset{\text{CH}_2\text{OH}}{\underset{|}{\text{N-CHOH}}}}\Big\rangle \underset{\text{CH}_2\text{OH}}{}$$

三、仪器与药品

1. 仪器

水浴锅、电动搅拌器、温度计和滴液漏斗、250mL 三口烧瓶。

2. 药品

乙二醛、碳酸钠、精密 pH 试纸、尿素、甲醛、浓盐酸。

四、实验内容

1. 环构化反应

在配有电动搅拌器、温度计和滴液漏斗的 250mL 三口烧瓶中,加入 60mL 乙二醛,在搅拌下,加入质量分数为 20% 的碳酸钠水溶液,调节 pH 值为 5.0~5.5,用精密 pH 试纸检测,然后再加入 30g 尿素(乙二醛:尿素 = 1.0:1.0,物质的量比)。搅拌溶解 1.0h,用水浴锅加热至 35℃ 左右,停止加热。因为是放热反应,体系会自动升温至 45℃ 左右。如果再继续升温,则需用冷水冷却,或用恒温水浴锅控温在(50±1)℃。恒温反应 2h,然后再用冷水冷却至 40℃。

2. 羟甲基化反应

往滴液漏斗中分次加入 81mL 甲醛(乙二醛:尿素:甲醛 = 1.0:1.0:2.0,物质的量比),缓慢滴入环化反应液中,并不断用质量分数为 20% 的碳酸钠水溶液调节 pH 值为 8.0~8.5。因为是放热反应,若反应混合物升温至 (50±1)℃ 时,用恒温水浴锅控制,保温反应 2h。反应过程中 pH 值会下降,要多次用碳酸钠溶液调节,维持 pH 值为 8.0~8.5。等反应结束后,冷却至室温。再用稀盐酸调节 pH 值为 6.0~6.5。最后加水稀释调节,使固含量为 40%~45%(质量分数)。

五、注意事项

(1)上述两步反应都是放热反应,在反应开始一段时间内,要注意温度的控制。
(2)合成时,pH 值必须控制在规定范围内,要不断用精密 pH 试纸或 pH 计检测,并根据检测值进行调节。

六、思考题

(1)简述整理剂 2D 树脂的应用特性。
(2)此合成实验共分几步进行?各起什么作用?

(3)羟甲基化反应为什么要将pH值控制在8.0~8.5?

实验5-3　织物防皱防缩整理剂UF的合成

一、实验目的

(1)学习尿素—甲醛树脂的合成原理及方法;
(2)掌握织物防皱防缩处理方法。

二、实验原理

1.主要性质和用途

尿素—甲醛树脂也称脲甲醛树脂,又称脲醛树脂,还称羟甲基脲树脂,简称UF,是常用的氨基树脂,本实验中用于织物整理的是树脂的初缩物,这种初缩物外观为无色黏稠的浆状液,能溶于水,可加水稀释,为低分子中间体化合物,应用时要调整pH值<7,高温下才能聚合成为树脂。

本品用于棉织物防皱防缩整理,特别是人造棉织物的整理(一般都以脲醛树脂为主)。用本品整理不但可以获得优良的防皱防缩效果,还能增加织物的染色牢度,由于此整理剂成本低廉,使用方便,故获得了普遍应用。值得指出的是,甲醛有污染,目前正在研制无甲醛整理剂,因此本实验所合成整理剂的应用会受到一定限制,国内曾有人以甲壳素为基本原料制成无甲醛整理剂,并收到了较好的整理效果,但价格偏高。

2.合成原理

尿素和甲醛在中性或碱性介质中可以进行加成反应,获得单羟甲基脲与双羟甲基脲为主生物的树脂初缩体,在反应中pH值>7,温度不超过40℃,否则有凝胶发生,反应方程式如下:

$$NH_2CONH_2 + HCHO \longrightarrow NH_2CONHCH_2OH(单羟甲基脲)$$
$$NH_2CONH_2 + 2HCHO \longrightarrow HOH_2CHNCONHCH_2OH(双羟甲基脲)$$

三、仪器与药品

1.仪器

电动搅拌器、250mL三口烧瓶、温度计、气体吸收装置、滴液漏斗、烧杯、电子秤、干燥箱。

2.药品

尿素、37%甲醛、三乙醇胺、pH试纸、氢氧化钠、氯化铵、柔软剂VS、渗透剂JFC3。

四、实验内容

在250mL三口烧瓶中加入48g甲醛水溶液(质量分数37%),用约1.2g三乙醇胺调节pH值=8(用pH试纸检验)。将温度计(100℃)从侧口中插入液体,从另一侧引出一导管,并将导管与一玻璃漏斗连接,将玻璃漏斗倒置于一装有浓氢氧化钠溶液的烧杯的液面以上(注意导管不要插入反应液中,以防倒流)。中间孔装电动搅拌器,在搅拌情况下,逐渐加入23g尿素(若室温较低,可先将甲醛加热到30℃左右,再分批投入尿素)。当尿素完全溶解后,调节pH值为8~9,30℃左右下继续搅拌反应1h。将导管撤掉,换上装有28g冷水的滴液漏斗,快速滴加冷水。体系温度不得超过40℃。如果高于40℃,则需将烧瓶放入冷水中。继续搅拌反应2h。反应结束后,将上述反应液倒入烧杯中,静置5h以上。取上层清液使用。

整理剂配制方法:在烧杯中加入少量水,搅拌下加入20~30g柔软剂VS,5g渗透剂JFC3和脲醛树脂初缩体。边加料边搅拌,最后加入2~3g氯化铵催化剂。搅拌均匀即可使用。织物经过这种整理剂处理后,由于树脂分子量小而处于可溶状态,容易借机械浸轧渗透到纤维内部,然后经过烘干(85~90℃)和焙烘而在纤维内部缩聚成高分子化合物,达到织物定型处理的目的。

五、注意事项

(1)甲醛以澄清为好,如果浑浊,应先处理,方法是:甲醛经KOH处理至pH值=8,加热至60℃左右,静置澄清24h,吸取清液使用。

(2)尿素如有结块,应事先研碎。

(3)成品固含量30%~35%,游离甲醛2%~3%(均为质量分数)。

(4)暂时不用的脲醛树脂初缩体,需冲淡至固含量15%~20%(质量分数)保存。若放置时间过长,或气温过低,有结晶析出,可用水浴加热至40℃,使其溶解,再加冰水冷至室温仍可使用。用前需测固含量。

(5)尿素与甲醛的配比(物质的量比)要严格控制,在尿素:甲醛=1:1.6时,初缩体中单、双羟甲基脲的比例才能达1:0.5以上,产品才有效果,才能保证整理的织物有较好的质量。

六、思考题

(1)简述尿素—甲醛树脂的特性及用途。
(2)为什么在整个过程中体系温度不能超过40℃?
(3)将导管通入浓NaOH溶液中的目的是什么?
(4)为什么要严格控制尿素与甲醛的配比?二者最佳的配比是多少?

实验 5-4　抗爆剂——甲基叔丁基醚的合成

一、实验目的

(1)了解甲基叔丁基醚的合成;
(2)复习生成醚反应的特点。

二、实验原理

甲基叔丁基醚为无色液体,沸点54℃。本品是较好的汽油用无铅抗爆剂,在空气中不易生成过氧化物,稳定性好,具有良好的抗爆性。而且它可与烃燃料以任意比例互溶,对直馏汽油和烷化汽油有很好的调和效应。催化裂化和催化重整汽油,经甲基叔丁基醚调和后,辛烷值相对提高。

合成甲基叔丁基醚的化学反应方程式如下:

$$HO-C(CH_3)_2-CH_3 + CH_3OH \xrightarrow{H_2SO_4} CH_3-O-C(CH_3)_2-CH_3 + H_2O$$

三、仪器与药品

1. 仪器

水浴、分馏柱、温度计、250mL 三口烧瓶、分液漏斗、蒸馏装置(带回流)、电子秤。

2. 药品

硫酸、甲醇、叔丁醇、沸石、金属钠、无水硫酸钠。

四、实验内容

在装有分馏柱、温度计的250mL 三口烧瓶中,加入质量分数15%的硫酸90mL、甲醇16g(0.5mol)和90%的叔丁醇18.5g(0.25mol),混合均匀。投入几粒沸石,加热,当溶液温度达到75~80℃时,产物慢慢地被分馏出来。分馏柱顶的温度保持在49~53℃(醚和水恒沸组成温度为51℃)。每分钟约收集0.5~0.7mL馏出液。当分馏柱顶的温度明显波动时,反应瓶内温度为95℃,停止分馏。全部分馏时间约为1.5h,共收集粗产物27mL左右。将馏出物移入分液漏斗中,每次用5mL 水洗涤4~5次,除去未反应的醇。分出醚层,用无水硫酸钠干燥。然后将醚转移至干燥的回流装置中,加入0.5~1g金属钠,加热回流0.5~1h。最后将回流装置改为蒸馏装置,收集54~56℃的馏分,得到10g 无色透明液体即为甲基叔丁基醚产物,收率为45.4%。

五、注意事项

(1)一定要加入沸石或使用搅拌使物料混合均匀。
(2)要控制分馏柱顶温度及馏出速度。
(3)使用金属钠要小心,避免过长时间暴露于空气中,也要避免与水接触。

六、思考题

(1)为什么要加入硫酸进行醚化反应?
(2)为什么用分馏柱反应?
(3)加金属钠回流反应的目的是什么?

实验 5-5　甜味剂——糖精钠的合成

一、实验目的

(1) 掌握糖精钠的合成方法；
(2) 熟悉氯磺化、胺解、高锰酸钾氧化、成环反应等特点。

二、实验原理

凡能产生甜味的物质统称为甜味剂。甜味是甜味剂刺激味蕾而产生的一种复杂的物理化学和生理过程。甜味不仅能满足人们的爱好，还能改进食品的某些食用性质。甜味剂分为天然甜味剂如蔗糖、葡萄糖、麦芽糖、木糖醇等；人工合成甜味剂如糖精、环己基氨基磺酸钠、天门冬酰苯丙氨酸甲酯等。

糖精钠为糖精的钠盐，为无色或白色结晶粉末，无臭或微有芳香气味，味极甜并微带苦，甜度为蔗糖的 200～700 倍；易溶于水；在空气中慢慢风化，失去一半结晶水而成为白色粉末。可用作酱菜、浓缩果汁、蜜饯、配制药、糕点、饮料等的甜味剂。糖精钠不产生热量，适合作糖尿病、心脏病、肥胖等病人的食用甜味剂，也可用于低热量食品的生产。合成方法有邻苯二甲酸酐经酰胺化和酯化，制成邻氨基苯甲酸甲酯，再经重氮置换和氯化，然后经胺化、缩合得到邻磺酰苯甲酸亚胺，最后以碳酸钠处理而得。本实验以甲苯为原料，经邻位磺酰氯化、酰胺化反应制得邻甲基苯磺酰胺，再经氧化、环合，用碳酸氢钠处理而成。化学反应方程式如下：

氯磺化反应：

$$2\ C_6H_5CH_3 + 2\ ClSO_3H \longrightarrow o\text{-}CH_3C_6H_4SO_2Cl + p\text{-}CH_3C_6H_4SO_2Cl + 2\ H_2O$$

氨化反应：

$$o\text{-}CH_3C_6H_4SO_2Cl + 2\ NH_3 \longrightarrow o\text{-}CH_3C_6H_4SO_2NH_2 + NH_4Cl$$

氧化、闭环反应：

$$o\text{-}CH_3C_6H_4SO_2NH_2 + 2\ KMnO_4 \longrightarrow o\text{-}(COOK)C_6H_4SO_2NH_2 + 2\ MnO_2 + KOH + H_2O$$

$$\underset{\underset{SO_2NH_2}{COOK}}{\bigcirc} + HCl \longrightarrow \underset{\underset{O}{\overset{O}{S}}}{\bigcirc}\!\!\begin{array}{c}\overset{O}{\underset{}{C}}\\ \\ \end{array}\!\!NH + KCl + H_2O$$

$$\underset{\underset{O}{\overset{O}{S}}}{\bigcirc}\!\!\begin{array}{c}\overset{O}{\underset{}{C}}\\ \\ \end{array}\!\!NH + NaHCO_3 + H_2O \longrightarrow \underset{\underset{O}{\overset{O}{S}}}{\bigcirc}\!\!\begin{array}{c}\overset{O}{\underset{}{C}}\\ \\ \end{array}\!\!N\!-\!Na \cdot 2H_2O + CO_2$$

三、仪器与药品

1. 仪器

搅拌器、滴液漏斗、温度计、氯化氢吸收装置、250mL 四口瓶、500mL 烧杯、水浴、电子秤、干燥箱、抽滤装置。

2. 药品

氯磺酸、甲苯、氨水、氢氧化钠、高锰酸钾、亚硫酸氢钠、二氧化锰、浓盐酸、酚酞、刚果红试纸。

四、实验内容

1. 氯磺化反应

在装有搅拌器、滴液漏斗、温度计和氯化氢吸收装置的四口瓶中,加入 265g(2.25mol)氯磺酸。搅拌下在 1h 内滴加 92g(1mol)甲苯,在 35~45℃下反应 30min。冷却至室温,得到淡黄色油状物。搅拌下,将其慢慢倒入 500g 冰水中稀释,析出磺酰氯油状物,倾出酸层,磺酰氯层用水洗涤两次,每次用水 100mL。将得到的磺酰氯在 -20~-15℃下冷冻 12h。由于对位异构体结晶,使混合物变为半固体。用砂芯漏斗吸滤,吸尽油状物。将对甲苯磺酰氯的沉淀用冷水洗涤,除去油状物。得到约 70g 对甲苯磺酰氯粗品(收率为 38%)和 80g 邻甲苯磺酰氯粗品(收率为 42%)。

2. 氨化反应

在装有搅拌器和滴液漏斗的 250mL 烧瓶中,加入 60g 25% 氨水,搅拌下于 45min 内滴加 60g(0.3mol)邻甲苯磺酰氯。将混合物放置 1h 后,过滤析出邻甲苯磺酰胺,水洗、空气中干燥。产物中含有对位异构体和其他杂质。提纯方法如下:在 500mL 烧瓶内放入 11g 氢氧化钠和 145mL 水,加热至 40~50℃,搅拌下加入 45g 粗品邻甲苯磺酰胺,杂质呈油状析出,冷却后凝固成树脂状物。倾出透明液体,在 20℃,搅拌下滴加 3.2g 质量分数为 36% 的盐酸。放置,滤去析出的杂质。将滤液加热至 25℃搅拌下加入 17g 质量分数为 36% 的盐酸,析出邻甲苯磺酰胺和对甲苯磺酰胺的混合物。温度不超过 33℃,放置 1h 后,将析出的纯净酰胺混合物过滤,用少量水洗涤。

在 250mL 烧杯内加入 7g 氢氧化钠和 150mL 水,加入上述精制的酰胺混合物 30g,加热至

40~50℃溶解。再将混合物冷却至20℃,搅拌下慢慢加入12g质量分数为36%的盐酸,析出纯的邻甲苯磺酰胺。吸滤,水洗,空气干燥,约得到邻甲苯磺酰胺16g(收率为30%),产物为白色结晶,熔点155~156℃。

3. 氧化、闭环反应

在烧杯中加入6g氢氧化钠和180mL水,搅拌下,在45℃将25g(0.15mol)邻甲苯磺酰胺溶于其中。冷却至35℃,在6h内分批加入40.5g研细的高锰酸钾。将反应物于35℃下加热5h。冷却至20℃,加入3mL饱和的亚硫酸氢钠进行脱色。将反应物放置10~20h,使二氧化锰沉于杯底。倾出透明液体,用热水洗涤二氧化锰沉淀。吸滤,洗涤至滤液遇盐酸不生成沉淀为止,合并滤液。

滤液中含有2-磺酰胺苯甲酸钾盐和少量未氧化的邻甲苯磺酰胺。为除去后者,将溶液加热至30℃。滴加12mL浓盐酸至对刚果红试纸呈中性。搅拌0.5h后,加入碳酸钠至对酚酞呈弱碱性。再搅拌1h,过滤析出邻甲苯磺酰胺,用少量水洗涤。合并滤液,加浓盐酸(约25mL)至糖精完全析出。冷却,过滤,用冷蒸馏水洗涤至无氯离子存在。空气中干燥,用水进行重结晶(1g糖精用30mL沸水),得到糖精约17g,熔点228℃,收率63%。

在烧杯中加入8.5g糖精(约0.046mol),碳酸钠4g(约0.047mol)和蒸馏水6.5mL,加热至60℃生成糖精钠。降温至室温,得到含2个结晶水的糖精钠结晶。减压吸滤、干燥,约得到9.3~9.8g糖精钠。

五、注意事项

(1)处理邻甲苯磺酰氯化产物时,要低温、冷水,以免水解。
(2)邻位及对位甲苯磺酰氯经吸滤分离时,一定要尽量吸干,以免邻位体中夹带对位体。

六、思考题

(1)氯磺化后,反应混合物为什么要倒入冰水中处理?
(2)氯磺化有几种方法?
(3)糖精与糖精钠的区别是什么?

实验 5-6 阻燃剂——四溴双酚 A 的合成

一、实验目的

(1)掌握四溴双酚 A 的合成方法;
(2)了解阻燃剂的阻燃原理及应用特性。

二、实验原理

大多数塑料制品及合成纤维织物具有易燃性,阻燃剂可改变塑料及合成纤维燃烧的反应过程。阻燃原理有:阻燃剂在燃烧的条件下产生强烈脱水性物质,使塑料或合成纤维炭化而不易产生可燃性挥发物,从而阻止火焰蔓延;阻燃剂分解产生不可燃气体,稀释并遮蔽空气以抑制燃烧;阻燃剂或其分解熔融后覆盖在树脂或合成纤维上起到屏蔽作用等。

阻燃剂按组成分为两类:有机阻燃剂,包括氯系如氯化烷烃、磷系如磷酸酯类、溴系如四溴双酚 A 等;无机阻燃剂,包括三氧化二锑、氢氧化铝、硼化合物等。按使用方法分为添加型阻燃剂,如有机阻燃剂和无机阻燃剂;反应型阻燃剂,如乙烯基衍生物、含氯化合物、含羟基化合物、含环氧基化合物等。上述阻燃剂中,四溴双酚 A 和三氧化二锑是较为重要的品种。

合成四溴双酚 A 的化学反应方程式如下:

$$\text{C}_6\text{H}_5\text{OH} + \text{CH}_3\text{COCH}_3 \xrightarrow[\text{助催化剂}]{\text{H}_2\text{SO}_4} \text{HO-C}_6\text{H}_4\text{-C(CH}_3)_2\text{-C}_6\text{H}_4\text{-OH} + \text{H}_2\text{O}$$

$$\text{HO-C}_6\text{H}_4\text{-C(CH}_3)_2\text{-C}_6\text{H}_4\text{-OH} + 4\text{Br}_2 \longrightarrow \text{HO-C}_6\text{H}_2\text{Br}_2\text{-C(CH}_3)_2\text{-C}_6\text{H}_2\text{Br}_2\text{-OH} + 4\text{HBr}$$

产物为淡黄色或白色粉末,溴含量 57%~58%,熔点 181℃,分解温度 240℃;溶于乙醇、丙酮、苯、冰醋酸等有机溶剂,不溶于水;可溶于稀碱溶液。

本品为反应型阻燃剂,主要用于环氧树脂和聚碳酸酯,阻燃效果优良。此外,也可用于酚醛树脂、不饱和聚酯、聚氨酯等。作为添加型阻燃剂,它可用于聚苯乙烯、苯乙烯-丙烯腈共聚物、ABS 树脂。

三、仪器与药品

1. 仪器

搅拌器、温度计、回流冷凝器、500mL 烧瓶、1000mL 烧杯、过滤装置、水浴、电子秤。

2. 药品

乙醇、一氯代乙酸、氢氧化钠、硫代硫酸钠、苯酚、甲苯、硫酸、丙酮、甲醇、溴素、亚硫酸钠。

四、实验内容

1. "591"助催化剂的合成

在带有搅拌器、温度计、回流冷凝器的 500mL 烧瓶中,加入 7mL 乙醇、23.6g 一氯代乙酸,室温下搅拌溶解。再加入 35.5mL 质量分数 30% 的氢氧化钠水溶液,溶液 pH 值为 7,控制液温在 60℃以下。中和后,加入已配制好的硫代硫酸钠溶液(由 62g 无水硫代硫酸钠和 8.5mL 水组成),搅拌升温至 75~80℃,有白色固体生成。冷却、过滤、干燥得白色"591"助催化剂。

2. 双酚 A 的合成

在带有搅拌器、温度计及回流冷凝器的三口烧瓶中,加入 10g(0.106mol)苯酚和 17mL 甲苯,在搅拌下将 7mL 质量分数 80% 的硫酸缓缓加入。再加入 0.5g"591"助催化剂,加入 4mL(0.053mol)丙酮,进行反应,反应温度不超过 35℃。在 35~40℃下保温搅拌 2h。将混合物倒入 50mL 冷水中,静置。过滤,用冷水洗涤产物至滤液不呈酸性,干燥得到双酚 A 粗品。用甲苯进行重结晶(每克约需 8~10mL 甲苯),得到双酚 A 约 8g,呈白色针状结晶,熔点 155~156℃,收率为 66%。

3.溴化反应

在装有温度计、回流冷凝器、搅拌器及带有插底管的滴液漏斗的烧瓶中,加入 54.2g (0.238mol)双酚 A 和 122g 甲醇。搅拌,使双酚 A 溶解。在通风橱中,冷却下,将 165g (1.033mol)溴素加入 85g 甲醇中合成溴甲醇溶液(用溴甲醇溶液溴化可降低溴化产物中杂质的含量)。在快速搅拌下,于 1.5h 内通过插底管向双酚 A 醇溶液中滴加制备好的溴甲醇溶液。在室温下加入约 1/3 体积溴甲醇溶液时,混合物温度升为回流温度,并慢慢加入余下的溴甲醇溶液,加完料后再回流 10min。加入少量亚硫酸钠破坏未反应的溴。将反应混合物倒入 1000mL 水中稀释。过滤,水洗,干燥,得到四溴双酚 A,气相色谱分析其含量为 99%以上。

五、注意事项

(1)溴具有很强的腐蚀性和刺激性,应戴手套并在通风橱中操作。
(2)硫代硫酸钠及亚硫酸钠易被空气氧化,因此尽量用较新鲜的药品。

六、思考题

(1)制备双酚 A 时,温度为什么不能超过 35℃?
(2)用甲苯重结晶双酚 A 的目的及原理是什么?
(3)溴化反应是什么类型的反应?
(4)加入亚硫酸钠为何能破坏未反应的溴?

实验 5-7 抗氧化剂 BHT 的合成

一、实验目的

(1)掌握食品抗氧化剂的作用原理;
(2)掌握 BHT 合成的原理及实验中所用到的实验技术。

二、实验原理

食品加工、运输和储存期间,为了防止物理和化学作用、酶及微生物等所引起的食品色、香、味异常,营养成分被破坏损失,甚至腐败变质,常常需要使用食品保护剂,包括防腐剂、抗氧化剂、保色剂、包香剂、涂膜剂等。

空气中的氧会引起某些食品变质,如油脂变膻,是组成油脂的不饱和脂肪酸被氧化所致。氧化还会使水果和蔬菜失去维生素 C,产生褐色,或破坏其他维生素。有些食品加工后,与空气接触面增大,更易被氧化。为了防止食品的氧化,可以加入少量允许使用的抗氧化剂。抗氧化剂是一些能阻止自动氧化反应过程的化合物。自动氧化会在有机物中引入氧,从而引起食物、橡胶和其他物质发生氧化降解。自动氧化的主要反应包括自由基反应、链反应,主要步骤如反应式(1)至(4)所示：

引发阶段： $\quad RH + X\cdot \longrightarrow R\cdot + HX$ (1)

链传递(或链增长)阶段： $\quad R\cdot + O_2 \longrightarrow RO_2\cdot$ (2)

$\quad RO_2\cdot + RH \longrightarrow RO_2H + R\cdot$ (3)

$\quad RO_2H \longrightarrow RO\cdot + OH\cdot \longrightarrow$ 氧化降解产物 (4)

在这个过程中重要的中间体是过氧基 $RO_2\cdot$ 和氢过氧化物 RO_2H。反应(4)中的氢过氧化物分解反应为(1)提供了更多的自由基，并会产生多种最终产物。在某些有机溶剂如醚类中，氢过氧化物汇聚起来称为有害的污染。一些不饱和的食用油脂，在脂芳链中含有双键，对自动氧化很敏感，因为它们会形成相对稳定的烯丙。这些自动氧化会引起食物失鲜和变质，但在有些情况下，这些反应又是人们所需求的过程。例如，亚麻仁油和桐油的固化常用于油漆和印刷油墨。

为了减弱自动氧化反应，人们研制了抗氧化剂来捕获反应(2)中链传递阶段产生的过氧基。抗氧剂分子可以破坏这个链反应，否则链的传递会生成许多氢过氧化物。最有效的抗氧化剂是带有对位取代基的，同时在邻位带有一个或两个大体基的烃基的酚。它们可以和自由基反应生成稳定的最终产物。

2-叔丁基-4-甲氧基苯酚和2,6-二-叔丁基-4-甲基苯酚是两种无毒的成分，可以用作食品添加剂。当它们被作为抗氧化剂使用时，分别称为 BHA 和 BHT，它们的俗名分别称为丁基羟基茴香醚和二丁基羟基甲苯。

本实验合成 BHT，其结构和性质如下：

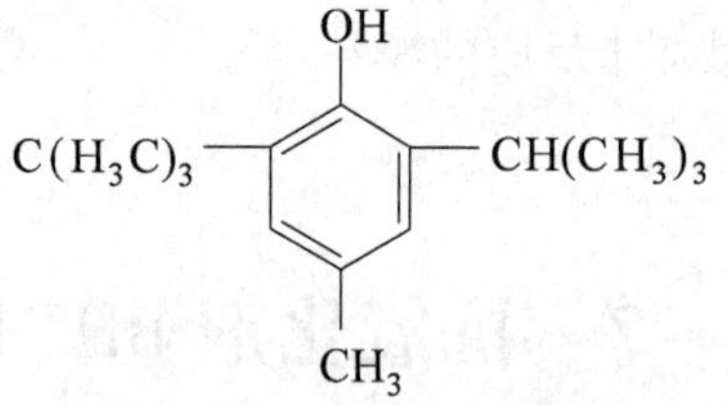

BHT 分子量 220.36，为白色结晶粉末，无臭无味，熔点 69.5~71.5℃，对热及光稳定，易溶于乙醇、乙醚、石油醚及油脂，不溶于水及丙二醇。产品要求含 $C_{15}H_{24}O$ 不低于 99.0%，含水量不超过 3×10^{-6}，重金属(以铅记)不超过 10×10^{-6}。取 1g 溶于 10mL 乙醇中应为无色透明的液体。

合成 BHT 时，需将羟基导入芳环，这是一种常见的重要而有用的反应。它可以采取几种方法，都是亲电子碳对环的进攻。反应的试剂和条件的选取则取决于烃基的类型和芳环的反应活性。付—克(Friedel-Crafts)反应是最早使用的反应之一，要使用氯代烃和无水氯化铝。另一种重要的方法是用正碳离子为亲电试剂，正碳离子可由醇或烯烃来产生。

本实验用具有高活性环的对甲酚叔丁醇、硫酸发生烷基取代反应，制备 BHT。在工业生产中，则使用异丁烯和三氟化硼来实现烷基化。

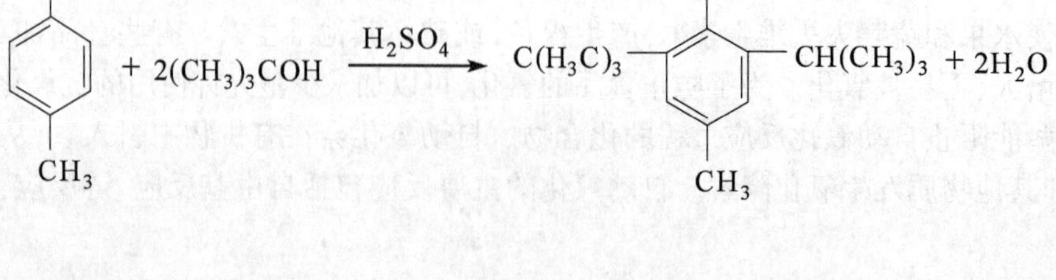

本实验中,要严格控制反应条件和反应物的摩尔比,否则副产物会干扰 BHT 的分离。例如,把硫酸的浓度由 96% 降到 75%,很可能单取代的 2-叔丁基对甲酚会成为主产物。高的酸强度和过量的叔丁醇有利于二取代产物的生成,但过量的醇又会导致脱水反应,产生二异丁烯,使产物变得更加复杂。

三、仪器与药品

1. 仪器

50mL 锥形瓶、磁力搅拌器、减压蒸馏装置、分液漏斗、显微熔点测定仪、150mL 烧杯。

2. 药品

叔丁醇、对甲苯酚、冰醋酸、浓硫酸、乙醚、无水硫酸钠、甲醇、亚麻仁油、丙酮。

四、实验内容

1. BHT 的制备

安全注意:在本实验中,对甲苯酚和浓硫酸,特别是后者,会灼伤皮肤,万一弄在手上,应立即用肥皂水和清水彻底冲洗干净。

在一个干燥的 50mL 锥形瓶中放入 2.16g 对甲苯酚、1mL 冰醋酸和 5.6mL 叔丁醇(该醇熔点为 26℃,量取前应先加热到 30~35℃,并且量具也应该微热,以免凝固)。当对甲苯酚溶解后,把锥形瓶放到冰水浴中冷却,并置于磁力搅拌器上,边搅拌边滴加 5mL 浓硫酸。如果溶液产生粉红色,就停止加入浓硫酸,直到颜色消失后再加,颜色要保持浅黄。酸加完后,继续在冰水浴中搅拌 20min。记录发生的变化。

取出锥形瓶后,加入几片冰,然后加水充满锥形瓶。将混合物倒入分液漏斗中,用 30mL 的乙醚冲洗锥形瓶,并把这些乙醚溶液倒入分液漏斗中,用力振摇 1~2min。待溶液分层后,除去下层的水层,分别用 10mL 水和 10mL 浓度为 0.5mol/L 的 KOH 溶液洗涤留下的乙醚。用无水硫酸钠干燥乙醚溶液,用棉花塞滤除 Na_2SO_4 后,蒸发除去乙醚至体积大约剩 10mL,转移到圆底烧瓶中,用少量的乙醚冲洗锥形瓶,倒入烧杯中,尽可能完全蒸去乙醚后,减压蒸馏除去二异丁烯(101~105℃)。蒸出的二异丁烯会在冷凝管上冷凝为液体,可用纸擦去。

冷却剩余的液体到室温,刮擦容器壁,使结晶析出,并用冰—盐水浴冷却,使结晶完全。收集晶体于布氏漏斗的滤纸上,尽可能地将其中的油状母液压出后,称量粗产品的质量。每克粗产品约加 2mL 甲醇进行重结晶,收集产生的晶体,称量并测定其熔点。若熔点低,则再用甲醇进行重结晶,测定最后产品的回收率和熔点。

2. 含量的测定

BHT 的测定可用气相色谱法、分光光度法等。分光光度法中,可利用 BHT 与 α,α-联吡啶-三氯化铁生成橘红色的络合物在 520nm 处有吸收峰来测定,也可利用 BHT 在 277~283nm 处有吸收峰直接用紫外分光光度法进行测定。本试验用紫外分光光度法。

(1) 标准曲线的绘制。将每毫升含 1mg BHT 的标准溶液用无水乙醇稀释成每毫升含 10μg 的 BHT 标准工作溶液。分别吸取标准工作溶液 0.0mL、0.5mL、1.0mL、1.5mL、2.0mL、2.5mL 于 10mL 的棕色容量瓶中用乙醇稀释至刻度,摇匀,与紫外分光光度计 280nm 处测定光密度,绘制标准曲线。

(2)样品的测定。准确称取实验制得的产品0.01g,加入少量乙醇溶解后,在100mL棕色容量瓶中,用无水乙醇定量到100mL,吸取此溶液1mL再稀释到100mL,摇匀,于紫外分光光度记280nm处测定光密度,从标准曲线上查得相应的BHT的浓度,并计算产品中得BHT的百分含量。

3. 抗氧化剂特性实验

评价抗氧化剂效率的一个快速而直接的方法是利用亚麻仁油的干燥性。由于亚麻仁油中含很高比例的亚麻酸,亚麻酸是由非共轭三烯单元(—CH=CH—CH$_2$)$_3$构成的。在漆和印刷油墨中当要求快速干燥时,加少量氧化铅,加热时,引起双键的异构化和聚合,使油能快速变干,所需时间只要未经处理的六分之一。反之,若存在一种有效的自由氧化抑制剂,则变干过程被抑制。

(1)在4个小试管中分别加入0.5mL亚麻油仁,并准备好1%的BHT丙酮溶液,按下列方法稀释亚麻仁油。1号试管中加0.5mL丙酮作为空白;2号试管中加0.25mL1%BHT溶液和0.25mL丙酮;3号试管中加0.5mL1%的BHT溶液;4号试管中加0.5mL对甲苯酚溶液。

(2)在每份溶液中分别放一根开口毛细管,充分振摇直至溶液混匀。然后从每个试管中分别吸2~3滴溶液,放在显微镜载玻片上。

(3)在70~80℃下加热载玻片,20min后比较四个样品的流动性或黏度,并记下观察结果。也可在室温下放置几小时或第二天再进行比较。

五、注意事项

(1)BHT遇光分解,测定需要在避光中进行。
(2)使用油脂中的BHT用水蒸气蒸馏法将它分离出来,溶解于乙醇中,也可用此法测定其中BHT的含量。其他食品测定时,测定方法也相同,只是从食品中提取出来的方法不同。

六、思考题

(1)计算烃基化合物时所用的对甲苯酚和叔丁醇的物质的量比。
(2)二异丁烯C$_8$H$_{10}$是两种同分异构体的混合物,它们是由丁醇与浓硫酸反应而产生的,写出反应式和产物的结构式。
(3)解释抗氧化剂特性实验中各试管中样品观察到的结果。

实验5-8 乳白胶的合成

一、实验目的

(1)了解乙酸乙烯酯的聚合工艺及聚乙酸乙烯酯黏合剂的应用情况;
(2)了解乳液聚合和溶液聚合的基本原理并掌握乳液聚合有关的实验技术;
(3)了解聚乙酸乙烯酯乳液的检验方法并掌握旋转黏度计的使用方法。

二、实验原理

聚乙酸乙烯酯是由乙酸乙烯酯在光或过氧化合物等引发下聚合而得。根据反应条件,如反应温度、引发剂浓度和溶剂的不同,可以得到分子量从几千到十几万的聚合物,其结构式为:

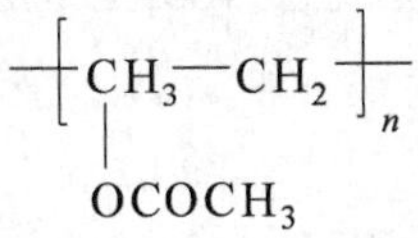

$$-[CH_3-CH_2]_n-$$
$$\quad\quad\quad |$$
$$\quad\quad OCOCH_3$$

聚乙酸乙烯酯是一种具有广泛黏合范围的黏合剂,能够溶解它的溶剂很多,并容易在水中乳化,制成溶液型或乳液型黏合剂。其中玻璃化温度为30℃左右,如果加上蜡或其他添加剂,还可制成热熔黏合剂。

乙酸乙烯酯可通过本体、溶液、悬浮、乳液聚合的方法,制得具有各种特征的聚合物。聚乙酸乙烯酯乳液在黏合剂市场上占有很大位置。由于它的稳定性好,能和填料、增塑剂等很好地混合,黏度可以自由调节,有良好的早期黏合强度等,可广泛应用于各个方面,特别是作为保护胶体用于聚乙烯醇的合成。作为纸张的黏合,可用于信封的制造、自动包装、硬纸板加工、铝箔与玻璃纸的层压,以及书籍的无线装订等。作为纤维的黏合,最大的用途是无纺布的制造,用于西服上衣的衬头,用过即弃的餐巾、擦鞋布、空气过滤器的过滤层,以及作纤维的上光剂等。

聚乙酸乙烯酯乳液,可以单独使用,也可以与脲醛树脂掺混,主要用于木材与纸张、木材与塑料薄膜的黏合加工。不仅可以降低成本,而且还可以提高抗水性和耐热性。

乙酸乙烯酯乳液聚合机理与一般游离基引发的乳液聚合机理相同,也经历着链引发、链增长和链中止阶段。它的聚合机理简述如下:

乳化剂在水溶液中形成胶束,当向其中加入非水溶性单体时,经搅拌单体通过增溶作用进入胶束中,大部分单体以小液滴形式存在。这些液滴表面有一层乳化剂分子保护,使之能保持稳定。只有极少数单体分子溶于水中,这使水、单体和增溶胶束有动态平衡关系,引发剂是溶于水的,它既溶于胶束外的水相,又溶于胶束内的水相中。

当聚合反应开始时,由于胶束数远大于单体液滴数,所以水中引发剂分解出的初级游离基进入胶束的机会远大于进入单体液滴的机会。反应开始时,聚合几乎完全在增溶胶束中进行,这时反应是加速阶段。增溶胶束中的单体很快聚合,形成单体聚合物乳胶粒,这时单体液滴中或未反应的增溶胶束中的单体,就向乳胶粒中扩散作为补充。

聚合反应形成的乳胶粒比单体液滴小得多。由于体积较大的单体液滴被较小的乳胶粒代替后,体系中的颗粒总表面积增加,这时自由的乳化剂浓度降低到临界胶束浓度以下,胶束就完全消失了。一般转化率达到15%左右时,胶束完全消失,乳胶粒数也达到最大值。液滴中单体不断扩散到乳胶粒中,乳胶粒中单体浓度一直保持恒定;此间聚合速度不变。

当转化率达到50%时,单体液滴消失,供应平衡关系破坏,使聚合速度下降。然而乳胶粒中聚合物的量还在不断增多,可是乳胶粒的大小则基本不变。可根据对产品性能的要求,控制生产中最终达到的聚合转化率。

综上所述,乳液聚合反应受到单体在水中的溶解度、乳化剂的用量、引发剂的性质与种类、反应介质的pH值、反应温度以及搅拌速度等因素的影响。本实验采用过硫酸盐为引发剂。为使反应平稳进行,单体和引发剂均需分批加入。聚合中最常见的乳化剂是聚乙烯醇,实践中还常把两种乳化剂合并使用,乳化效果和稳定性比单独使用一种要好。实验中采用聚乙烯醇和OP-10两种乳化剂。

三、仪器与药品

1. 仪器

机械搅拌器、100mL 三颈瓶、回流冷凝管、100mL 恒压滴液漏斗等、集热式磁力搅拌器、电热套。

2. 药品

乙酸乙烯酯、过硫酸铵、聚乙烯醇、乳化剂 OP-10、邻苯二甲酸二丁酯、无水乙醇、氨水、氮气、碳酸氢钠。

四、实验内容

先蒸馏精制乙酸乙烯酯单体，收集 60℃±3℃ 的馏分 100mL。在装有搅拌器、回流冷凝管、滴液漏斗和温度计的 250mL 三颈瓶中加入乳化剂。(1) 将 6g 聚乙烯醇 1799 溶于 80mL 蒸馏水中，溶毕呈完全透明的液体约需 1h，再加 1mL 乳化剂、3 滴氨水及 20mL 乙酸乙烯酯。(2) 称 2g 过硫酸铵，用 5mL 水溶解于小烧杯中，将此溶液的一半倒入反应瓶中，通氮气，开始搅拌(滴加速度不宜过快)约需 1.5h，加完后把余下的过硫酸铵溶液加入三颈瓶中，再滴加 10mL 乙酸乙烯酯，投料完毕后，继续加热回流，缓慢的逐步升温。(3) 以不产生大量泡沫为准，最后升温不高于 85℃，反应 30min 无回流为止。冷却至 50℃ 加入 0.2g 碳酸氢钠溶于 5mL 水的溶液。(4) 再加入 10mL 邻苯二甲酸二丁酯，搅拌冷却 1h，此白色乳液可直接作黏合剂使用(俗称白胶)，也可加水并混入色浆制成各种颜色的油漆称为乳胶漆。产品取样作检验后倒入回收瓶。

五、思考题

(1) 本实验中，聚乙烯醇及邻苯二酸二丁酯的作用各是什么？
(2) 为什么在反应过程中体系酸素会增加？
(3) 测定黏度时若试样中有气泡会产生什么样的影响？

实验 5-9　107 外墙涂料配制

一、实验目的

(1) 了解涂料的基本组成；
(2) 了解涂料的配制过程。

二、实验原理

涂料一般由不挥发分(成膜物质)和挥发分(稀释剂)两部分组成。在物件表面涂后，涂料的挥发分逐渐挥发逸去，留下不挥发分干燥成膜。成膜物质又分为主要成膜物质、次要成膜物质和辅助成膜物质三类。主要成膜物质可以单独成膜,也可以与黏结颜料等物质共同成膜,所以也称黏结剂。它是涂料的基础,因此常称为基料、漆料和漆基。涂料的次要成膜物质包括颜料和体质颜料,辅助成膜物质包括各种助剂,见表 5-1。

表 5-1 油漆涂料的基本组成

组成		原料
主要成膜物质	油料	动物油:鲨鱼肝油、带鱼油、牛油等 植物油:桐油、豆油、蓖麻油等
	树脂	天然树脂:虫胶、松香、天然沥青等 合成树脂:酚醛、醇酸、氨基、丙烯酸、环氧、聚氨酯、有机硅等
次要成膜物质	颜料	无机颜料:钛白、氧化锌、铬黄、铁蓝、铬绿、氧化铁红、炭黑等 有机颜料:甲苯胺红、酞菁蓝、耐晒黄等 防锈颜料:红丹、锌铬黄、偏磷酸钡等
	体质颜料	滑石粉、碳酸钙、硫酸钡等
辅助成膜物质	助剂	增塑剂、催干剂、固化剂、稳定剂、防霉剂、防污剂、乳化剂、润湿剂、防结皮剂、引发剂等
挥发物质	稀释剂	石油溶剂(如 200 号油漆溶剂油)、苯、甲苯、二甲苯、氯苯、松节油、环戊二烯、醋酸丁酯、醋酸乙酯、丙酮、环己酮、丁醇、乙醇等

三、仪器与药品

1. 仪器

机械搅拌器、温度计、水蒸气导管、1000mL 烧杯、300 目筛子、电子秤、黏度计。

2. 药品

聚乙烯醇、甲醛、浓盐酸、氢氧化钠、钛白粉、立德粉、轻质碳酸钙、滑石粉、磷酸三丁酯、六偏磷酸钠、金红石型铁白粉、滑石粉、羧甲基纤维素、聚甲基丙烯酸钠、六偏磷酸钠、亚硝酸钠、醋酸苯汞、氧化锌、云母粉、硫酸钡、乙二醇。

四、实验内容

1. 制备聚乙烯醇缩甲醛溶液 107 胶

聚乙烯醇缩甲醛溶液(107 胶)的基本配方见表 5-2。

表 5-2 聚乙烯醇缩甲醛溶液(107 胶)的基本配方

原材料	规格	数量
聚乙烯醇(PVA)	1799	60g
甲醛(HCHO)	37%	25mL
水(H_2O)	自来水	450mL
盐酸(HCl)	36%	3~5mL
氢氧化钠(NaOH)	10%	10~20mL

聚乙烯醇缩甲醛溶液(107胶)的制备步骤:在装有机械搅拌、温度计、水蒸气导管的1000mL烧杯中,加入450mL水(水温80℃左右),再加入60gPVA,开动搅拌,通入水蒸气,保持溶液温度在90~95℃,至PVA完全溶解。加入3~5mL浓HCl,调溶液pH值至2,滴加25mL甲醛,一般在5min内加完,在90~95℃搅拌反应15~20min,至溶液呈乳白色状,反应达到终点。迅速将10~20mL(10%)NaOH加入,调溶液pH值7~8,同时停止对溶液的加热,待溶液温度降至60℃以下,即得聚乙烯醇缩甲醛溶液(107胶)。聚乙醇缩甲醛溶液(107胶)固体含量为10%左右,黏度30~40s。

2. 制备107外墙涂料

107外墙涂料的基本原材料见表5-3。

表5-3 107外墙涂料的基本原材料

原材料	规格	数量
聚乙烯醇缩甲醛	黏度30~40s	100
钛白粉	300目	2.85
立德粉	300目	5.7
轻质碳酸钙	300目	30
滑石粉	300目	5.7
消泡剂(磷酸三丁酯)	工业级	0.2
防沉剂(六偏磷酸钠)	工业级	0.2
色浆	—	适量

107外墙涂料的配制步骤:在搅拌下,向上述得到的约500mL聚乙烯醇缩甲醛溶液(107胶)中分别加入表5-4中的原材料。搅拌均匀,过300目筛子,即得107外墙涂料。若最后加适当色浆配色,即得有色涂料。将配制好的107外墙涂料,涂刷在适当的水泥墙上,检验其性能。

表5-4 107外墙涂料原材料

原材料	数量	原材料	数量
钛白粉	14.25g	立德粉	28.5g
轻质碳酸钙	150g	滑石粉	28.5g
磷酸三丁酯	1.0g	六偏磷酸钠	1.0g

3. 107外墙涂料工业生产工艺流程

(1)反应:按配方制备基料聚乙烯醇缩甲醛溶液(107胶)。

(2)配料:按配方称取各种物料。将基料、颜料、填料、助剂加入高速搅拌混合器内,搅拌均匀。

(3)研磨:研磨工艺可以采用三辊磨、胶体磨、砂磨机等设备。常用的是砂磨机。将搅拌均匀的涂料浆通过砂磨机研磨。

(4)调色:为配制彩色涂料,可以在研磨后的涂料中加入预先制备的涂料色浆调色,并充分搅拌均匀。

(5)过滤:将上述涂料浆经过过滤网过滤后即得涂料成品。

(6)包装:将涂料成品称重包装。

五、其他外墙涂料配方举例

配方1,聚醋酸乙烯乳液涂料(份):聚醋酸乙烯乳液(50%)42;金红石型铁白粉(颜料)26;滑石粉(体质颜料)8;羧甲基纤维素(增稠剂)0.1;聚甲基丙烯酸钠(增稠剂)0.08;六偏磷酸钠(分散剂)0.15;亚硝酸钠(防锈剂)0.3;醋酸苯汞(防霉剂)0.1;水23.27。先将配方中分散剂、增稠剂的一部分,与全部防锈剂、消泡剂、防腐剂等溶解成水溶液,再和颜料、体质颜料一起加入球磨机(或快速干磨机、高速分散机)研磨,当颜料分散到一定程度后加入聚醋酸乙烯乳液,边加边搅拌。搅匀后加入防冻剂、成膜剂和余下的增稠剂,最后加入氨水、氢氧化钠或氢氧化钾调pH值到8~9。若配色漆,可加入预先研磨分散好的颜料浆。色浆的配方:耐晒黄G35%,OP-10(或OP-12,TX-10,TX-12,均为湿润剂)14%,水51%,配得黄色浆;酞菁蓝38%,OP-10 11.4%,水50.6%,配得蓝色浆;酞青绿37.5%,OP-10 15%,水47.5%,配得绿色浆。具体制法是:OP-10先溶于水,加入颜料,经砂磨机研磨分散即成。加部分乙二醇,可使研磨时泡沫易消失,且色浆不易干燥和冰冻。

配方2,聚丙烯酸酯乳液涂料(份):聚甲基丙烯酸丁醋乳液(30%)100;聚乙烯醇溶液(10%)20;水9;钛白粉18;滑石粉3;沉淀硫酸钡3;磷酸三丁酯0.8;OP-10 0.1;六偏磷酸钠1.2。按配方将颜料、助剂和水加入砂磨机中,再加入乳液,开动搅拌机充分搅拌均匀,然后加入聚乙烯醇溶液,继续搅拌研磨0.5~1h,再将料浆过筛装桶即成。聚丙烯酸酯类乳液涂料颜色浅,便于配制浅色鲜艳涂料,它在室外能耐曝晒,在紫外光照射下不变色,能长期保持原有的光泽与色彩,有较好的耐酸碱腐蚀的性能,且耐水性好,可用作外墙涂料。

配方3,乙丙乳液厚涂料(份):乙丙乳液100;107胶(增稠剂)8;水16;氧化锌15;云母粉35;滑石粉15;硫酸钡10;乙二醇8;六偏磷酸钠0.2;磷酸三丁酯0.1;氨水1。在防锈容器中,按配比加入乙丙乳液,在搅拌下加入氨水调节乳液的pH值到7.5~8.5,然后加入磷酸三丁酯和乙二醇,搅拌均匀后,再加入预先拌好的白色颜料浆和云母粉,同时加入增稠剂,充分搅拌均匀后即得成品。本品的遮盖力、耐污染、耐老化性能较强,是性能良好的外墙涂料。乙丙乳液配方(份)醋酸乙烯单体85;丙烯酸酯单体15;过硫酸铵0.2;糊精2.25;十六烷基醇环氧乙烷缩聚物2;硫酸化油酸丁酯铵盐0.25;水81。

实验5-10 活性艳红X-3B染料合成

一、实验目的

(1)了解活性染料的反应原理和X型活性染料的合成方法;
(2)熟练染料合成的实验过程。

二、实验原理

1. 染料的分类

染料是能使其他物质获得鲜明而坚牢色泽的有机化合物。并不是任何有色物质都能当作染料使用,它必须满足应用方面提出的要求,即能染着指定物质、颜色鲜明、牢度优良、无毒性。

染料主要应用于各种纤维的染色,同时也广泛应用于塑料、橡胶、油墨、皮革、食品、造纸、感光胶片等工业。随着现代技术的发展,染料不仅从染色方面满足人民的物质和文化需要,而且在激光技术、生物医学、染料的电性能等近代科学技术发展中,日益发挥着更大的作用。

19世纪中叶在煤焦油中发现芳香族化合物后,促进了合成染料的发展。第一个合成染料苯胺紫是1856年由英国化学家 W. H. Perkin 发现的,随后各种染料相继出现;1901年德国化学家 R. Bohn 发明了阴丹士林(还原蓝),对染料工业起了很大的推动作用;1956年又出现活性染料。近年来随着合成纤维的大量发展,更加促进了各类染料的发展。

染料的分类有两种方法:一是根据染料的化学结构可分为偶氮、羰基、硝基及亚硝基、多甲基、芳甲烷、醌亚胺、硫化等类;二是按染料的应用对象、应用方法及应用性能可分为酸性、酸性媒介及酸性络合、中性、直接、冰染、还原、活性、分散、阳离子、硫化等类。

(1)酸性染料、酸性媒介及酸性络合染料:在酸性介质中染羊毛、聚酰胺纤维及皮革等。

(2)中性染料:在中性介质中染羊毛、聚酰胺纤维及维纶等。

(3)活性染料:染料分子中含有能与纤维分子中羟基、氨基等发生反应的基团,在染色时和纤维形成共价键结合,能染棉或羊毛。

(4)分散染料:分子中不含有离子化基团,用分散剂使其成为低水溶性的胶体分散液而进行染色,以适合于憎水性纤维,如涤纶、锦纶、醋酸纤维等。

(5)阳离子染料:染聚丙烯腈纤维的专用染料。

(6)直接染料:染料分子对纤维素纤维具有较强的亲和力,能使棉纤维直接染色。

(7)冰染染料:在棉纤维上发生化学反应生成不溶性偶氮染料而染色。由于染色在冷的条件下进行,所以称冰染染料。

(8)还原染料:在碱液中将染料用保险粉($Na_2S_2O_4$)还原后使棉纤维上染,然后再氧化显色。

(9)硫化染料:在硫化碱溶液中染棉及维纶。上述两种分类方法常是相互补充的。按化学结构分类的多数染料还须按应用分类再分成若干小类;同样,按照应用分类的大多数染料,也须按化学结构分为若干小类。

2. 活性艳红 X-3B

活性染料又称反应性染料。分子中含有能和纤维素纤维发生反应的基团,在染色时和纤维素成共价键结合,生成"染料—纤维"化合物,因此这类染料的水洗牢度较高。活性染料分子的结构包括母体染料和活性基团两个部分。活性基团往往通过某些连结基与母体染料相连,根据母体染料的结构,活性染料可分为偶氮型、蒽醌型及甲型等;按活性基团可分为 X 型、K 型、KD 型、KN 型、M 型、P 型、E 型、T 型等。活性艳红 X-3B 为二氯三氮苯型(即 X 型)活性染料,母体染料的合成方法按一般酸性染料的合成方法进行,活性基团的引进一般可先合成母体染料,然后和三聚氯氰缩合。若氨基萘酚磺酸作为偶合组分,为了避免生成副染料,一般先将氨基萘酚磺酸和三聚氯氰综合,这样偶合反应可完全发生在羟基邻位,反应方程式如下:

(1) 缩合。

(2) 重氮化。

(3) 偶合。

三、仪器与药品

1. 仪器

搅拌器、滴液漏斗、温度计、250mL 三口烧瓶、烧杯、过滤装置、电子秤、干燥箱。

2. 药品

三聚氯氰、H 酸、碳酸钠、浓盐酸、苯胺、亚硝酸钠、磷酸三钠、碳酸钠、氯化钠、磷酸氢二钠、磷酸二氢钠。

四、实验内容

在装有搅拌器、滴液漏斗和温度计的 250mL 三口烧瓶中加入 30g 碎冰、25mL 水和 5.6g 三聚氯氰在 0℃打浆 20min，然后在 1h 内加入 H 酸溶液(10.2g H 酸、1.6g 碳酸钠溶纳在 68mL 水中)，加完在 8~10℃搅拌 1h，过滤，得黄棕色澄清缩合液。在 150mL 烧杯中加入 10mL 水、36g 碎冰、7.4mL 30% 盐酸和 2.8g 苯胺，不断搅拌，在 0~5℃于 15min 加入 2.1g 亚硝酸钠(配成 30% 溶液)，加毕在 0~5℃搅拌 10min，得淡黄色澄清重氮液。在 600mL 烧杯中加入上述缩合液和 20g 碎冰，在 0℃一次加入重氮液，又有 20% 磷酸三钠溶液调节 pH 值到 4.8~5.1。反应温度控制在 4~6℃，继续搅拌 1h。加入 1.8g 尿素，随即用 20% 碳酸钠溶液调节 pH 值至 6.8~7，加毕搅拌 3h。此时溶液总体积约 310mL，然后按体积的 25% 加入食盐盐析，搅拌 1h，过滤。滤饼中加入滤饼重量 2% 的磷酸氢二钠和 1% 的磷酸二氢钠，搅匀，过滤，在 85℃以下干燥，得量约 23g。

五、注意事项

(1) 严格控制重氮化温度和偶合时的 pH 值。
(2) 三聚氯氰遇到空气中水分会逐渐水解并放出氯化氢，用后必须盖紧瓶盖。

六、思考题

(1) X 型与 K 型活性染料的区别在哪里？
(2) 活性染料主要有哪几种活性基团及其相应的型号？
(3) 盐析后加入磷酸氢二钠和磷酸二氢钠的目的是什么？

实验 5-11　阳离子翠蓝 GB 的合成

一、实验目的

(1) 掌握阳离子翠蓝 GB 的合成方法；
(2) 了解阳离子染料的性质、用途和使用方法；
(3) 掌握烷基化、亚硝化、缩合反应的机理。

二、实验原理

阳离子翠蓝 GB 是以间羟基 – N,N – 二乙基苯胺为原料,用硫酸二甲酯甲基化,得到间甲氧基 – N,N – 二乙基苯胺;再用亚硝酸钠亚硝化;然后与间羟基 – N,N – 二乙基苯胺进行缩合。

(1)甲基化反应。

$$\text{HO-C}_6\text{H}_4\text{-N(C}_2\text{H}_5)_2 + \text{NaOH} \longrightarrow \text{NaO-C}_6\text{H}_4\text{-N(C}_2\text{H}_5)_2 + \text{H}_2\text{O}$$

$$\text{NaO-C}_6\text{H}_4\text{-N(C}_2\text{H}_5)_2 + (\text{CH}_3)_2\text{SO}_4 \longrightarrow \text{CH}_3\text{O-C}_6\text{H}_4\text{-N(C}_2\text{H}_5)_2 + \text{Na}_2\text{SO}_4 + \text{CH}_3\text{OH}$$

(2)亚硝化反应。

$$\text{CH}_3\text{O-C}_6\text{H}_4\text{-N(C}_2\text{H}_5)_2 + \text{NaNO}_2 + \text{HCl} \xrightarrow{<5℃} \text{ON-C}_6\text{H}_3(\text{OCH}_3)\text{-N(C}_2\text{H}_5)_2 + \text{NaCl} + \text{H}_2\text{O}$$

(3)缩合反应。

$$\text{HO-C}_6\text{H}_4\text{-N(C}_2\text{H}_5)_2 + \text{ON-C}_6\text{H}_3(\text{OCH}_3)\text{-N(C}_2\text{H}_5)_2 \xrightarrow[\text{ZnCl}_2]{95℃}$$

$$[(\text{C}_2\text{H}_5)_2\text{N-}\text{吖啶鎓-N(C}_2\text{H}_5)_2]^+ \cdot \text{ZnCl}_2^- + \text{CH}_3\text{OH}_2 + \text{H}_2\text{O}$$

产物外观为古铜色粉末,在20℃水中的溶解度为 40g/L,溶解度受温度影响很小,水溶液为绿光蓝色;在浓硫酸中为暗红色,稀释后变为红光蓝色;在水溶液中加入氢氧化钠有蓝黑色沉淀。本品染腈纶为艳绿光蓝色,在钨丝灯下更绿。在120℃高温染色,色光较绿。染色时遇铜离子色光显著变绿,遇铁离子色泽微暗。配伍值为3.5,f 值为0.31。

本品用于毛/腈、黏/腈混纺织物的接枝法染色,也可以用于腈纶地毯的直接印花。

三、仪器与药品

1. 仪器

水浴、回流冷凝器、搅拌器、温度计、250mL 四口瓶、分液漏斗、250mL 烧杯、干燥箱、电子秤。

2. 药品

间羟基-N,N-二乙基苯胺、氢氧化钠、保险粉、硫酸二甲酯、浓盐酸、亚硝酸钠、刚果红试纸、氯化锌。

四、实验内容

1. 甲基化反应

向装有回流冷凝器、搅拌器、温度计的 250mL 四口瓶(磨口涂凡士林)中加 15mL 水、13g 质量分数 42% 的氢氧化钠、0.2g 的保险粉和 10g 间羟基-N,N-二乙基苯胺,搅拌加热到 75~80℃,使间羟基-N,N-二乙基苯胺全部溶解。将 16g(约 12mL)硫酸二甲酯分四次加入:第一次于 85℃,加入 4g 硫酸二甲酯,温度将有所升高,反应 15min,冷却到 88℃;第二次加入 4g 硫酸二甲酯后,升温加热到 100~102℃,再保温 15min,然后冷却到 88℃;第三次加入 4g 硫酸二甲酯后,加热升温到 100~102℃,再保温 15min,然后冷却 88℃;第四次加入 4g 硫酸二甲酯后,加热升温到 100~102℃,反应 20min,停止搅拌,冷却至 50~60℃ 放料到分液漏斗中,(不要将析出的盐倒入分液漏斗中)进行静置分层,放掉下层盐水,再静置 30min,放掉下层水,上层棕色油状物即为间甲氧基-N,N-二乙基苯胺,称重,计算粗产率。

注:硫酸二甲酯剧毒,在使用过程中,注意安全。

2. 亚硝化反应

向 250mL 烧杯中,加入 30g 冰水、6.5mL 质量分数 30% 的盐酸,取上述产物中的 5.1g 间甲氧基-N,N-二乙基苯胺,搅拌冷却到 0~2℃,在 15min 内慢慢加入已配好的亚硝酸钠溶液(由 2.1g 亚硝酸钠溶于 7mL 水中),亚硝化温度保持在 5℃ 以下。反应物应对刚果红试纸呈蓝色,否则补加盐酸,用淀粉碘化钾试纸测定亚硝酸,若不显蓝色,则应补加亚硝酸钠溶液。在 5℃ 以下反应 30min。

3. 缩合反应

向装有回流冷凝器、搅拌器、温度计的 250mL 四口瓶(注意密封)中,加入 8mL 水,搅拌下加入 5.2g(0.03mol)间羟基-N,N-二乙基苯胺,加热升温至 85℃,保温 10min,降温至 80℃,将上述亚硝化物在 15min 内细流加入,流量保持均匀,加完后,再搅拌 45min,降温冷却到 75℃,加入 3.5mL 质量分数 30% 的盐酸,搅拌 10min,使物料全部溶解(用渗圈测定)。然后于 65~70℃ 下滴加入 1g 氯化锌配成的质量分数 50% 的溶液,于 65~70℃ 保温 15min,自然冷却到 45℃,测渗圈,斑点清晰后,进行过滤、干燥、称重。

五、染色方法

(1)腈纶毛线的前处理:用 2% 净洗剂 LS(1g/L),浴比为 1:50。在 60℃ 处理 30min,取出水洗,绞干,整理好备用。

(2)染液的配制:准确称取染料 1g(称准至 0.001g),置于 400mL 烧杯中,加质量分数 10% 醋酸 10mL 调浆,温热溶解,渗圈检验,再将沸水约 200mL 冲入,使其全部溶解,移到 500mL 容量瓶,用水稀释至刻度,摇匀备用。

(3)染色配方。腈纶(毛线):1g;色度:1.0%;醋酸钠(质量分数 10%):1mL;硫酸钠(质量分数 10%):1mL;缓染剂(匀染剂 DC,1%):1mL;醋酸(质量分数 1%):调 pH 值用;浴比为 1:100。

(4)染色操作:在室温下将已处理好的织物入染,使温度逐渐升高,由80℃升至85℃控制5min,85℃升至90℃控制10min,在90℃保温15min,90℃升至100℃控制15min,这45min必须勤加翻动,防止染花,从染缸内煮涨开始,补加水50mL,沸染45min,冷却至60℃,取出水洗,整理,在室温下或60℃以下烘干。

六、牢度性能

牢度性能测试方法与指标见表5-5。

表5-5 牢度性能测试方法与指标

测试方法		AATCC	ISO	测试方法		AATCC	ISO
纤维		腈纶	腈纶	折裥(汽蒸)	沾色	5	4
日晒	光源	碳弧灯	日光	熨烫(干)	条件		
日晒	中等	4~5	5		褪色		4
汗渍	酸/碱	碱	碱	熨烫(干)	2~4h后		5
汗渍	褪色	4~5	4~5		沾色		4~5
汗渍	沾色	5	4~5	水洗	条件	Ⅲ	3
折裥(汽蒸)	条件	中等	中等	水洗	褪色	4~5	4~5
折裥(汽蒸)	褪色	4	4~5	水洗	沾色	5	4~5

七、思考题

(1)简述阳离子染料的染色机理。
(2)在甲基化反应中,硫酸二甲酯为何要分四批加入?
(3)简述阳离子染料的结构特点。

实验5-12 永固红2B的合成

一、实验目的

(1)掌握永固红2B合成方法;
(2)了解偶氮色淀类有机颜料的合成工艺;
(3)了解永固红2B的性质、用途和使用方法。

二、实验原理

将2-氯-4-氨基甲苯-5-磺酸(2B酸)重氮化,再与2,3-酸偶合。将所得到的染料用钙盐(或钡盐、锰盐、锶盐)色淀化,即得产品。钡盐和锶盐为红色;钙盐和锰盐为蓝光红色。反应方程式如下:

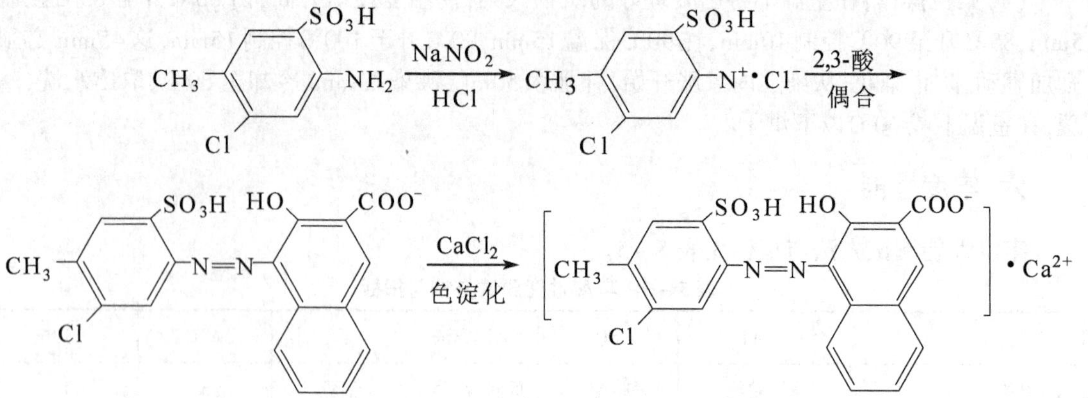

本品外观为紫红色粉末,不溶于乙醇,在浓硫酸中为酒红色,稀释后有蓝光红色沉淀;在浓硝酸中为棕光红色;在浓氢氧化钠溶液中为红色。着色力强,耐晒性和耐热性良好,耐碱性较差。本品主要用于油墨、塑料、橡胶、涂料和文教用品着色。

三、仪器与药品

1. 仪器

搅拌器、恒温水域、800mL烧杯、低温浴槽、电子秤、量筒。

2. 药品

松香粉、氢氧化钠、36%盐酸、2B酸、亚硝酸钠、淀粉碘化钾试纸、2,3-酸、氯化钡、芒硝。

四、实验内容

1. 重氮化

在800mL烧杯中加水230mL,加入质量分数25%氨水4.8mL,加入2B酸13.6g,搅拌使其溶解,pH值=7.5,过滤,滤液重新移入烧杯,并加入少量水,洗涤滤饼和滤瓶,加冰降温至5~10℃,迅速加入质量分数36%盐酸15.1g(12.8mL),搅拌20min,控制温度在10~12℃,用10~15min加入亚硝酸钠溶液(4.4g配成质量分数30%溶液),终点pH值=1.5,淀粉碘化钾试纸呈微蓝色,总体积约400mL,保持30min,备偶合。

2. 松香皂溶液的配制

在100mL烧杯中,加水10mL,加入质量分数20%氢氧化钠溶液1.6mL,搅拌,升温至90℃,加入松香粉1.9g,搅拌溶解至透明为止。备用。

3. 2,3-酸的溶解和偶合

在2000mL烧杯中,加水200mL,加入质量分数20%氢氧化钠15.5g,加入2,3-酸11.7g,升温至20℃,搅拌全溶,加入白料($BaCl_2 \cdot 2H_2O$ 3.2g+水20mL,芒硝2.0g+水20mL,再混合),再加入松香皂溶液,再加入二次碱液15.5g,在20~25℃,用8~10min加入重氮液,进行偶合反应,终点pH值=8~9,偶合组分微过量,保持反应1h,升温到80~90℃,保温1h,过滤,水洗,80℃干燥。

五、应用性能

染料的应用性能及指标见表5-6。

表5-6 染料的应用性能及指标

项目	耐有机溶剂							日晒	耐热	
	脂肪烃	溶纤素	酯类	乙醇	酮类	硝化纤维素溶剂	二甲苯		熔点,℃	稳定性,℃
牢度	不溶	不溶	—	不溶	—	很好	不溶	好	—	一般(变深)
项目	耐水	碳酸钠(5%)	盐酸(5%)	亚麻籽油	油酸	增塑剂	PVA迁移性	皂胶渗色		
牢度	不溶	很好	—	很好	很好	很好	—	渗色		

六、思考题

（1）影响永固红2B色光的因素有哪些？
（2）在偶合过程中，加入松香皂的目的是什么？

实验5-13 色酚AS的合成

一、实验目的

（1）掌握色酚AS的合成方法；
（2）掌握酰化反应的机理。

二、实验原理

酰化是指有机分子中与碳原子、氮原子、磷原子、氧原子或硫原子相连的氢被酰基所取代的反应。氨基氮原子上的氢被酰基所取代的反应称为N-酰化。羟基氧原子上的氢被酰基所取代的反应称为O-酰化，又称酯化。碳原子上的氢被酰基所取代的反应称为C-酰化。酰化是亲电取代反应。常用的酰化剂有羧酸、酸酐、酰氯、羧酸酯、酰胺等。

色酚AS是以2,3-酸为酰化剂，将苯胺氮原子上的氢取代，反应方程式如下：

$$\text{[2,3-萘酚甲酸]} + 3H_3N + PCl_3 \longrightarrow \text{[色酚AS]} + H_3PO_4 + 3HCl\uparrow$$

本品外观为米黄色或微红色粉末，熔点247~250℃，不溶于水和碳酸钠溶液，于氢氧化钠溶液中呈黄色，微溶于乙醇，可溶于热硝基苯。

本品广泛用作棉纤维织物染色、印花的打底剂，如与黄色基GC偶合为黄色，与橙色基GC偶合为橙色，与大红色基RC或红色基KB偶合为红色，与大红色基G偶合为国旗红色，与蓝色基VB或蓝色基BB偶合为蓝色，与红色基RC偶合为酱红色，与枣红色基GBC偶合为枣红色。还可用于制造色素染料和有机颜料。

三、仪器与药品

1. 仪器

回流冷凝器、搅拌器、温度计、滴液漏斗、250mL 四口瓶、加热套、气体吸收装置、水蒸气蒸馏装置、抽漏瓶、干燥箱、电子秤、熔点仪。

2. 药品

2,3-酸、氯化钙、氯苯、苯胺、三氯化磷、碳酸钠。

四、实验内容

向干燥无水、装有回流冷凝器(上口附有盐酸气引出管)、搅拌器、温度计和滴液漏斗的 250mL 四口瓶中,加入 2,3-酸 12.8g,经氯化钙干燥过的氯苯 70mL,新蒸馏过的苯胺 10.5mL,升温至 110℃,以 10min 左右的时间,滴加三氯化磷 3.5mL(约 5.6g)。升温至回流(约 132℃),保持回流 2h,直到几乎无盐酸气放出为止(放出的盐酸气,经引出管引出,用水吸收)。反应完毕,冷却至 80~90℃,慢慢滴加事先配好的质量分数 10% 的碳酸钠溶液,将反应物中和至 pH 值=8。

将回流冷凝器,改装成蒸馏—冷凝装置,用水蒸气蒸馏法将氯苯蒸出,蒸净氯苯后,将物料冷至 50~60℃,过滤,热水洗涤至滤液澄清,过滤,干燥,得浅肤色粉末,称重,计算收率,测熔点。

注:实验装置必须严密、干燥无水。

五、思考题

(1)比较酰化剂——羧酸、酸酐、酰氯的反应活性。
(2)在反应体系中,如果有微量的水存在,会对反应产生什么影响?

实验 5-14 食品色素——苋菜红的合成

一、实验目的

(1)了解食品色素苋菜红的合成方法;
(2)熟悉硝化、还原、磺化、重氮化反应的特点。

二、实验原理

食品色素又称食品着色剂,是使食品具有一定颜色的添加剂。食品的颜色与香、味、形一样是评价食品感官质量的因素之一。常用的食品色素有 60 种左右,按来源不同可分为天然和合成两大类。天然色素主要是由动、植物和微生物制取的,品种繁多,色泽自然,无毒性,适用范围及限用量都比合成色素宽。合成色素具有色泽鲜艳、着色力强、稳定性高、无臭、无味、易溶解、易调色、成本低等优点,但有一定毒性。合成色素按其化学结构可分为偶氮和非偶氮两类。按溶解特性的不同,食品色素又可以分为油溶性和水溶性。水溶性合成色素易排出人体外,在人体内残留少,毒性低。

合成苋菜红的化学反应方程式如下:

硝化反应:

$$\text{萘} + HNO_3 \longrightarrow \text{1-硝基萘} + H_2O$$

还原反应:

$$\text{1-硝基萘} + 3Fe + 6HCl \longrightarrow \text{1-萘胺} + 3FeCl_3 + H_2O$$

磺化反应:

$$\text{1-萘胺} + H_2SO_4 \longrightarrow \text{1-氨基-4-萘磺酸} + H_2O$$

重氮化与偶合:

$$\text{1-氨基-4-萘磺酸钠} + 2HCl + NaNO_2 \longrightarrow \text{重氮盐} + 2NaCl + 2H_2O$$

$$\text{重氮盐} + \text{2-羟基-3,6-萘二磺酸钠} \longrightarrow \text{苋菜红} + HCl$$

苋菜红为红棕色或紫红色粉末,无臭,耐光,耐热,对氧化还原反应敏感,微溶于水,溶于甘油、丙二醇及稀糖浆中,稍溶于乙醇及溶纤素中,不溶于其他有机溶剂,对柠檬酸及酒石酸等稳定,遇碱则变为暗红色。苋菜红可用于苹果调味酱、梨罐头、果冻、虾、冷饮、糕点、糖浆等的着色,使用时可采取与食品混合法或刷涂法着色。

三、仪器与药品

1. 仪器

搅拌器、温度计、250mL 三口烧瓶、水浴、1000mL 烧杯、抽滤瓶、干燥箱、电子秤、熔点仪。

2. 药品

硝酸、浓硫酸、浓盐酸、萘、无水乙醇、铁屑、碳酸钠、氯化钠、二苯砜、淀粉碘化钾试纸。

四、实验内容

1. 硝化反应

在装有搅拌器、温度计的烧瓶中加入40g硝酸(相对密度为1.4),搅拌下加入80g硫酸(相对密度为1.84)配制混酸。在40~50℃,将50g(0.4mol)磨细的萘分次加入。加完后,在60℃下反应1h。倒入500mL水中,分去酸层,得到粗品α-硝基萘。粗品α-硝基萘与水煮沸数次,每次用200mL水,直到水层不呈酸性。将熔化的α-硝基萘在搅拌下滴入500mL冷水中,析出橙黄色固体。减压吸滤,干燥,用稀乙醇重结晶得到α-硝基萘60g,收率为89%。

2. 还原反应

将20g铁屑放入2mL浓硫酸与75mL水的混合液中。加热至50℃,将17.3g 0.1mol 硝基萘在50mL无水乙醇中的溶液于60min内加入,温度不超过75℃(反应终点检测:取少量样品,应完全溶于稀盐酸中)。将料液再加热15min,用碳酸钠中和至呈碱性。用等体积的水稀释,水蒸气蒸馏,冷却析出萘胺结晶,吸滤得到粗品。将粗品减压蒸馏,得到11g萘胺无色结晶,熔点50℃,收率75%。

3. 磺化反应

在反应烧瓶中加入10g萘胺、15g二苯砜,再向混合物中滴加6.8g质量分数100%的硫酸,生成萘胺硫酸盐的白色沉淀。加热使反应混合物成为均一溶液,然后减压开始反应,生成氨基萘磺酸和水。析出的氨基萘磺酸凝为固体,反应7h。熔融物冷却后,用5g氢氧化钠的稀热溶液处理,转移至圆底烧瓶中进行水蒸气蒸馏,以除去未反应的α-萘胺。从蒸馏后的残渣中滤出二苯砜,用水洗涤,二苯砜可重复使用。将含有氨基萘磺酸钠盐的滤液冷却到室温,加少量活性炭。搅拌,过滤,盐酸中和,析出粉白色结晶。过滤,冷水洗涤,130℃下干燥,制得不含结晶水的氨基萘磺酸13g,收率为90%。

4. 重氮化与偶合反应

将4.9g(0.02mol)氨基萘磺酸钠溶于35mL水及5mL质量分数30%的盐酸中。加热至30℃,用1.7g(0.025mol)亚硝酸钠在10mL水中的溶液于2h内缓慢加入,进行重氮化反应。用淀粉碘化钾试纸检测反应终点,过量的亚硝酸用氨磺酸破坏,将重氮液冷却至8~10℃。将7.2g(0.022mol)R盐(2-羟基萘-3,6-二磺酸钠)、5.8g碳酸钠、45g食盐和165mL水配成偶合组分液,冷却至10℃。1h内将重氮液加入,用对硝基苯胺重氮盐来检验R盐是否存在。重氮液全部加完,搅拌1.5~2h,加入20g食盐进行盐析。过滤,在45℃下干燥,得到苋菜红色素7.6g,收率为68%。

五、注意事项

(1)配制混酸时要在低温下操作,以免硝酸分解。
(2)还原时用铁屑,也可用还原铁粉。

六、思考题

(1)混酸硝化有哪些特点?
(2)还原后为什么要水蒸气蒸馏分离产品?
(3)磺化反应有几种方式?
(4)对硝基苯胺重氮盐如何检验R盐的存在?
(5)磺化时为什么要加入二苯砜?

第六章　香料的合成与香精配制

香料香精工业是为加香产品配套的重要原料工业。香料是调配香精的原料；香精广泛配套于食品、饮料、酒类、卷烟、洗涤用品、化妆品、牙膏、医药、饲料、纺织及皮革等工业。除香水之外，香精在不同加香产品中的用量只有0.3%~3%，但它对产品质量却起着优劣的重要作用，因此香精被称为加香产品的"灵魂"。香料香精的特点是：品种多，产量小，专用性、配套性强，用量少作用大，一地生产多地使用（包括国际），既含精湛技术，又具高超艺术，故香料香精工业是非工业发达国家所不及的一个特殊的工业，是早已国际化的产业。目前世界上合成香料已达5000多种，常用的产品有400多种。在众多香料中，酯类香料是一类非常重要的香料，作为食品香料，酯类香料是用途最广、用量最大的一类。酯类香料经合理配伍可制成各种香型的香精，用于食品，还广泛用于配置各种香水、化妆品等。

在日用、生活制品加工过程中，加入少量香料或香精，可以改善或增强制品的香味。香料可分为天然和人工合成两类。天然香料成分较复杂，其中又可分为动物性和植物性香料。合成香料分为全合成及半合成两种。除少数香料单独使用外，大多数香料需要与其他香料调和使用，经调和而成的香料又称为香精。合成香料作为精细有机化工的重要组成部分，在食品、化妆品、纺织、医药、橡胶、塑料、饲料、涂料等方面有广泛应用。合成香料的开发途径有很多，可以利用价格便宜、易得的天然香料或石油原料和中间体合成，改造结构复杂难以合成的天然香料，利用新的合成方法，改进传统工艺等。本章实验选取了几个具有代表性的实验及香精的配制方法。

实验 6-1　苯甲醇的合成

一、实验目的

(1) 掌握由氯化苄水解制苯甲醇的合成原理和合成方法；
(2) 了解苯甲醇的分离方法及真空蒸馏方法；
(3) 掌握用阿贝折光仪测定产品折射率的方法。

二、实验原理

苯甲醇，又名苄醇，为无色液体，微弱的花香，沸点205℃，相对密度1.0419(20℃)，折射率1.5392(20℃)。苯甲醇是一种极有用的定香剂，是茉莉、月下香等香型调制时不可缺少的香料,既可用于配制香皂、日用化妆香料,又可供药用和合成化学工业用。由于苯甲醇能缓慢地自然氧化,一部分生成苯甲醛和苄醚,故不宜久存。市售产品常带有杏仁香味,即一部分苄醇已氧化为苯甲醚。

苯甲醇的合成方法较多,本实验采用氯化苄水解的方法合成苯甲醇,反应方程式如下。

主反应:

$$2\ C_6H_5CH_2Cl + K_2CO_3 + H_2O \longrightarrow 2\ C_6H_5CH_2OH + 2KCl + CO_2\uparrow$$

副反应:

(1) 由于苯氯甲烷中有二氯化物存在,在水解时生成苯甲醛:

$$C_6H_5CHCl_2 + K_2CO_3 + H_2O \longrightarrow C_6H_5CHO + 2KCl + CO_2\uparrow$$

(2) 苯氯甲烷和苯甲醇在碱存在下相互作用生成二甲苯醚:

$$C_6H_5CH_2Cl + C_6H_5CH_2OH \xrightarrow{OH^-} C_6H_5CH_2-O-CH_2C_6H_5 + HCl$$

三、仪器与药品

1. 仪器

电动搅拌器、三口烧瓶、球形冷凝管、滴液漏斗、电热套、分液漏斗、减压蒸馏装置。

2. 药品

氯化苄、碳酸钾、四乙基溴化铵、沸石、乙醚、亚硫酸氢钠、无水硫酸镁。

四、实验内容

在装有电动搅拌器的三口烧瓶中加入 100mL 碳酸钾水溶液(11g 碳酸钾溶于 100mL 去离子水中)和 2mL 质量分数为 50% 的四乙基溴化铵溶液,加几粒沸石,装上球形冷凝管和滴液漏斗,在滴液漏斗中装 10.1g 氯化苄。开动搅拌器,用电热套加热至回流,并将氯化苄滴入三口烧瓶中。滴加完毕后,继续搅拌加热回流,直至油层不再沉到瓶底(暂停搅拌观察),此时氯化苄的气味消失,则可认定反应已完成。

停止加热,冷却到 30~40℃,将反应液转移到分液漏斗中,分出油层。将碱液层用 30mL 乙醚分三次萃取。萃取液和粗苯甲醇溶液合并后加入 0.7g 亚硫酸氢钠,稍加搅拌,并用去离子水洗涤数次至不呈碱性为止。分去水层,得到粗苯甲醇。再用无水硫酸镁或碳酸钾除去粗苯甲醇中所混有的水分。

在真空蒸馏装置中加入无水透明的苯甲醇–乙醚溶液。先在热水浴上常压蒸出乙醚,取

33~35℃馏分。然后进行减压蒸馏,在1.33×10^3Pa(10mmHg)下,收集(90±3)℃的馏分即为所合成的苯甲醇产品。用阿贝折光仪测产品的折射率。

五、注意事项

(1)因氯化苄可溶解橡胶,水解装置各接口应为玻璃磨口。
(2)真空蒸馏装置必须密闭,不得漏气。
(3)水泵连接要牢固,以防损坏。
(4)氯化苄有强烈的催泪作用,流泪时不能揉搓,应尽快脱离环境。
(5)水解时间在1.5~2.0h左右,若不加四乙基溴化铵,反应要6~8h。
(6)水解后第一次分液时,冷却温度不宜低于30~40℃,过低,无机盐析出,给分离带来困难。

实验6-2 香豆素的合成

一、实验目的

(1)掌握帕金(W. Perkin)反应原理和芳香族羟基内酯的合成方法;
(2)进一步掌握真空蒸馏的原理和操作技术;
(3)学会空气冷凝管的使用方法和重结晶的操作技术。

二、实验原理

香豆素(邻羟基桂酸内酯)是于1820年在黑香豆中发现的,其主要以苷的形态存在于许多植物中(车叶草,草木樨),还含在薰衣草油、桂皮油中,以及秘鲁香膏里。工业上生产的香豆素为无色结晶,熔点为69~69.5℃,用于配制香水香精、皂用和化妆品用香精,以及金属加工——镀镍时使用。香豆素可用水杨醛同醋酸酐在醋酸钠的存在下进行缩合反应合成,也可使用催化剂量的喹啉、吡啶、氟化钾和碳酸钾等作为缩合剂来合成。反应过程如下:

$$\underset{OH}{\overset{CHO}{\bigcirc}} \xrightarrow{(CH_3CO)_2O, KF} \underset{OH\ COOH}{\bigcirc} \xrightarrow[-H_2O]{200℃} \bigcirc\!\!\!\bigcirc_O^O$$

香豆素是一种无色结晶固体,有类似香草的芳香,味微苦。它存在于许多植物中,并可作为抵御捕食者的化学防御剂。因其抑制维生素K的合成,通常用于处方药华法林,作为一种抗凝血剂,来抑制血块、深静脉血栓和肺栓塞的形成。

三、仪器与药品

1. 仪器

磁力搅拌器、韦氏分馏柱、50mL三口瓶、集热式磁力搅拌、200℃温度计、300℃温度计、25mL圆底烧瓶、分馏头、直形冷凝管、三叉真空接尾管、50mL烧瓶(3个)。

2. 药品

水杨醛、醋酸酐、氟化钾、乙醇。

四、实验内容

将 12.2g 水杨醛(0.1mol)、22.5g 醋酸酐(0.225mol)及 1.5g 氟化钾依次加入一个装有温度计、韦氏分馏柱的 50mL 三口瓶中,在集热式磁力搅拌下加热反应混合物。当物料温度约为 180℃时,缓慢蒸出醋酸。蒸完后再于搅拌下继续反应半小时,整个反应过程为 3h,最后反应温度可达 210~225℃。反应结束后,冷却物料,加入总量为 12mL 的热水,在不断搅拌下洗涤反应物;并于反应物料还未凝固前将其及洗涤液一起转入 25mL 圆底烧瓶中,置于冰水中冷却数小时。细心倾泻出上层洗涤液。将物料在装有 2~3 束针爪的分馏头和直形冷凝管等装置上,以集热磁力搅拌加热,进行减压蒸馏,分别收集约(64~65)℃、8mmHg 水杨醛馏分和(188~199)℃、8mmHg 的粗香豆素馏分。得 11.4g 白色固体,熔点为 67~68℃,产率为 75.3%。将粗香豆素于 60℃下以 1:1 的乙醇—水溶解,趁热过滤后,将溶液在不断搅拌下,于冰盐浴中冷却至 -5℃。吸滤并以 3mL 乙醇洗涤晶体。按上述条件再结晶一次,然后晾干,得白色片状香豆素产品,熔点 >69℃。

五、注意事项

(1)实验前玻璃仪器要烘干;
(2)空气冷凝管要短,并用电吹风机吹干。

实验 6-3 肉桂酸的合成

一、实验目的

(1)掌握帕金(W. Perkin)反应的机理;
(2)了解肉桂酸的合成;
(3)了解高效分馏柱的使用方法;
(4)学习保温漏斗的使用方法。

二、实验原理

利用 Perkin 反应,将苯甲醛与酸酐混合后在相应的羧酸盐存在下加热,可以制得 α, β - 不饱和酸。

$$\text{PhCHO} + (CH_3CO)_2O \xrightarrow[140\sim180℃]{CH_3COOK} \text{PhCH=CHCOOH} + CH_3COOH$$

肉桂酸,又名 β - 苯丙烯酸、3 - 苯基 - 2 - 丙烯酸,是从肉桂皮或安息香分离出的有机酸。植物中由苯丙氨酸脱氨降解产生苯丙烯酸,主要用于香精香料、食品添加剂、医药工业、美容、农药、有机合成等方面。

三、仪器与药品

1. 仪器

200mL 圆底烧瓶、水蒸气蒸馏装置、酒精灯、石棉网、250mL 烧杯、电子秤、熔点仪。

2. 药品

苯甲醛、乙酸酐、无水碳酸钾、氢氧化钠、浓盐酸、刚果红试纸。

四、实验内容

(1) 在 200mL 圆底烧瓶中放入 3mL(0.03mol) 新蒸过的苯甲醛，8mL(0084mol) 新蒸过的乙酸酐以及研细的 4.2g 无水碳酸钾，在石棉网上加热回流 30min。

(2) 待反应物冷却后，加入 20mL 水，将瓶内生成的固体尽量捣碎，用水蒸气蒸馏蒸出未反应完的苯甲醛。

(3) 再将烧瓶冷却，加入 10% 的氢氧化钠溶液 20mL，以保证所有的肉桂酸成钠盐而溶解。

(4) 抽滤，将滤液倾入 250mL 烧杯中，冷却至室温，在搅拌下用浓盐酸酸化至刚果红试纸变蓝(pH 值为 2~3)。

(5) 冷却，抽滤，用少量水洗涤沉淀，抽干，自然晾干，产量约 3g(产率 65%~70%)。粗产品可用热水或 3:1 的水 - 乙醇重结晶。纯肉桂酸(反式)为无色晶体，熔点为 135~136°C。

五、注意事项

(1) 苯甲醛放久了，由于自动氧化而生成较多量的苯甲酸，这不但影响反应的进行，而且苯甲酸混在产品中不易清除干净，将影响产品的质量。故本反应所需的苯甲醛要事先蒸馏，截取 170~180°C 馏分供使用。

(2) 乙酸酐放久了因吸潮和水解将转变为乙酸，故本实验所需的醋酐必须在实验前进行重新蒸馏。

(3) 由于有二氧化碳放出，反应初期有泡沫产生。

(4) 肉桂酸有顺反异构体，通常制得的是其反式异构体。

六、思考题

(1) 具有哪种结构的醛能进行帕金反应？
(2) 水蒸气蒸馏前，能否用氢氧化钠溶液代替碳酸钠溶液来中和反应液？
(3) 用水蒸气蒸馏是要除去什么？为什么必须用水蒸气蒸馏？
(4) 苯甲酸的存在会给反应带来什么影响？

实验 6-4 α-环柠檬醛的合成

一、实验目的

(1) 掌握减压蒸馏等基本实验操作在活性中间体合成中的应用；

(2)掌握对较低温度反应条件的控制及机械搅拌反应操作技巧。

二、实验原理

α-环柠檬醛是一种挥发性化合物,是α-胡萝卜素的C_7氧化衍生物。它是番红花醛的类似物,是数种水果、蔬菜、观赏植物风味/香气的来源,同时还有助于吸引传粉者。

α-环柠檬醛可作为分析标准品,通过基于色谱的技术用于对西西里(意大利南部)藏红花、天然水体和特定品种的蓝藻中的分析物进行测定。

合成α-环柠檬醛的反应过程如下:

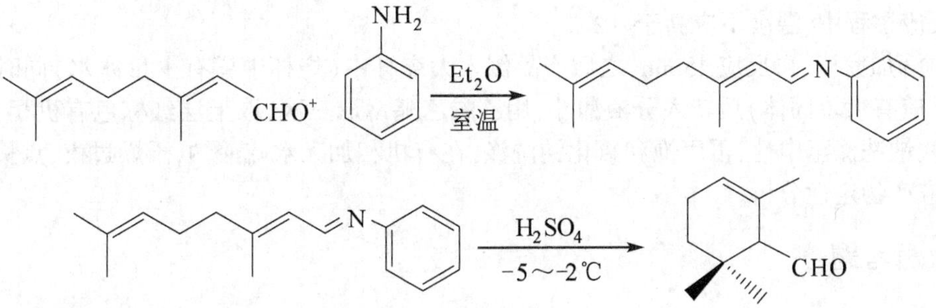

三、仪器与药品

1. 仪器

磁力搅拌器、机械搅拌器、油泵(或水泵)、集热式磁力搅拌器、氮气、聚四氟乙烯搅拌棒及19#聚四氟乙烯塞、50mL 圆底烧瓶(19#,1 个)、蒸馏头、200℃温度计、100℃温度计、直形冷凝管、三叉真空接尾管、250mL 分液漏斗、长径漏斗、500mL 烧杯(2 个)、玻璃棒、5mL 量筒、脱脂棉、滴管、100mL 单口烧瓶、100mL 三颈烧瓶、100mL 恒压滴液漏斗、N_2钢瓶、盛冰盐用广口器皿(塑料盆等)、真空塞、磁子。

2. 药品

新蒸苯胺(减压蒸馏获得)、柠檬醛、无水乙醚、无水硫酸钠、浓硫酸、凡士林、食盐、冰、乙酸乙酯。

四、实验内容

1. 减压蒸馏苯胺

(1)安装好减压蒸馏装置,在磨口上部涂少量凡士林旋紧(注意气密性);

(2)通冷凝水,缓慢开启真空泵(毛细管下端应有均匀气泡产生);

(3)加热,蒸出第一馏分,待温度计示数稳定后,旋转真空接尾管,用另一锥形瓶收集苯胺馏分;

(4)蒸至瓶内有少量液体剩余时,缓缓关闭真空泵,停止加热,待毛细管下端无气泡产生时,取下蒸馏出的苯胺馏分,密闭保存。苯胺应为无色透明液。

2. 烯胺的合成

(1)称 15.2g(18.2mL)柠檬醛,量取 40mL 乙醚(无水)。

(2)将柠檬醛转移至烧瓶中,加入乙醚(同时搅拌),再加入新蒸制的苯胺9.3g(9.5mL)。在室温下搅拌40min,在搅拌过程中会出现浑浊,当出现浑浊时,加入少量无水硫酸钠,后变为淡黄色清亮溶液,放置(封好)。

3. α-环柠檬醛的合成

(1)将反应装置安装好,在三颈瓶中加入40mL浓硫酸搅拌(在冰盐浴中),在冷却条件下加入8mL水,同时通入氮气吹扫。

(2)当溶液温度降到-5℃时,将上步反应制得的溶液用漏斗加入恒压漏斗中。

(3)在-5～-2℃条件下,通过恒压漏斗逐滴将其加入烧瓶中(注意滴加速度,控制温度)。反应过程中,温度不应高于-2℃。

(4)滴加完毕,再反应45min,之后产品倒入大烧杯中(烧杯中盛有少量冰水)同时用玻棒搅拌(不应有大块固体)后转入分液漏斗,用乙酸乙酯萃取三次,取上层红棕色有机相合并,用饱和碳酸钠洗涤至中性,再用饱和氯化钠洗涤,在有机相加无水硫酸钠,干燥过夜,点板进行初步的反应产物定性分析。

五、思考题

(1)在合成α-环柠檬醛的合成中还应该有哪种产物?
(2)在本合成中应该注意的关键问题是什么?
(3)通过查阅硫酸的相图说明硫酸的固化温度。
(4)简述本合成中应该注意的事项。

实验6-5 食品添加剂芳香醛的合成

一、实验目的

(1)掌握改良的Reimer-Teimann反应的应用;
(2)掌握加热回流反应的基本操作。

二、实验原理

芳香醛及其衍生物具有广泛的应用,如香草醛,又名香兰素,是一种食品香料和有机合成的中间体,在食品和合成抗菌增效剂中具有极其重要的用途。本实验通过改进的Reimer-Teimann反应,用酚和氯仿合成香草醛,其机理是三级胺先与氯仿在氢氧化钠中作用生成二氯卡宾,然后再与三级胺、氯仿反应,生成四级胺盐和二氯卡宾。

反应方程式如下:

芳香醛是一种广泛使用的可食用香料,可在香荚兰的种子中找到,也可以人工合成,有浓烈奶香气息。芳香醛广泛运用在各种需要增加奶香气息的调香食品中,如蛋糕、冷饮、巧克力、糖果,还可用于香皂、牙膏、香水、橡胶、塑料、医药品。

三、仪器与药品

1. 仪器

真空泵、旋转蒸发仪、水泵、升降架、电子天平、磁力搅拌器、超声波清洗器、100mL 恒压滴液漏斗、球形冷凝管、100mL 三口烧瓶、集热式磁力搅拌器(油浴)、调压器、100℃温度计、布氏漏斗、滤纸、硫酸纸、250mL 分液漏斗、层析柱、50mL 锥形瓶、50mL 量筒、转化口(24# ~ 19#)、500mL 烧杯、玻璃棒、刮刀、注射针管、8#针头。

2. 药品

取代酚(如愈创木酚)、氯仿、$LiAlH_4$、四氢呋喃、乙醚、1mol/L 盐酸、硫酸镁、乙醇、三乙胺、无水乙醇、NaOH、NaCl、无水 $MgSO_4$、无水 Na_2SO_4、乙酸乙酯、石油醚、硅胶。

四、实验内容

在装有恒压滴液漏斗、回流冷凝管的 100mL 三口烧瓶中加入 3.1g(0.025mol)愈创木酚,12mL 无水乙醇和 4g NaOH,并加入适量的三乙胺。在回流搅拌下于 80℃左右滴加 2.5mL 氯仿(约 30min 滴完),然后于微沸条件下反应 1h。将反应混合物小心滴加 1mol/L 盐酸溶液至中性,滤除 NaCl,用乙醇洗涤。通过水汽蒸馏法蒸馏上述产品,至无油滴出现为止。剩余的反应液用每次 10mL 乙醚萃取两次,合并萃取液,用 $MgSO_4$ 干燥,蒸除乙醚后,得产物,点板分析,计算产率。

五、思考题

(1)在萃取中应该注意哪些问题?
(2)写出 Et_3N 在该合成中的作用机理。
(3)画出水汽蒸馏的实验装置。
(4)本合成中应该注意哪些问题?

实验 6-6 茴香基丙酮的合成

一、实验目的

(1)通过本实验,了解香料合成的一些基本常识,熟悉茴香基丙酮的生产工艺;
(2)掌握无水试剂的使用方法;
(3)熟练掌握分馏及减压蒸馏的基本操作。

二、实验原理

茴香基丙酮是一种无色至淡黄色油状液体,熔点为9～10℃,沸点为277℃,相对密度d_4^{22}为1.0504,极微量溶于水,溶于乙醇,具有强烈的鲜花和水果香气,低浓度时具有樱桃—覆盆子的风味。它的化学名为4-(对甲氧基苯基)-2-丁酮,天然存在于沉香木的提取及水解所得精油中,含量大约53%,商品名为Frambinone methyl ether。它是医药多巴酚丁胺的中间体,现在主要用作香料,用来配制各种水果型香精,用在软饮料、冷饮、糖果、焙烤食品、布丁类食品中,是一种比较高档的香料。

茴香基丙酮合成方法多样,但大多数工艺条件要求较高。本实验以苯甲醚及甲基乙烯基酮为原料,合成茴香基丙酮:

$$\text{C}_6\text{H}_5\text{-OCH}_3 \xrightarrow[\text{AlCl}_3]{\text{CH}_2\text{CHCOCH}_3} \text{H}_3\text{CO-C}_6\text{H}_4\text{-CH}_2\text{CH}_2\text{COCH}_3$$

由于苯甲醚和甲基乙烯酮在三氯化铝存在下发生较剧烈的放热反应,须使用适量溶剂稀释。虽然苯也易与甲基乙烯酮反应(在0～40℃产物苯丁酮产率约70%),但苯甲醚比苯活泼,更易于反应。当反应物苯甲醚过量时,可用苯作溶剂,产物茴香基丙酮收率较好,但温度需控制较低。而用环己烷代替苯作溶剂,虽然可避免副产物苯丁酮的生成,但三氯化铝溶解性相应降低,当滴加甲基乙烯酮,内温控制在-5℃、0℃、5℃和15℃时,茴香基丙酮收率分别为66%、65%、65%和64.5%。所以以环己烷作溶剂,温度可控制在15℃以下,对产品质量和收率无明显影响,却可改善工艺条件,有利于工业生产。

该合成路线短,原料易得,价廉,产品成本低(原料成本只占市场产品价的15%),而且可得到茴香醚、茴香基丙酮两种香料产品,相应工业设备还可用于生产苯丁酮、苯乙酮等其他香料及中间体。

三、仪器与药品

1. 仪器

IR-450S型光栅红外分光光度计、Abbe折光仪、电子天平、机械搅拌器、真空泵、旋转蒸发仪、水泵、升降架、100mL圆底三口烧瓶、100mL恒压滴液漏斗、氯化钙干燥管、冷凝管、500mL烧杯、250mL分液漏斗、接尾管、50mL单口圆底烧瓶。

2. 药品

苯甲醚、甲基乙烯酮、环己烷、无水AlCl$_3$、食盐、无水氯化钙、氢醌、冰、浓盐酸。

四、实验内容

1. 甲基乙烯酮的纯化

取工业甲基乙烯酮50g(含量80%),加食盐饱和溶液,盐析分水,然后加少量氢醌和无水氯化钙,放置4h以上,用分馏柱分馏,收集80～82℃馏分37g左右,准备用于下步实验。

2. 茴香基丙酮的合成

在一个100mL的圆底三口烧瓶上,配好搅拌器、滴液漏斗和附有氯化钙干燥管的回流冷凝管,加入 20mL 环己烷和 17.5g 无水三氯化铝混合搅拌,然后加入 26.5g 苯甲醚,用冰水冷却,控制内温在 15℃ 以下,缓慢逐滴滴加甲基乙烯基酮 7g,保持反应温度为 15℃,搅拌一个小时后将反应物小心地倒入 25mL 冰水中,加入少量浓盐酸,使任何析出的 Al(OH)$_3$ 溶解。在分液漏斗中分出有机层,用 25mL 食盐水洗涤两次以后,蒸馏有机相回收环己烷和苯甲醚,再减压蒸馏,收集 154～156℃、1.87kPa 的馏分。测定产品的折光率(文献值 $n_D^{20} = 1.5198$),称重,计算产率。

五、注意事项

(1) 无水 AlCl$_3$ 对湿气很敏感,且会腐蚀皮肤,干燥的 AlCl$_3$ 与水反应发生爆炸,取用本品后迅速盖好试剂瓶盖。

(2) 反应中会放出氯化氢,所以本实验应在通风橱中操作。

六、思考题

(1) 使用无水 AlCl$_3$ 时,操作上应注意些什么?为什么?

(2) 在蒸馏沸点高于 140℃ 的液体时,操作中应注意什么?

实验 6-7 香精和洗涤剂合成

一、实验目的

(1) 了解香精和洗涤剂的基本组成;
(2) 了解精细化学品合成产品复配的方法。

二、实验原理

1. 香精的作用原理及组成配方

适度的香料能使人们身心爽快,精神焕发,紧张松弛,疲劳消除。当它存在于饮用食品中,又能增添味觉,促进食欲。此外香料还具有抑制细菌发育的杀菌防腐作用,其杀菌防腐效力与苯酚相比,远远超过苯酚。因此香料与人们日常生活具有十分密切的关系,已成为广大人民日常生活的必需品,如化妆品、肥皂、牙膏、饮料、食品以及医药制品和日常用品等都需要香料配制。

香料包括天然香料和单体香料,除极个别品种外,一般都不能单独使用,必须由数种及至数十种调和起来,才能适合应用,经调和的香料称为调和香料或香精。

香精的种类繁多:从调配方法上来分可分为模仿型香精和幻想型香精;从应用范围上来分,又可分为化妆品香精、皂用香精、食品香精、烟草香精、杂类香精等,多种香料经调和而成香精,各种香料在香精中都有一定的作用。

(1) 用作香精的主剂。主剂也称打底原料,是构成香精香气的基本原料,香精中有用一种作香料主剂,也有用多至数十种香料作主剂,如调和橙花香精往往只用一种橙叶油作主剂,但

· 137 ·

如调和玫瑰香精,则采用香叶醇、香草醇、苯乙醇、香叶油等数十种香料作主剂。

(2)用作香精的辅助剂。辅助剂也称配香原料或辅助原料,主要是辅助主剂不足,使香精的香气变得优美,或者清雅,或者郁馥,或者微弱,使主剂更能发挥作用。辅助剂中,其香气与主剂属于同一类型的,又称协调剂,协助主剂的香气更能明显突出。另有与主剂香气不属同一类型的变调剂,其目的是使香气别有风格,另具情味。

(3)用作香精的定香剂。定香剂或称保香剂、保留剂,它的作用是使香精中各种香料成分挥发均匀,并防止整个香精的蒸发,使香精保持一定的芬芳。

香料在香精中的作用既已明确,至于香料如何调和,并无一定的方程式,需依靠嗅觉来鉴定香料的品质,决定用量,并需用嗅觉来模仿天然花馨、果香,模仿群众所喜爱的香料来进行调配。同时在调和过程中,还应随时注意用料的物理化学性质,以防止所调和的香精产生不必要的颜色、气味以至影响溶解度等问题。不过嗅觉灵敏与否还得依靠不断的训练,获得一定的经验,才能应付自如,否则就会被复杂的香味迷乱,不能达到预期的目的。

香果苹精:

配方(%):戊酸戊酯,30;丙二酸二乙酯,20;乙醛,10;丁酸香叶酯,4.5;乙酸乙酯,20;香草精,0.5;甘油,10。

桃子香精:

配方1(份):苯甲醛,3;香草醛,4;苯甲醇,13。本品作为水果香精用。

配方2(%):γ-十一内酯,40;乙酸戊酯,15;甲酸戊酯,5;苯甲醛,1;桂皮酸苄酯,4;十三酸乙酯,5;丁酯,5;戊酸乙酯,5;香草精,10。

菠萝香精:

配方1(份):醋酸乙酯,50;醋酸丁酯,80;已酸烯丙酯,20;环已丙酸烯丙酯,20;醋酸,20;香兰素,6;辛酸乙酯,5;醋酸肉桂酯,1;柠檬油,1。

配方2(%):乙酸乙酯,0.8;乙酸戊酯,0.3;乙酸芳樟酯,0.006;丁酸乙酯,1.2;丁酸戊酯,1.3;丁酸香叶酯,0.05;已酸烯丙酯,0.4;庚酸乙酯,1.5;苯甲酸乙酯,0.1;环己基丙酸烯丙酯,0.03;苯丙醇,0.002;乙醇,61.702;蒸馏水,30;乙基香兰素,0.01;橘子油粗品,1.1;柠檬油粗品,1.5。

2. 洗涤剂作用原理及配方

洗涤剂是经过配方组成具有洗净去污作用的产品,用于提高洗净人肤、衣服和物品上所附着的污垢。典型的家用洗涤剂配方一般有十几种化合物,各有其相应的作用,其中主要成分为表面活性剂,如烷基苯磺酸盐、月桂醇硫酸盐、脂肪醇聚氧乙烯醚或其硫酸盐,或其他芳基化合物的磺酸盐。配方中约含有5%~30%的表面活性剂,其作用为降低被洗织物和污垢间的界面张力。到目前为止,磷酸盐仍为洗涤剂重要组分之一,可作为分散剂、乳化剂、碱性缓冲剂,并保持洗涤剂pH值在7~9,因此磷酸盐具有重要的多功能效应,由于法律所限,洗涤剂配方所用磷酸盐可用其他化合物来代替。

洗涤剂中其他重要组分为无机盐硫酸钠,也可以是氯化钠或其他无机盐,它的重要作用是提供电解质,离子含量的增加可加速活性物分子增溶基团及润湿基团在表面的定向排列,通常配方中用量高达20%。配方中约含有1%的羧甲基纤维素,其作用是降低污垢的再沉积。硅酸钠含量约5%以下,能降低金属的腐蚀,特别是转鼓式洗衣机尤属需要。肥皂中加入3%的硅酸钠能增强泡沫稳定性。过硼酸钠加入量约为10%,用作织物漂白及去除污垢斑迹。配方中除加入香料、荧光增白剂外,也可加入抗氧剂,当有脂肪酸复配时,可防止其酸败。

清洁剂的配方应含有更多的无机盐,这样洗涤碗碟、器皿、地板或机器部件等硬表面时更为有效。典型的地板清洁剂中含有多达60%的硅酸钠、10%的三聚磷酸盐,有时也可加入焦磷酸四钾。洗涤剂活性物经常使用烷基芳基磺酸盐作为配方组成的余量。手式洗碟剂则含有胺氧化物和月桂醇聚氧乙烯醚硫酸盐;机械洗碟剂中含有高达50%的三聚磷酸钠、25%～50%的偏硅酸钠,及少量约2%～5%的表面活性剂。碳酸钠采用二价碳酸盐,或倍半碳酸盐,在配方中含量为10%,三聚磷酸钠在粉状洗涤剂中含量可高达40%,或为配方中洗涤剂的余量。以前重垢型洗涤剂配方认为要有好的去污效果,应使洗涤溶液维持较高pH值,这种概念开始于洗衣皂,现仍延续于烷基苯磺酸盐—磷酸盐重垢型配方中,其原因是烷基苯磺酸盐重垢型洗涤剂当没有助洗剂存在时,去污效果是相当差的,磷酸盐助洗剂需在pH值高于9时才有效果,使用新的助剂氮川三乙酸钠,也需保持溶液pH值在9左右。在pH中性时使用重垢型洗涤剂具有许多优点,如减轻对皮肤的刺激,减少织物损伤,使酶制剂更易混合。因此,选择洗涤剂活性物除了应考虑上述无环境污染外,还需顾及能在中性溶液中达到最佳去污力。

配方1(份):硅藻土,1;碳酸钠,1。

配方2(份):皂粉,14;硼砂,1;碳酸钠,1。

将上述三种成分等量混合即成。这种去污粉可除去瓷器、玻璃器皿和塑料盆的积垢。

3.干洗剂配方

配方1(份):乙二醇油酸酯,2;四氯化碳(或三氯乙烯),60;汽油,20;苯,18。

将上述各成分充分混合即成干洗剂。

配方2:四氯化碳,27.3L;汽油,18.2L;氯仿,0.56L;香精油,56.7L;

4.餐具洗净剂配方

配方1(%):三聚磷酸钠,30～40;无水硅酸钠,25～30;碳酸钠,15～20;磷酸三钠,10～15;聚醚型非离子表面活性剂(如烷基酚聚氧乙烯醚),1～3。

配方中碳酸钠可增强去污效果,三聚磷酸钠起软化水的作用,硅酸钠作为防腐蚀剂,磷酸三钠具有去油脂作用。

配方2(%):十二烷基苯磺酸钠(100%活性物),14.0;月桂醇醚硫酸钠(100活性物),3.3;月桂酸乙二醇酰胺(100%活性物),2.0;乙二胺四乙酸钠盐,0.1;二甲苯磺酸钠,3.0;甲醛(40%),0.2;水、香料、颜料,适量。此配方为国外常用液体餐具洗净剂。

配方3(%):烷基苯磺酸钠(42～48%活性物),15;脂肪醇醚硫酸钠(68%活性物),5;脂肪醇聚氧乙烯醚(AEO-9),6;椰子油酸二乙醇酰胺(6501),4;乙醇,0.2;甲醛,0.2;香精,0.12;二乙胺四乙酸(EDTA),0.1;食盐、硫酸,适量;去离子水加至100。此配方国内称洗洁精。

配制方法:

配料锅须用不锈钢制成。搅拌机须能变速。搅拌机的桨叶必须定位恰当,要使最上层的桨叶正好浸在液面之上,以防搅拌时带进大量空气。配料锅一般须配有夹套,夹套内通水蒸气或水。

(1)将去离子水投入配料锅内,调节夹套内的水蒸气和水量进行水浴加温,用时开动搅拌机。

(2)当锅内水温升到40℃时,慢慢掺入脂肪醇醚硫酸钠,边加边搅拌,加完后继续搅拌,直至全部溶解为止。在此阶段,水温保持40℃,最高不超过50℃。

(3)保持料温40~50℃,在继续搅拌的条件下依次加入烷基苯磺酸钠、AEO-9、6501等,一直搅拌到混合均匀为止。

(4)降温至40℃以下加入香精等。

(5)加食盐调节到所需黏度。食盐最好先溶于少量水中,先加规定量的大部分,再用余下的食盐进行黏度的最终调节。

5. 食品用清洗剂配方

配方1(%):蔗糖酯,15;脂肪酸单甘油酯,12;丙二醇,15;d-山梨醇,9;吡咯啉酸钾,1.5;磷酸,0.3;蒸馏水,47.2。此配方可用于一般食品的洗净。

配方2(%):蔗糖酯,8;脱水山梨醇脂肪酸酯,5;丙二醇,8;磷酸一钠,3;磷酸二钠,3;蒸馏水,73。此配方可用于禽、畜肉类的洗净。

三、实验内容

根据实验原理中给出的配方配制一种香精和两种洗涤剂。

实验6-8 乙酸三氯甲基苯甲酯的合成

一、实验目的

(1)掌握乙酸三氯甲基苯甲酯的合成方法和原理;
(2)掌握酯化反应的机理;
(3)了解乙酸三氯甲基苯甲酯的性质和用途。

二、实验原理

性质:白色结晶固体,具有玫瑰花香,并有淡的添润气,且留香较久,沸点280~282℃,熔点86~88℃。

用途:乙酸三氯甲基苯甲酯是具有玫瑰香气的结晶型固体香料,故商业上称为"结晶玫瑰"。除用作香料外,也是一种良好的定香剂,适用于化妆品和皂用香精,尤其适用于粉剂化妆品,如香粉、爽身粉之中。

原理:酯化反应是醇和酚分子中的羟基氢原子被酰基取代的反应,生成酯,也即O-酯化反应。用于N-酰基化的酰化剂几乎都可用于酯化。乙酸三氯甲基苯甲酯是在碱性条件下,苯甲醛与氯仿作用生成三氯甲基苯甲醇,在于乙酐酯化得到乙酸三氯甲基苯甲酯。反应方程式如下:

$$\underset{}{C_6H_5-CHO} + CHCl_3 \xrightarrow{KOH} C_6H_5-\underset{OH}{\overset{CH-CCl_3}{|}}$$

$$\underset{\text{OH}}{\underset{|}{\text{C}_6\text{H}_5\text{CH}}}-\text{CCl}_3 + \underset{\text{CH}_3-\text{C}}{\underset{\text{CH}_3-\text{C}}{}}\overset{\text{O}}{\underset{\text{O}}{\rangle}}\text{O} \xrightarrow{\text{H}_3\text{PO}_4} \underset{\text{O}-\text{CCH}_3}{\underset{|}{\text{C}_6\text{H}_5\text{CH}}}-\text{CCl}_3$$

三、仪器与药品

1. 仪器

低温浴槽、搅拌器、温度计、回流冷凝管、四口瓶、水蒸气蒸馏装置、干燥箱、电子秤。

2. 药品

苯甲醛、氯仿、氢氧化钾、浓盐酸、乙酐、磷酸。

四、实验内容

在装有搅拌器、温度计、回流冷凝管的四口瓶中,加入 34g 苯甲醛和 64g 氯仿。控制反应液在 10～15℃,分四批加入粉状氢氧化钾。然后在 20～30℃ 搅拌反应 2h。加入冷水 75mL,再搅拌 1h。静止分层。下层油状液用 25mL 水洗涤 2 次后,分去水。加入 25mL 水,加入质量分数为 10% 的盐酸调节 pH 值至 6～7,静置,分去上层水液,得到加成混合物约 80g。

将加成混合物蒸馏除去未反应的氯仿(回收 20～25g);再水蒸气蒸馏除去未反应的苯甲醛(约 6～8g)。残液分去水后趁热抽滤,滤液为三氯甲基苯甲醇粗品 45g。

将制得的粗醇加入反应瓶中,加入 27g 乙酐。搅拌下滴加 27g 磷酸,温度自然上升,待温度下降后,静置,冷却,析晶,抽滤得结晶玫瑰粗品。粗品用乙醇重结晶两次,然后置于 60℃ 烘箱中干燥,得到精制的结晶玫瑰。

五、思考题

(1)反应中加入磷酸的目的是什么?
(2)本实验是否可选择其他的酯化剂?

实验 6-9　沐浴液的配制

一、实验目的

(1)掌握沐浴液的配方原理及配制方法;
(2)了解沐浴液中各组分的作用;
(3)学习用罗氏泡沫仪测定沐浴液泡沫性能的方法。

二、实验原理

1. 沐浴液的使用目的及功效

沐浴液也称浴用香波（bathing shampoo），属皮肤清洁剂的一种。它可以去除身体的污垢和气味，达到清洁皮肤的目的；沐浴液中的润肤剂和其他活性物质，可起到保湿和护肤的作用；对某些皮肤疾患，具有一定的疗效；另外，沐浴液中的芳香气味，使人感到心情舒畅和轻松。

2. 配制原理

沐浴液在配方结构和设计原则上应遵循的第一位原则是产品对人体的安全性。洗涤过程首先应不刺激皮肤，不脱脂。洗涤剂在皮肤上的残留物对人体不发生病变，没有遗传病理作用等。产品应有高起泡性、较高的清洁力，要求产品具有与皮肤相近的 pH 值，中性或微酸性，避免对皮肤的刺激。与洗发香波相比，要求低刺激性，不考虑柔顺性，具有较高的清洁力。

沐浴液的主要原料是具有起泡、清洁功能的主表面活性剂和具有增泡、降低刺激性的辅助表面活性剂，另外，需加入其他添加剂，以便得到满意的综合性能。

主表面活性剂有烷基硫酸钠和烷基聚氧乙烯醚硫酸钠，是常用的起泡物质，清洁性好，刺激性不大。脂肪醇醚琥珀酸酯磺酸盐刺激性低，起泡性好。作为辅表面活性剂，甜菜碱和咪唑啉型表面活性剂在降低阴离子表面活性剂刺激性、产品调理方面有功效。其他常用的表面活性剂还包括羟乙基磺酸盐、N-酰基牛磺酸盐、N-酰基肌氨酸盐、酰基谷氨酸盐及烷基磷酸酯盐。

烷醇酰胺与氧化胺都是良好的泡沫稳定剂，它们还具有降低阴离子表面活性剂刺激性的功能。常用的有椰油酸二乙醇酰胺（1∶1）和月桂基氧化胺。

一般添加剂有 pH 值调节剂、增稠剂、珠光剂、遮光剂、着色剂、稳定剂。油性保湿剂有薄荷油、杏仁油、大豆油、蓖麻油、角鲨烷、水貂油、卵黄油、橄榄油、霍霍巴油、羊毛脂等。水溶性保湿剂有甘油、丙二醇、聚乙二醇、山梨醇氨基酸、吡咯烷酮羧酸、乳酸、尿素、透明质酸等。

功能添加剂可提高浴用香波的功效，使其具有一定的治疗、柔润和营养、抗衰老作用，还加入一些特殊添加剂，如调理剂、天然植物萃取物和杀菌剂等。常用的植物提取物有芦荟、柠檬、桉树、蜂花、人参、田七、沙棘、核桃等。

总之，要综合考虑各种要求和有关因素，使配制的产品满足更多消费者的需求。

三、仪器与药品

1. 仪器

恒温水浴、烧杯、搅拌器、电子秤、罗氏泡沫仪。

2. 药品

柠檬酸、醇醚硫酸钠、丙二醇、羊毛脂衍生物、色素、香精、氯化钠。

四、实验内容

按配方要求将去离子水加入烧杯中，加热使温度达到 50℃，边搅拌边加入难溶的醇醚硫酸钠，待全部溶解后加入其他表面活性剂，并不断搅拌，温度控制在 60℃ 左右。然后再加入羊毛脂衍生物，停止加热，继续搅拌 30min 以上。等体系温度降至 40℃ 时加入丙二醇、色素、香精等,并用柠檬酸调整 pH 值至 5.0~7.5,待温度降至室温后用氯化钠调节黏度,即为成品。用罗氏泡沫仪测定香波的泡沫性能。

五、注意事项

配方中高浓度表面活性剂的溶解(如醇醚硫酸钠 70% 活性物),必须将其慢慢加入水中,而不是把水加入表面活性剂中,否则会形成黏度极大的团状物,导致溶解困难。

第七章 精细化学品合成单元反应

实验 7-1 含有醛基的苯系芳烃的还原

一、实验目的

(1) 掌握芳香醛经 $LiAlH_4$ 还原合成醇的操作；
(2) 掌握无湿无氧操作系统的使用。

二、实验原理

$$\underset{CHO}{\underset{R\underset{}{\Vert}}{\text{OH}}} \xrightarrow[\text{无水 THF}]{LiAlH_4} \underset{CH_2OH}{\underset{R\underset{}{\Vert}}{\text{OH}}}$$

醛的性质大不相同，其具体性质取决于醛的分子大小。小分子的醛类大多易溶于水，如甲醛、乙醛。挥发性醛大多具有刺激性气味。醛的降解可通过自身氧化来完成。

工业中有两种醛非常重要——甲醛和乙醛。它们有复杂的化学特性，因为两者都具有形成低聚物或多聚物的倾向。它们还可发生水合，形成偕二醇。多聚物与低聚物和其母体醛分子存在着化学平衡。

三、仪器与药品

1. 仪器

真空泵、旋转蒸发仪、水泵、升降架、电子天平、磁力搅拌器、超声波清洗器、100mL 恒压滴液漏斗、冷凝管、100mL 三口烧瓶、磁把皿、调压器、100℃ 温度计、布氏漏斗、滤纸、硫酸纸、250mL 分液漏斗；层析柱；50mL 锥形瓶、50mL 量筒、转化口（24# ~ 19#）、500mL 烧杯、玻璃棒、刮刀、注射针管、8# 针头。

2. 药品

$LiAlH_4$、四氢呋喃、乙醚、1mol/L 盐酸、硫酸镁、NaCl、无水 $MgSO_4$、无水 Na_2SO_4、乙酸乙酯、石油醚、硅胶、N_2。

四、实验内容

将含醛基化合物 3g 溶于 30mL 无水乙醚(THF)中,反应体系在真空条件下通氮气,加入 LiAlH₄ 0.5g,室温下反应 0.5h,用水和乙酸乙酯的乳浊液淬灭反应,用乙醚(3×40mL)萃取,合并有机相,用无水 Na₂SO₄ 干燥,蒸除乙醚,得到粗产品,过硅胶柱,乙酸乙酯和石油醚作洗脱剂得产品,称重,计算产率。

五、思考题

(1) 无湿无氧操作中应该注意哪些问题?
(2) 使用金属氢化物的注意事项有哪些?

实验 7-2 苯系芳醇类化合物的氯代反应

一、实验目的

(1) 掌握回流操作的基本技术;
(2) 掌握醇的氯代方法;
(3) 熟练利用层析柱法进行有机化合物分离的技术。

二、实验原理

卤代烃是一类重要的有机中间体,在许多精细化学品合成产品的合成中都将其作为必要的原料,因此,卤代烃的合成具有极其重要的用途。本实验利用 $SOCl_2$ 作为氯化试剂,通过亲核取代反应将苄醇转化为氯化苄。反应方程式如下:

$$R-C_6H_4-CH_2OH + SOCl_2 \xrightarrow{\text{苯,吡啶}} R-C_6H_4-CH_2Cl$$

氯化苄在通常情况下为无色或微黄色有强烈刺激性气味的液体,有催泪性,与氯仿、乙醇、乙醚等有机溶剂混溶,不溶于水,但可以与水蒸气一起挥发,水解生成苯甲醇,在铁存在下加热迅速分解。

氯化苄有毒、可燃,可与空气形成爆炸性混合物,遇明火、高温或与氧化剂接触有爆炸燃烧的危险;有潜在的致癌性:动物为阳性反应,人为不肯定反应,对微生物有致突变性;眼部与之接触可能造成永久损害,可能引起结膜和角膜蛋白变性;有腐蚀性,皮肤接触时轻者会造成灼伤、疼痛数小时,严重时可引起大疱、红疹或湿疹;持续吸入高浓度蒸气会造成呼吸道炎症,甚至肺水肿;吞食会造成胃肠道刺激反应、头晕、头痛、恶心、呕吐和中枢神经系统控制。

三、仪器与药品

1. 仪器

旋转蒸发仪、水泵、升降架、电子天平、超声波清洗器、瓷把皿、集热式磁力搅拌器(油浴)、调压器、冷凝管、50mL 量筒、10mL 量筒、100mL 圆底烧瓶、50mL 圆底烧瓶、转化口(24#~19#)、100mL 磨口锥形瓶、层析柱、50mL 锥形瓶、250mL 分液漏斗、500mL 烧杯、滤纸、硫酸纸、滴管、台秤、玻璃棒、刮刀、注射针管、8#针头。

2. 药品

取代苄醇、苯、吡啶、$SOCl_2$、饱和 $NaHCO_3$、饱和食盐水、无水 Na_2SO_4、乙醚、乙酸乙酯、石油醚、200~300 目硅胶、GF254 层析硅胶、冰。

四、实验内容

(1) 溶剂的纯化：乙酸乙酯和石油醚；

(2) 在装有回流冷凝管的 100mL 圆底烧瓶中加入苄醇 2g、20mL 苯、2D 吡啶。将 1.2mL $SOCl_2$ 和 5mL 苯的混合溶液加入上述溶液中。将该反应体系回流搅拌 1h 后倒入冰水中，用乙醚萃取(3×20mL)，萃取液依次用饱和 $NaHCO_3$ 溶液和食盐水洗涤，无水 Na_2SO_4 干燥，蒸除乙醚，得到粗产品，过硅胶柱，乙酸乙酯和石油醚作洗脱剂得产品，称重，计算产率。

五、思考题

(1) 简述利用柱层析法分离有机化合物时洗脱剂选择的依据。

(2) 用硅胶装柱时应该注意哪些问题？

实验 7-3 季鏻盐的合成

一、实验目的

(1) 掌握季鏻盐的合成方法；

(2) 掌握季鏻盐的应用；

(3) 掌握熔点仪的使用方法。

二、实验原理

应用卤代烃与三苯基膦反应即可得到季鏻盐。季鏻盐主要应用于 Wittig 反应中，是合成烯烃的重要原料。反应方程式如下：

$$Ph_3P + \begin{matrix}R_1\\R_2\end{matrix}CH-X \longrightarrow \begin{matrix}R_1\\R_2\end{matrix}CH-P^+Ph_3 + X^-$$

所用卤代物的 α-碳原子上至少要有一个氢原子,才能在形成季𬭸盐后遇碱失去卤化氢,转变为亚甲基化𬭸(即 Wittig 试剂)。

季𬭸盐杀菌剂是国外 20 世纪 80 年代后期推出的一种新型、高效、广谱的杀菌剂,90 年代初在我国应用。从季盐和季铵盐的结构来看,磷原子比氮原子的离子半径大,极化作用强,因此季𬭸盐更容易吸附带负离子的菌体,并且季盐分子结构比较稳定,与一般氧化还原剂和酸碱都不发生反应。但是季𬭸盐生产成本高,推广困难。季𬭸盐具有优良的杀菌性能且具有良好的黏泥剥离作用,但产品价格昂贵。美国 Albright&Wilson 公司发明的季𬭸盐杀菌剂四羟甲基硫酸(THPS),具有低毒、低推荐处理标准、在环境中快速分解、没有生物积累等优点,1997 年获得"美国总统绿色化学挑战奖"的设计更安全化学品奖。科普茵公司 kepuyin、Ciba-Geigy 公司的 b-350、中国石化的 RP-71、南京工业大学研发的 DMTPC 都是季盐杀菌剂。

三、仪器与药品

1. 仪器

磁力搅拌器、熔点仪、真空干燥器、瓷把皿、集热式磁力搅拌(油浴)、调压器、温控仪、电子天平、超声波清洗器、抽滤瓶、布氏漏斗、滤纸、硫酸纸、50mL 圆底烧瓶、冷凝管、干燥管、刮刀、不锈钢药勺、转化口($24^\#\sim 19^\#$)、玻璃棒、注射针管、$8^\#$针头。

2. 药品

三苯基𬭸、无水苯、卤代烃(如碘甲烷等)。

四、实验内容

在 50mL 圆底烧瓶中加入 2g 三苯基𬭸、10mL 苯,加热溶解后向其中加入卤代烃(如碘甲烷等),回流搅拌 6h,然后放置数日,抽滤,用热苯将固体洗出并吸滤抽干,于真空干燥器中用 P_2O_5 干燥,称重,计算产率并测定熔点。

五、思考题

(1)在抽滤时为何要用热苯进行洗涤?
(2)进行熔点测定时应该注意哪些问题?

实验 7-4 格氏试剂的合成

一、实验目的

(1)掌握无湿无氧条件的建立和格氏试剂的合成方法;
(2)掌握格氏试剂的应用。

二、实验原理

格氏试剂,一类通式为 RMgX 的试剂,式中 R 为脂肪烃基或芳香烃基,X 为卤素(Cl、Br 或

I),通常用卤代烃和金属镁在无水乙醚或四氢呋喃中制取,性质极为活泼,可与具有活泼氢的化合物(如 H_2O,ROH,RC≡CH…)醛、酮、酯、酰卤、腈、环氧乙烷、卤代烷、二氧化碳、三氯化磷、三氯化硼、四氯化硅等反应,为重要的有机合成试剂。

格氏试剂的反应必须在无水无氧条件下进行,因为微量水分的存在不但要阻碍卤代烃和镁之间的反应,同时还会破坏已生成的格氏试剂。反应最好用氮气驱除反应器中的空气,一般在乙醚作溶剂时,由于乙醚的挥发性很大,借此可以驱除反应瓶中的空气。另外,在生成格氏试剂时,有热量放出,所以滴加速度不宜过快,否则反应过于剧烈还会增加副反应。在合成格氏试剂时,必须先加入少量的卤代烃和镁作用。待反应引发后再将其余的卤代烃逐滴加入,并以维持乙醚或四氢呋喃溶液温和沸腾为宜。格氏试剂最常用的反应是与醛或酮进行亲核加成反应得到醇类分子。

反应方程式:

副反应:

$$RMgX + H_2O \longrightarrow RH + MgX(OH)$$

$$RMgX + [O] \longrightarrow ROMgX \xrightarrow{H_2O} ROH\ MgX(OH)$$

$$RMgX + RBr \longrightarrow R \cdot R + MgBr_2$$

三、仪器与药品

1. 仪器

核磁共振仪、旋转蒸发仪、质谱、磁力搅拌器、集热式磁力搅拌器、氮气钢瓶、电子天平、台秤、冷凝管、干燥管、恒压漏斗、100mL 三口烧瓶、500mL 烧杯、滴管、分液漏斗、100mL 磨口锥形瓶、注射针管、8#针头、转化口(24# ~19#)、超声波清洗器。

2. 药品

镁屑、无水乙醚、无水 THF、碘、取代溴苯(如 4 - 溴苯甲醚等)、醛或酮(如环柠檬醛等)、饱和 NH_4Cl、无水 Na_2SO_4、乙酸乙酯。

四、实验内容

(1)制备无水乙醚和无水 THF。

(2)在抽真空、通氮气的条件下,在装有回流冷凝管、干燥管及恒压漏斗的 100mL 三口烧瓶中,放置镁屑、无水乙醚 10mL(或 THF)及一小粒碘,并于恒压漏斗中加入取代溴苯及无水乙醚(或 THF),混合均匀。先滴加少量至三口瓶中,引发反应,碘消失。反应引发后开始搅拌,缓慢滴加其余的溶液,保持三口瓶中溶液缓慢沸腾。滴加完毕后回流 1h 使镁屑作用完全。将醛或酮(如环柠檬醛)与无水乙醚(或 THF)的混合溶液滴加到反应体系中,搅拌回流 1h。

用饱和 NH₄Cl 溶液淬灭反应,乙醚萃取,分出有机相,用无水 Na₂SO₄ 干燥,蒸除溶剂得到产品,称重,进行质谱和核磁谱测定,计算产率。

五、思考题

(1) 简述合成格氏试剂时应该注意的问题。
(2) 简述质谱和核磁谱的应用原理。

实验 7-5 由取代酚合成甲基醚

一、实验目的

(1) 掌握酚羟基的保护方法和在精细化学品合成中的应用;
(2) 了解酚羟基保护的意义及用途。

二、实验原理

在有机化合物的分子中,羟基是一种重要的官能团,许多具有活性的药物分子和功能分子均含有羟基。但是,在合成反应中经常存在同一个分子中含有包括羟基的多个官能团,如果试图保留羟基,使其他基团发生反应,往往先将羟基保护起来,然后在失单的情况下再脱去保护,以达到合成的目的。本实验即基于以上情况,学习一种酚羟基的保护方法。

反应方程式:

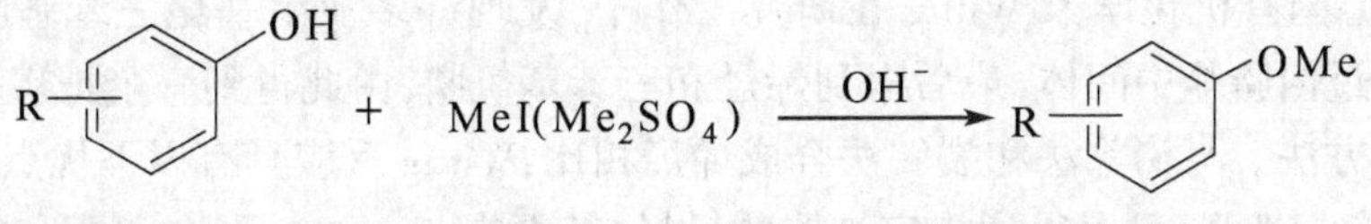

$$R\text{—}C_6H_4\text{—}OH + MeI(Me_2SO_4) \xrightarrow{OH^-} R\text{—}C_6H_4\text{—}OMe$$

苯甲醚容易发生芳核上的亲电取代反应,与氯化磷反应主要得对氯苯甲醚及少量邻氯产物;与硫酰氯反应得 2,4,6 - 三氯苯甲醚。此外,苯甲醚与氢溴酸或氢碘酸一起加热,发生 C—O 键断裂,生成酚和卤代甲烷,这是测定苯环上甲氧基的重要方法。

苯甲醚最初是从蒸馏水杨酸甲酯或甲氧基苯甲酸得到,现今主要用甲基化试剂硫酸二甲酯在碱性水溶液中与苯酚反应制得。苯甲醚可用作有机合成原料,如合成树脂、香料等。

三、仪器与药品

1. 仪器

质谱仪、核磁共振谱仪、磁力搅拌器、集热式磁力搅拌器、电子天平、台秤、50mL 圆底烧瓶、100mL 磨口锥形瓶、干燥管、冷凝管、分液漏斗、500mL 烧杯、玻璃棒、刮刀、硫酸纸、不锈钢药勺、旋转蒸发仪、超声波清洗器、水泵、转化口(24# ~ 19#)。

2. 药品

取代苯酚、THF、无水乙醇、金属钠、CH₃I、乙醚、无水 Na₂SO₄。

四、实验内容

(1) 制备无水 THF。

(2) 乙醇钠的合成：磁力搅拌下在 20mL 无水乙醇中加入金属钠至气泡消失。

(3) 在 50mL 圆底烧瓶中加入 2g 取代苯酚，加入 15mL THF，搅拌均匀。在上述溶液中加入 NaOEt 溶液，搅拌 1h。向反应体系中加入 CH_3I，回流反应 1h 后用乙醚萃取，有机相用无水 Na_2SO_4 干燥。蒸除溶剂，产品称重，进行质谱和核磁谱测定，计算产率。

五、思考题

(1) 简述羟基的保护方法。

(2) 在合成乙醇钠时应该注意哪些问题？

实验 7-6 Wittig 反应

一、实验目的

(1) 掌握 Wittig 反应的基本原理；

(2) 掌握无湿无氧条件下有机锂的合成方法。

二、实验原理

1954 年，德国有机化学家 Wittig 在研究工作中，发现许多亚甲基化三苯基膦可以和多种醛、酮反应，经过内膦盐中间体，最后得到烯烃和三苯基氧膦，由此得到一个把羰基化合物转变成烯烃的通用方法。与消除法和裂解法合成烯烃相比，Wittig 反应具有以下优点：

(1) 立体专一性强，可以得到指定结构的烯烃，甚至在与 α,β-不饱和醛和酮反应时也很少发生双键移位现象。

(2) 该反应于弱碱介质中，在室温或稍高于室温的条件下进行，反应条件温和，故一些对酸或高温敏感的醛、酮、烯等都可以参加反应。

(3) 可以使用一些含有羟基、醚、炔等官能团的醛或酮与季膦盐反应，生成相应的烯烃而不受影响。

反应方程式：

$$\underset{R_2}{\overset{R_1}{>}}\!\!=\!\!PPh_3 + \underset{R_4}{\overset{R_3}{>}}\!\!=\!\!O \longrightarrow \underset{R_4}{\overset{R_3}{>}}\!\!=\!\!\underset{R_2}{\overset{R_1}{<}} + Ph_3PO$$

Witting 反应是羰基用磷叶立德变为烯烃，也称叶立德反应、维蒂希反应，是一个非常有价值的合成方法，用于从醛、酮直接合成烯烃，也是极有价值的合成烯烃的一般方法。另外 Wittig 反应主要用于合成各种含烯键的化合物，特别是环外烯键化合物的合成，Wittig 反应生成的烯键处于原来的羰基位置，一般不会发生异构化，可以制得能量上不利的环外双键化合物。

三、仪器与药品

1. 仪器

旋转蒸发仪、磁力搅拌器、电子天平、温控仪、瓷把皿、集热式磁力搅拌、调压器、硫酸纸、50mL 圆底烧瓶、冷凝管、干燥管、100mL 三口烧瓶、恒压滴液漏斗、冷凝管、刮刀、不锈钢药勺、玻璃棒、250mL 分液漏斗、水泵、转化口(24# ~ 19#)、超声波清洗器。

2. 药品

正溴丁烷、无水乙醚、液氮、金属锂带、取代芳醛、二氯甲烷、乙酸乙酯、石油醚、无水 Na_2SO_4、硅胶、GF254 薄板硅胶。

四、实验内容

(1) 合成正丁基锂。

(2) 将取代芳醛 2g、季鏻盐及 10mL 二氯甲烷置于已具有搅拌、恒压滴液漏斗及回流冷凝管的 100mL 三口烧瓶中,在剧烈搅拌下将正丁基锂缓慢滴入反应液中,使其保持微沸。滴加完毕,继续搅拌反应 30min,用水和乙酸乙酯的乳浊液淬灭反应,用乙酸乙酯萃取,分出有机层,用无水 Na_2SO_4 干燥。蒸除溶剂,粗产品过柱,用乙酸乙酯和石油醚作洗脱剂得产品,称重,计算产率。

五、思考题

(1) 合成丁基锂时应该注意哪些问题?
(2) 进行 Wittig 反应操作时应该注意哪些问题?

实验 7-7 苯磺酸钠合成

一、实验目的

(1) 了解芳烃磺化的反应原理和合成方法;
(2) 掌握芳磺酸的分离方法。

二、实验原理

芳环上氢原子被磺酸基取代生成芳磺酸的反应称为磺化反应。磺化是亲电子取代反应,芳环上有给电子基,磺化较易进行,有吸电子基则较难进行。例如,甲苯比苯容易磺化,氯苯比苯难磺化。根据被磺化物的性质要使用不同的磺化剂,所以苯的磺化需用发烟硫酸。

磺化反应要求有最适宜的温度范围,温度太高会引起多磺化等副反应。一般加料次序是反应物为液态,先加入被磺化物,然后再慢慢加入磺化剂,以免生成较多的二磺化物。

磺化产物的后处理有两种情况。一种是磺化后不分离出磺酸,接着进行硝化和氯化等反应。另一种是需要分离出磺酸或磺酸盐,再加以利用。磺化产物的分离方法主要有以下几种:

(1)稀释酸析法:某些芳磺酸在50%～80%硫酸中的溶解度很小,磺化结束后,将磺化液加入适量水中稀释,磺酸即可析出,如1,5-蒽醌二磺酸。

(2)直接盐析法:利用磺酸盐的不同溶解度向稀释后的磺化物中直接加入食盐、氯化钾或硫酸钠,可以使某些磺酸盐析出,分离出不同的异构磺酸,其反应式为

$$Ar—SO_3H + KCl \rightleftharpoons ArSO_4K \downarrow + HCl \uparrow$$

例如,2-萘酚磺化制2-萘酚-6,8-二磺酸(G酸)时,向稀释的磺化物中加入氯化钾溶液,G酸即以钾盐的形式析出,称为G盐。过滤后的母液中再加入食盐,副产物2-萘酚-3,6-二磺酸(R酸)即以钠盐的形式析出,称为R盐。

(3)中和盐析法:为了减少母液对设备的腐蚀性,常常采用中和盐析法。稀释后的磺化物用氢氧化钠、碳酸钠、亚硫酸钠、氨水或氧化镁进行中和,并使磺酸以钠盐、铵盐或镁盐的形式盐析出来。例如,在用磺化—碱熔法制2-萘酚时,用碱熔过程中生成的亚硫酸钠来中和磺化物,中和时产生的二氧化硫气体又可作于碱熔物的酸化:

$$2ArSO_2 + Na_2SO_3 \xrightarrow{中和} 2ArSO_3Na + H_2O + SO_2 \uparrow$$

$$2ArSO_3Na + 4NaOH \xrightarrow{碱熔} 2ArONa + 2Na_2SO_3 + 2H_2O$$

$$2ArONa + SO_2 + H_2O \xrightarrow{酸化} 2ArOH + Na_2SO_3$$

(4)脱硫酸钙法:为了减少磺酸盐中的无机盐,某些磺酸,特别是多磺酸,不能用盐析法分离,需采用脱硫酸钙法。磺化物在稀释后用氢氧化钙的悬浮液进行中和,生成的磺酸钙能溶于水,过滤掉硫酸钙沉淀后。将溶液再用碳酸钠溶液处理,使磺酸钙盐转变为钠盐:

$$(ArSO_3)_2Ca + Na_2CO_3 \longrightarrow 2ArSO_3Na + CaCO_3 \downarrow$$

本实验就是用此法分离磺酸的。

(5)萃取分离法:为了减少三废,近年来提出了萃取分离法。例如,将萘高温磺化、稀释水解除去1-萘磺酸后的溶液,用叔胺的甲苯溶液萃取,叔胺与2-萘磺酸形成络合物被萃取到甲苯层中,分出有机层,用碱液中和,磺酸即转入水层,蒸发至干即得2-萘磺酸钠。

三、仪器与药品

1. 仪器

搅拌器、球形冷凝管、滴液漏斗、温度计、250mL三口烧瓶、电子秤、恒温水浴锅、蒸发皿、抽滤瓶、干燥箱。

2. 药品

苯、发烟硫酸、碳酸钙、刚果红试纸、碳酸钠。

四、实验内容

在装有搅拌器、球形冷凝管、滴液漏斗和温度计的250mL三口烧瓶中,加入78g苯,并在搅拌下慢慢地滴加175g 8%的发烟硫酸,温度不超过75℃,用冷水浴维持此温。发烟硫酸全部加完后,将物料小心地加热,注意在球形冷凝管中苯蒸气的冷凝界线以不超过第一球为好。

当反应物的温度达到100℃且球形冷凝管内没有苯蒸气冷凝下来时,磺化完成。将物料

倒入 1L 水中,温度为 60~65℃时,用碳酸钙中和至对刚果红试纸变紫色,此时呈微酸性。

将苯磺酸钙盐过滤,以除去沉淀出来的硫酸钙。用 100mL 热水淋洗涤硫酸钙滤饼。取出硫酸钙与 200mL 热水混合,过滤,并再用 100mL 热水洗涤二次,洗液与滤液合并。

用碳酸钠饱和溶液将苯磺酸钙盐转变为钠盐,碳酸钠要一直加到不再有碳酸钙析出为止,这是以不断取样来决定的。过滤沉淀出来的碳酸钙,用少量的水洗涤沉淀,并充分压紧滤饼。合并滤液和洗液,在蒸发皿中蒸发到有苯磺酸钠的结晶出现为止,冷却,析出产物,过滤,干燥。产量 160~170g,收率约 84%。

五、注意事项

(1) 磺化的反应温度应维持在 110℃,高于此温度会增加副产物。

(2) 用碳酸钙中和苯磺酸时,有二氧化碳气体放出,所以必须分批加入碳酸钙,同时不断地搅拌反应混合物。

(3) 把苯磺酸钙盐全部转变成钠盐时要不断地取少量滤液加入少量磷酸钠试液,直至不再有碳酸钙沉淀析出为止,那就表示所有钙盐都已变成钠盐。

(4) 若要得到高纯度产品,可用 95% 的乙醇进行重结晶,每 1g 苯磺酸钠约需 18mL 95% 的乙醇。

(5) 发烟硫酸为强腐蚀性液体,应小心操作,防止灼伤。配制 8% 的发烟硫酸时应戴好防护眼镜和橡皮手套,在通风橱中进行。

六、思考题

(1) 苯的磺化可否用浓硫酸作磺化剂?
(2) 影响磺化的因素有哪些?
(3) 磺化反应中有哪些副反应产物?
(4) 各种浓度的发烟硫酸如何配制?

实验 7-8 常压催化氢化——氢化肉桂酸

一、实验目的

(1) 了解催化氢化反应原理;
(2) 掌握催化氢化的基本操作。

二、实验原理

催化氢化是有机合成中的重要单元操作,应用它可以对含有碳—碳不饱和键、羰基、硝基、氰基等化合物进行还原或加成作用。此法与化学试剂还原法比较,具有产物单纯、后处理方便的优点。由于催化氢化一般在常温常压下进行,因此对高温或酸碱敏感化合物的还原也适用。

催化氢化所用的催化剂种类很多,大多是周期表中第八族过渡金属钯、铂、钌、铑和镍等粉末,也可以将金属沉积在活性炭、硅藻土、硫酸钡和碳酸钙等惰性载体表面。催化剂的催化能力,不仅与金属有关,且与其合成方法、使用的载体、化合物结构以及溶剂等反应条件有关。催化氢化常用溶剂有乙醇、乙酸乙酯、水和乙酸等,一般在极性的酸性溶剂中催化活性较大。对于碳—碳不饱和键的氢化速度还取决于不饱和键上取代基的数目,取代基空间位阻,以及取代基的电子效应。

关于催化氢化反应机理近年来进行了大量的研究工作,目前一般认为氢原子在金属表面很可能与金属原子形成 σ 键。

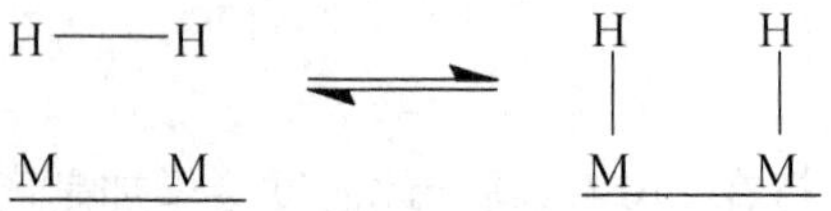

有机分子中的不饱和键与金属原子借 π 键或 σ 键形成络合物,进一步和金属表面活化了的氢发生作用,得到饱和化合物。

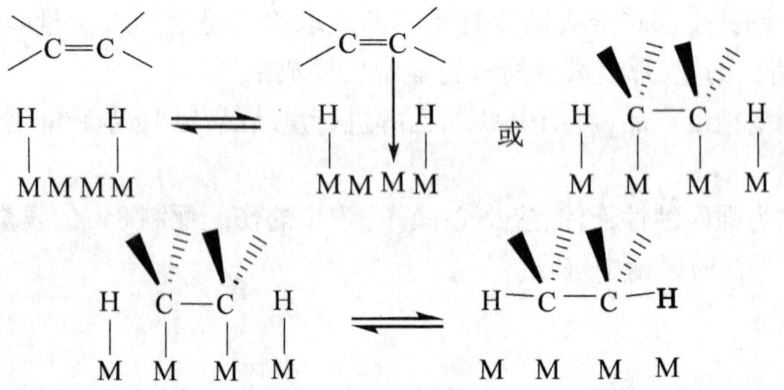

本实验中采用价格便宜的雷尼(Raney)镍作催化剂,在常温常压下氢化还原肉桂酸,此反应几乎定量进行,因此得到的粗产物已足够纯粹,产物通过熔点的测定和红外光谱进行鉴定。

1. Raney Ni 催化剂的合成

$$NiAl_2 + 6NaOH \longrightarrow Ni + 2Na_3AlO_3 + 3H_2$$

2. 肉桂酸的催化氢化

$$C_6H_5CH\!\!=\!\!CHCOOH + H_2 \xrightarrow[Ni]{常温常压} C_6H_5CH_2CH_2COOH$$

三、仪器与药品

1. 仪器

搅拌器、500mL 烧杯、水浴、氢化反应瓶、常压氢化仪器。

2. 药品

肉桂酸、镍铝合金、氢氧化钠、95% 乙醇、滤纸。

四、实验内容

1. 常压氢化仪器

由氢化反应瓶、储气瓶、平衡瓶及磁力搅拌器(或振荡器)组成的常压氢化装置如图 7 – 1 所示。三通活塞 1 接氢气储存系统,三通活塞 2 接真空系统。

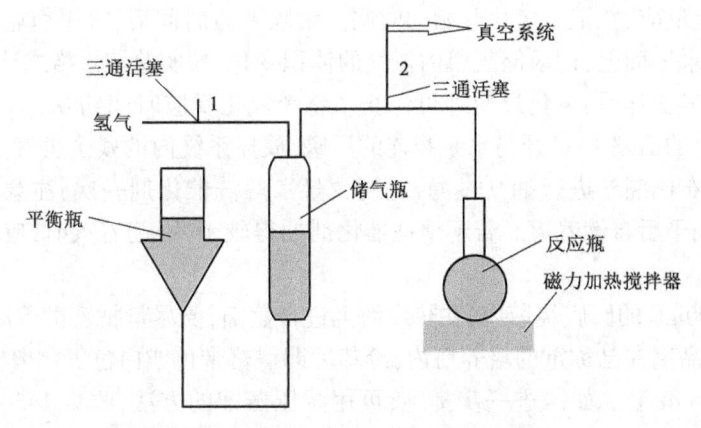

图7-1 常压催化氢化装置示意图

2. Raney Ni催化剂的合成

在500mL烧杯中,放置4g镍铝合金(含镍40%~50%)、50mL蒸馏水,分批加入7g固体氢氧化钠且不时搅拌,控制碱加入速度以泡沫不溢出为宜。反应剧烈放热,并有大量氢气逸出。加完氢氧化钠后再在室温下搅拌10min,然后在70℃水浴中保温半小时,倾去上层清液,以倾泻法用蒸馏水洗至近中性。再用95%的乙醇洗涤三次,最后用10mL左右的乙醇覆盖备用。使用时倾出乙醇,再取其固体催化剂的2/3量加入氢化反应瓶中,剩下的再以乙醇覆盖备用。

3. 催化剂活性实验

用镍勺取少许固体催化剂于滤纸上,待乙醇挥发后,催化剂能起火自燃即可用于肉桂酸氢化反应,否则需重新合成催化剂。这里需要指出的是,催化剂在滤纸上能起火自燃是必不可少的条件,但起火自燃不能说明合成的催化剂就一定活性很好。催化剂活性的好坏只能通过自燃的快慢以及自燃的程度经验做出判断,而最主要的是要通过在氢化反应中吸氧的速度来判断。

4. 肉桂酸氢化实验

用100mL圆底烧瓶为氢化反应瓶。在氢化瓶中加入3g肉桂酸和4mL 95%的乙醇,摇动使固体溶解(必要时可在水浴上温热)。然后加1.5g(所制备催化剂的2/3量)镍催化剂,用少量乙醇洗涤氢化瓶壁上的催化剂,放在电磁搅拌器上,塞紧插有导气管的磨口塞与氢化系统相连。检查整个系统是否漏气。检查的方法是:将整个氢化系统与带有压力计的水泵相连,开启水泵,当抽到一定的压力后,关闭水泵,切断与氢化系统的连接,观察压力计的读数是否发生变化,若系统漏气,应逐次检查玻璃活塞、磨口塞是否塞紧以及橡皮管连接处是否紧密等。

氢化开始前,打开储气瓶的活塞1把盛有无离子水的平衡瓶的位置提高,使储气瓶内充满水,赶尽储气瓶内的空气。关闭储气瓶的活塞1打开与水泵相连的活塞2开启水泵,排除整个氢化系统内的空气,抽到一定压力后关闭活塞2,打开与氢气钢瓶相连的活塞1进行充氢。如此抽真空、充氢重复2~3次,即可排除整个系统中的空气。最后再对储气瓶内充氢。方法是:关闭与水泵相连的活塞。打开与氢气钢瓶相连的活塞1,使氢气与储气瓶连通,同时把平衡位置降低,使氢气顺利地充入储气瓶中。待氢气充到适当体积后,关闭活塞1,充氢即告结束。

取下平衡瓶,使其水平面与储气瓶的水平面高度持平,记下储气瓶内氢气的体积,开动电磁搅拌,进行氢化反应,并记下氢化开始的时间。每隔一段时间后,将平衡瓶水平面与储气瓶水平面置于同一水平面上,记录储气瓶内氢气的体积变化,按实验记录格式计算吸气量。当吸氢的体积没有明显变化后,氢化反应即可停止。整个氢化反应时间约0.5~1h。氢化反应结束后,关闭氢气瓶的活塞1,打开与水泵相连的活塞,放掉系统内的残余氢气。取下氢化瓶,用铺有两层滤纸的布氏漏斗进行抽气过滤,并用少量乙醇洗催化剂一次,注意不要将催化剂抽干,以防催化剂抽干后自燃着火。若不慎把催化剂抽得较干,引起着火时,应赶紧取下漏斗用水冲灭。

滤液放在100mL的圆底烧瓶内,在热水浴上进行蒸馏,要尽量把乙醇蒸净,否则产品不易结晶。趁热将产品倒在已称重的培养皿内,冷却后即得略带色或白色氢化肉桂酸的结晶,干燥后称重,熔点47~48℃。如需进一步提纯,可用减压蒸馏的方法,收集145~147℃/18mmHg或194~197℃/75mmHg的馏分。

按投入的肉桂酸的量计算理论吸氢量并与实际吸氢量进行比较,理论吸氧量可按气态方程 $pV = nRT$ 计算。

$$V = \frac{nRT}{p} = n \times 0.082 \times (273 - t) \times 1000$$

这里需要指出的是,新制备的 Raney Ni 催化剂是多孔、表面积很大的蜂窝状细小固体,在氢化过程中,催化剂的表面一般也吸附较多的氢,故新制备的催化剂第一次使用时,实际吸氢量略大于理论吸氢量,这是正常的现象。

5. 氢化记录格式及示意图

氢化记录格式及示意图见表7-1。

表7-1 氢化记录格式及示意图

时间	时间间隔	量瓶刻度,mL	间隔吸氢量,mL	总吸氢量,mL
10:00	0	30	0	0
10:10	10	70	40	40
10:20	20	120	50	90
.	.	.	.	.
.	.	.	.	.
.	.	.	.	.

五、注意事项

(1)如果用电磁搅拌器,氢化反应瓶就要用圆底烧瓶。

(2)与催化剂相接触的器具,如做催化剂的容器、氢化瓶等必须在使用前洗干净,然后用蒸馏水冲洗,这是保证反应顺利进行的先决条件。

(3)整个氢化系统安装要紧密,不漏气,否则测量实际吸氢量就失去了意义。

(4)所用的氢气由氢气钢瓶进行充氢。使用前应了解氢气钢瓶的使用方法。实验过程中注意安全,氢气易燃易爆,须严格按操作规程进行。并注意室内通风,熄灭一切火源。

(5)氢化前注意排除氢化系统内的空气,氢化过程中严禁空气进入氢化系统内。

(6)反应时,平衡瓶的水平面应高出储气瓶的水平面,以增大反应体系的压力(略高出为宜,防止氨气漏掉)。

(7)用过的催化剂一律回收,千万不可随手乱丢或倒入酸缸,以免引起催化剂自燃着火,造成事故。

六、思考题

(1)为什么在氢化过程中,搅拌或振荡的速度对氢化的速度有显著影响?
(2)计算氢化3g肉桂酸所需要的氢气体积(T为室温),并以此监测氢化反应的进程。
(3)为什么在每次计量储气瓶内氢气的体积时,都要使储气瓶与平衡瓶水平面相平?
(4)为什么在氢化反应时,平衡瓶最好放在高位?如果在氢化反应时,平衡瓶位置过低,对反应有什么影响?

实验7-9 邻硝基甲苯和对硝基甲苯的合成

一、实验目的

(1)掌握硝化反应原理及硝基化合物的合成;
(2)掌握精馏实验操作。

二、实验原理

芳香族硝基化合物一般由芳烃直接硝化而制得。根据被硝化的芳环的反应活性,可以利用稀硝酸、浓硝酸、发烟硝酸或者浓硝酸和浓硫酸的混合酸来进行硝化。由于引进的第一个硝基使芳环致钝,而难以进一步硝化,故通常能得到很高产量的一硝基取代产物。

芳香族化合物的硝化反应和卤代反应一样,是一个亲电取代反应。在浓硝酸和浓硫酸存在下苯的硝化是按如下机理进行:

$$HNO_3 + 2H_2SO_4 \rightleftharpoons \overset{\oplus}{NO_2} + \overset{\oplus}{H_3O} + 2\overset{\ominus}{HSO_4}$$

实际的亲电试剂为硝基正离子(NO^{2+}),混合酸中浓硫酸的作用主要是有利于硝基正离子的生成,提高了反应速率,同时它也能除水,在硝化过程中不使浓硝酸变成稀硝酸,从而防止了稀硝酸的氧化作用。

芳环上已有的取代基团对芳香族硝化反应速率有很大影响,当芳环上有第一类取代基(邻对位定位基)存在时,使硝化反应容易进行,当芳环上有第二类取代基(间位定位基)存在时,使硝化反应难于进行。甲苯比苯易硝化,而硝基苯比苯难硝化。

甲苯用混酸进行一元硝化时,按照取代规律,主要生成邻和对硝基甲苯混合物,同时有少量的间硝基甲苯生成。

$$\text{甲苯} \xrightarrow[50℃]{HNO_3 \cdot H_2SO_4} \text{邻硝基甲苯}(62\%) + \text{对硝基甲苯}(33\%) + \text{间硝基甲苯}(4\%)$$

将邻和对硝基甲苯两种异构体采用一般蒸馏方法精确分离颇为困难。这里采用减压精馏和乙醇重结晶的方法,将邻和对硝基甲苯两种异构体分离,并能得到纯度为98.2%的邻硝基甲苯,纯度为98.8%的对硝基甲苯。

三、仪器与药品

1. 仪器

机械搅拌器、500mL三颈圆底烧瓶、温度计、恒压滴液漏斗、恒温水浴锅、分液漏斗、冰箱。

2. 药品

甲苯、浓硝酸、浓硫酸、无水 $CaCl_2$、石油醚、乙醇。

四、实验内容

在500mL三颈圆底烧瓶上,分别装置机械搅拌器,温度计(水银球伸入液面)及120mL恒压滴液漏斗。在三颈圆底烧瓶内放入107mL(92g,1mol)甲苯,恒压滴液漏斗上口连一弯玻璃管,并用橡皮管连接通入水槽。

另取一个500mL圆底烧瓶,加入74mL(104g,$d=1.42$)浓HNO_3,在冰水冷却下,振荡,缓缓地加入87mL(160g,$d=1.84$)浓H_2SO_4,配成混酸硝化剂。

将混酸硝化剂置于恒压滴液漏斗中,于剧烈搅拌下滴加至甲苯中,调节加入速度,使反应物的温度控制在40~50℃之间,必要时用冷水冷却。混酸硝化剂全部加完后,将反应物置于60℃加热水浴中,加热30min,停止反应。

待反应物冷至室温后,移入分液漏斗内,分去酸层,粗产物用等体积的水洗涤二次,10%的NaOH溶液洗涤一次,再用水洗涤一次,最后用无水$CaCl_2$干燥。将粗产物滤入250mL三颈烧底烧瓶中,安装在精馏装置上,进行减压精馏,收集92~96℃/100mmHg馏分的邻硝基甲苯,得84g邻硝基甲苯,收率60%。残余液倒入烧杯,冷却后,置于冰箱中冷冻,对硝基甲苯析出后,迅速吸滤,用少量石油醚洗涤固体物。粗对硝基甲苯80%乙醇重结晶,得43g对硝基甲苯,收率30%。

五、注意事项

(1)合成过程中的室内保持通风良好。
(2)精馏操作过程中控制好温度。
(3)减压操作时开始抽真空和最后接通大气,一定要缓慢进行。

实验 7-10 香豆素-3-羧酸的合成

一、实验目的
(1) 掌握杂环合成的基本原理；
(2) 了解化学法合成香料类化合物的方法。

二、实验原理
苯环与吡喃酮稠含有两类化合物,苯并-α-吡喃酮即香豆素,苯并-γ-吡喃酮即色酮。

香豆素　　　色酮

它们都广泛存在于自然界中。早在 1820 年,香豆素即已从零陵香豆中分离出来。后来又发现,在蓝花科、芜菁甘蓝科、唇形科等多种植物中都存在香豆素。在薰衣草、三叶草花、香草的精油中,香豆素是一个主要的成分,正是香豆素及其衍生物使上述植物具有干草的香气。

1868 年 W. H. Perkin 首先从水杨醛合成了香豆素,但却没有提出正确的结构。关于香豆素的结构一时众说纷纭。至 1872 年 H. Schiff 才确证其结构是苯并-α-吡喃酮。

香豆素结构确定以后,人们提出了许多种合成香豆素和取代香豆素的方法。归纳起来主要可以分为两类。一类反应是从酚制备,如 1917 年 A. Sonn 用间苯二酚和氰基乙酸乙酯合成了 4,7-二羟基香豆素。

这类反应的第一步是一个 β 取代的酯(如氰基乙酸乙酯、乙酰乙酸乙酯等)在酸性催化剂的存在下,使用的 β-碳成为正碳离子,然后对酚(为使苯环活泼,常用间苯二酚)进行亲电取代反应,接着进行水解、闭环成香豆素衍生物。

另一类反应是用水杨醛或其衍生物为原料,先在碱性条件下进行缩合反应。如 Perkin 合成法,先生成邻羟基肉桂酸钾,然后酸化成邻羟基肉桂酸,其中顺式的酸称苦马酸,反式的酸称香豆酸,在酸性条件下都能闭环成香豆素。

$$\underset{\text{(邻羟基苯甲醛)}}{\begin{array}{c}\text{OH}\\\text{CHO}\end{array}} + (CH_3CO)_2O \xrightarrow{CH_3COOK} \underset{\text{邻羟基肉桂酸钾}}{\begin{array}{c}\text{OH}\\\text{CH=CHCOOK}\end{array}}$$

$$\begin{array}{c}\text{OH}\\\text{CH=CHCOOK}\end{array} \xrightarrow{H_3^+O} \underset{\text{苦马酸}}{\begin{array}{c}\text{OH}\\\text{CH—COOH}\\\text{OH}\end{array}} + \underset{\text{香豆酸}}{\begin{array}{c}\text{OH}\\\text{C—COOH}\end{array}}$$

$$\longrightarrow \text{(香豆素)}$$

本实验合成香豆素-3-羧酸则是用水杨醛和丙二酸酯在弱碱六氢吡啶的催化下进行诺文葛耳(Knoevenagel)缩合成酯,然后经碱水解、酸化而完成的。

$$\begin{array}{c}\text{CO}\\\text{OH}\end{array} + CH_2(COOC_2H_5)_2 \xrightarrow{\text{N}} \begin{array}{c}\text{COOC}_2H_5\\\text{O}\quad\text{O}\end{array} + H_2O + C_2H_5OH$$

$$\begin{array}{c}\text{COOC}_2H_5\\\text{O}\quad\text{O}\end{array} \longrightarrow \begin{array}{c}\text{COOK}\\\text{COOK}\\\text{OK}\end{array} \xrightarrow{HCl} \begin{array}{c}\text{COOH}\\\text{O}\quad\text{O}\end{array}$$

三、仪器与药品

1. 仪器

水浴、100mL圆底烧瓶、球形冷凝管、氯化钙干燥管、抽滤瓶、熔点仪、真空干燥箱。

2. 药品

水杨醛、丙二酸二乙酯、无水乙醇、六氢吡啶、氢氧化钾、浓盐酸、冰乙酸、沸石、冰块、95%乙醇。

四、实验内容

1. 香豆素-3-羧酸乙酯

在100mL圆底烧瓶中放置5.0g水杨醛(0.041mol)、丙二酸二乙酯(0.045mol)和25mL无水乙醇,再用滴管滴入约0.5mL六氢吡啶和两滴冰乙酸,加入几粒沸石后装上球形冷凝管,并在冷凝管顶端装一氯化钙干燥管,在水浴上加热回流2h。待稍冷后,拆去干燥管,从冷凝管顶端加入20mL冷水,除去冷凝管,将烧瓶置于冰浴中冷却,使结晶析出完全。过滤,晶体用冰冷过的50%乙醇洗涤2~3次(每次约1mL)。粗产品为白色晶体,经干燥后重6.5g(产率73%)。熔点92~95℃。纯香豆素-3-羧酸乙酯的熔点为930℃。

2. 香豆素-3-羧酸

在100mL圆底烧瓶中放4g氢氧化钾(0.071mol)、10mL水、20mL 95%乙醇和4.0g香

豆素-3-羧酸乙酯(0.018mol),装上球形冷凝管,用水浴加热至酯溶解后,再微沸15min。停止加热后,将烧瓶置于温水浴中。用滴管吸取温热反应液,逐滴滴入盛有10mL浓盐酸和50mL水的250mL锥形瓶中,边滴边缓缓摇动锥形瓶。加完后,将锥形瓶置于冰水浴中冷却,使晶体析出完全。过滤,晶体用少量冰水洗涤。干燥,熔点188~189℃(分解),产量3.3g(产率95%)。纯粹香豆素-3-羧酸的熔点为190℃(分解)。

五、注意事项

(1)六氢吡啶气味很难闻,最好在通风柜中转移,并注意不要滴到瓶外。

(2)氢氧化钾与浓盐酸均有腐蚀性,使用时须小心,别与皮肤接触。浓盐酸中会逸出氯化氢气体,对呼吸道刺激作用很大,配制时最好在通风柜中进行。

六、思考题

如何用香豆素-3-羧酸合成香豆素?

实验7-11 气相色谱法定性测定有机化合物

一、实验目的

(1)掌握利用气相色谱法进行有机化合物的定性分析;
(2)了解色谱法测定有机化合物的原理及操作规则。

二、实验原理

1. 定义

色谱法是一种分离方法,它利用物质在两相中分配系数的微小差异进行分离。当两相作相对移动时,使被测物质在两相间进行反复多次的分配,这样原来微小的分配差异产生了很大的效果,使各组分分离,以达到分离、分析及测定一些物理化学常数的目的。

2. 分类

按流动相与固定相聚集态分类,色谱法分为气相色谱、液相色谱、超临界流体色谱、毛细管电泳等。

3. 色谱柱总分离效能指标

分辨率 R:相邻两组色谱峰保留值之差与两个组分色谱峰峰底宽度总和一半的比值,$R = [t_{R(2)} - t_{R(1)}]/0.5(Y_1 + Y_2)$;

t_R:保留时间;

Y:色谱峰的峰底宽度;

R 越大分离的越好。当 $R=1$ 时分离程度达到98%;当 $R=1.5$ 时分离程度达到99.7%。所以通常用 $R=1.5$ 作为相邻两个色谱峰完全分开的标志。

4.分离操作条件的选择

(1)填充柱 N_2 最佳流速为 $10 \sim 12 cm^3/s$,H_2 流速为 $15 \sim 20 cm^3/s$。

(2)柱温的选择。

①高沸点混合物采用高灵敏度检测器,柱温可比沸点底 $100 \sim 150℃$。

②沸点小于 $300℃$ 的样品,柱温可以在比平均沸点低 $50℃$ 至平均沸点的范围内选择。

③对于气体、气态烃等低沸点物质柱温选择沸点或沸点以上。

④对于宽沸程的试样宜采用程序升温。

(3)汽化室的温度一般要比柱温高 $30 \sim 70℃$。

(4)进样条件和进样量的选择。进样越快越好,进样量液体:$0.1 \sim 5mL$;气体:$0.1 \sim 10mL$。进样量过大则使几个峰重叠在一起;进样量太少则会因为灵敏度不够而检测不出来。

(5)氢火焰检测器 FID。$H_2:N_2=1:1 \sim 1:1.5$;H_2:空气 $=1:10$。

三、仪器与药品

1.仪器

气象色谱仪、氢火焰检测器 FID、微量注射器。

2.药品

无水乙醇、苯、甲苯、正己烷。

四、实验内容

1.定性分析

在一定的色谱条件下,各种物质均有确定不变的保留值,所以保留值可以作为一种定性指标。

(1)利用已知物直接对照样品定性。

(2)利用保留值的经验规律性。在一定温度下同系物的 lgV_g 值和分子中的碳数有线性关系($n=1$ 或 $n=2$ 时可能有偏差):

$$lgV_g = A_{2n} + C_2$$

其中
$$V_g = (273/T_c) \cdot V_r/g$$

式中 A_{2n}、C_2——与固定液和待测物分子结构有关的常数;

V_g——比保留体积;

T_c——色谱柱热力学温度;

g——固定液温度;

V_r——校正保留体积。

该方法只适用于同系物,不适用于同族化合物。

(3)利用保留指数定性。利用它可根据所用固定相和柱温直接与文献值对照不需标样。

2.定量分析

在一定操作条件下,分析组分 i 的质量(W_i)或其在载气中的浓度与检测器的响应信号(色谱图上表现为峰面积 A_i 或峰高 h_i)成正比:

$$W_i = f'_i \times A_i$$
$$f'_i = W_i/A_i$$

其中,校正因子 $\qquad\qquad\qquad f_i = f'_i/f'_s$

式中 A_i——峰面积 $A_i = 1.065hY_{1/2}$；
$\quad\quad f'_i$——定量校正因子；
$\quad\quad W$——进样量。

此式为色谱定量分析的依据。

内标物常用的定量分析方法有归一化法、内标法和外标法三种。

(1) 归一化法。

n 组分质量 W_1, W_2 (W_i 组分的百分含量 C_i)

$$C_i = W_i/W \times 100\% = W_i/(W_1 + W_2 + \cdots\cdots + W_n) \times 100\%$$
$$= A_i f_i/(A_1 f_1 + A_2 f_2 + \cdots\cdots + A_n f_n) \times 100\%$$

样品的全部组分必须全部流出且出峰,某些不需要定量的组分也必须测出其峰面积及 f 值等。

(2) 内标法。只需测定试样中某几个组分,且式样中所有组分不能全部出峰。内标法将一定量的纯物质作为内标物,加入准确称取的试样中,根据待测物和内标物的质量及其在色谱图上相应的峰面积比,求出某组分的含量。

$$W_i = f_i A_i$$
$$W_s = f_s A_s (内标物),则 W_i = (f_i A_i/f_i f_i) \times W_s$$

百分含量 $C_i = W_i/W \times 100\% = A_i f_i/A_s f_s \times W_s/W \times 100\%$

(3) 外标法。分析时首先将待测组分的纯物质配成不同浓度的标准溶液,然后取固定量的标准溶液进行分析,从所得色谱图上测出峰面积、峰高,然后绘制响应信号(纵坐标)对浓度的标准曲线。分析样品时,取与制作标准曲线同样量的试样(测得该试样的响应信号,由标准曲线即可查出其浓度)。

五、思考题

简述利用气相色谱法进行分离测定的原理及注意事项。

实验 7-12 对氨基苯甲酸乙酯的合成

一、实验目的

(1) 了解掌握对氨基苯甲酸乙酯的反应工艺条件；
(2) 了解麻醉药的作用原理。

二、实验原理

无论在实验室或在工业生产中,要想合成一种有机化合物,从常见原料或试剂开始,只经过一步反应就能完成的情况是很少有的。一般都要经过几步甚至几十步的反应,才能合成一个较复杂的分子。因此练习从基本原料开始,合成一个较复杂的分子,是有机合成中最重要的基本功。

在多步有机合成中,每步的实际产量都低于理论产量,一般产率在60%~70%。产率在90%以上的反应就可以认为是产率很高的反应。因此,如何做好每步反应十分重要,否则随着反应步数的增多,反应中间体的量就逐渐减少,如果基本操作不熟练,就有可能得不到最终的产品。在多步有机合成中,总收率是各步收率的乘积。因此,做好多步有机合成,一定要有严谨的科学态度和熟练的实验技能。

在多步骤有机合成中,有的中间体必须分离提纯;有的也可以不经提纯,直接用于下步反应,这要根据对每步有机反应的深入理解和实验需要,权衡利弊,恰当地做出选择。以合成苯佐卡因为例:

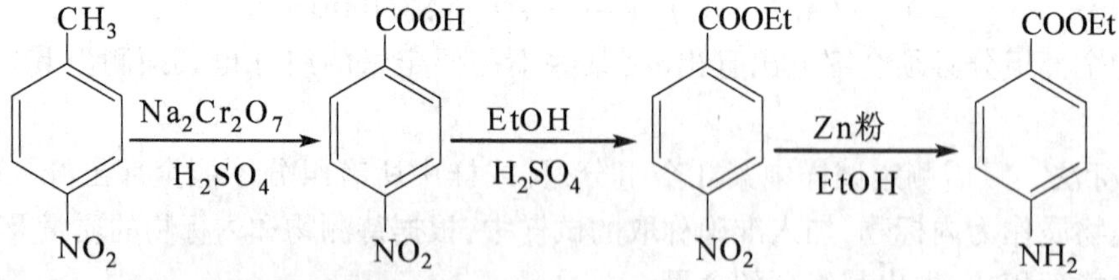

苯佐卡因是广泛使用的局部麻醉药物,为白色结晶粉末,熔点90℃,制成散剂或软膏等用于刨面溃疡的止痛。最早的局部麻醉药物是从古柯植物中提取出来的可卡因,可卡因具有引起上瘾和毒性较大等缺点,在搞清了可卡因的结构和药理作用之后,已经合成了数以千种的有效代用品,苯佐卡因只是其中一个。

通过对众多的具有局麻作用的合成化合物的生理实验证实,其结构一般是分子的一端含有必不可缺少的苯甲酰基,分子的另一端是二级或三级胺,中间插入不同数目的烷氧(氮、硫等)基。

三、仪器与药品

1. 仪器

25mL的圆底瓶、回流冷凝管、蒸馏装置、抽滤瓶、熔点仪、真空干燥箱。

2. 药品

对硝基苯甲酸乙酯、锌粉、氯化钙、95%乙醇、乙醚、无水硫酸镁、石油醚。

四、实验内容

在25mL的圆底瓶中加入1g氯化钙和12mL水,氯化钙溶解后加入55mL 95%的乙醇、2.5g对硝基苯甲酸乙酯和25g锌粉,装上回流冷凝管,再不时振荡下,加热回流2h后,冷却到室温,滤出未反应的锌粉。蒸出乙醇,水相再用50mL乙醚分两次提取,合并有机相,无水硫酸镁干燥。蒸出乙醚,到残留液体积为10~15mL时停止蒸馏。把残留液倒入盛有20mL石油醚的锥形瓶中结晶。过滤,干燥后称重。粗品可用乙醚—石油醚重结晶,熔点90℃。

实验 7-13 相转移催化——扁桃酸的合成

一、实验目的

(1) 掌握相转移催化反应原理；
(2) 掌握相转移催化剂及扁桃酸合成方法。

二、实验原理

1. PT(phase transfer)催化反应

在有机合成中常遇到有水相和有机相参加的非均相反应,这些反应速度慢、产率低、条件苛刻,有些甚至不能发生。1965 年,Makosza 首先发现鎓类化合物具有使水相中的反应物转入有机相中的本领,从而加快了反应速度,提高了产率,简化了操作,并使一些不能进行的反应顺利完成,开辟了相转移催化反应这一新的合成方法。近十几年来,PT 催化在有机合成中的应用日趋广泛。常用的相移催化剂主要有两类：

(1) 盐类化合物,季铵盐、磷盐、砷盐、硫盐,其中以苄基三乙基氯化铵(TEBA)和四丁基硫酸氢铵(TBAB)最为常用。在这类化合物中,烃基是油溶性基团,若烃基太小,则油溶性差,一般要求烃基的总量大于 150g/mol。

(2) 冠醚:常用的有 18-冠-6,二苯基-18-冠-6,二环己基-18-冠-6。冠醚具有和某些金属离子络合的性能而溶于有机相。例如,18-冠-6 与氰化钾水溶液中的 K^+ 络合,而与络合离子形成离子对的 CN^- 也随之进入有机相。

2. 扁桃酸

扁桃酸(苦杏仁酸)可作为治疗尿路感染的消炎药物和某些合成的中间体,也是用于测定某些金属的试剂。它含有一个手性碳原子 C_6H_5—CH(OH)COOH,化学方法合成的是 dl 体,用旋光的碱可析解为具有旋光的组分。合成方法主要有:(1) α,α-二氯苯乙酮($C_6H_5COCHCl_2$)的碱性水解;(2) 扁桃腈[C_6H_5—CH(OH)CN]的水解。

这两种方法合成路线长、操作不便且不安全。本实验采用 PT 催化反应,一步即可得到产物。显示了 PT 催化的优点。

反应机理一般认为是:CCl_2 对苯甲醛的羰基加成,再经过重排及水解。

三、仪器与药品

1. 仪器

恒温水浴锅、搅拌器、温度计、回流冷凝管、滴液漏斗、250mL 三口瓶、熔点仪、减压蒸馏装置。

2. 药品

苯甲醛、TEBA、氯仿、氢氧化钠、乙醚、浓硫酸、甲苯。

四、实验内容

在装有搅拌器、温度计、回流冷凝管和滴液漏斗的 250mL 三口瓶中,加入 10mL 苯甲醛、1gTEBA 和 16mL 氯仿,在搅拌下慢慢加热反应液,当温度达到 56℃以后,开始慢慢地加由 19g 氢氧化钠溶于 19mL 水的溶液,滴加过程中需维持在 60~65℃或稍高,但不得超过 70℃,滴加约需 1h。滴加完毕,在搅拌下继续反应 1h,反应温度控制在 65~70℃之间。此时可取反应液用试纸测其 pH 值,当反应液 pH 值近中性时方可停止反应。否则要继续延长反应时间至反应液 pH 值为中性。

将反应液用 200mL 水稀释,每次用 20mL 乙醚提取两次,合并醚层,待回收。水相用 50% 硫酸酸化至 pH 值约为 2~3 后,每次用 40mL 乙醚分两次提取,合并提取液无水硫酸钠干燥,蒸出乙醚,并在减压下尽量抽净乙醚(产物在乙醚中溶解度大)得粗产品约 1.15g(产率 76%)。

以 1g 产物用 1.5mL 甲苯的比例进行重结晶,用折叠滤纸趁热过滤,母液置于室温,使结晶慢慢析出。产品成白色结晶,熔点 118~119℃。

实验 7-14 手性酮催化剂的合成

一、实验目的

(1) 了解现代有机合成的发展趋势;
(2) 掌握手性酮催化剂的制备方法。

二、实验原理

现代有机合成正朝着高选择性、原子经济性和环境保护型三大趋势发展。有机合成化学在高选择性反应的研究等方面的发展,使得更多具有高生理活性、结构新颖分子的合成成为可能。不对称合成是研究对映体纯或光学纯化合物的高选择性合成,它已成为现代有机化学中最受重视的领域之一。而手性催化剂在不对称合成中是不可缺少的,其推动着现代有机合成的发展。手性酮原料易得,反应简单,催化效果好,合成其具有较高理论意义和实际应用意义。具体反应如下:

$$D-果糖 \xrightarrow{(1)CH_3COOC_2H_5, HClO_4}{(2)PCC, r, t}$$

这项工艺的不足之处是合成的路线长,且最后一步采用柱层析的方法来分离提纯史一安环氧化手性酮催化剂,由于该催化剂结构的特殊性,其稳定性差,很容易变成史一安环氧化手性酮催化剂的水合物,所以给柱层析带来了非常大的麻烦,不利于工业化生产。因此急需一种快速高效,且能实现工业化生成的构建史一安环氧化手性酮催化剂的方法。

三、仪器与药品

1. 仪器

100mL 三颈瓶、磁力搅拌器磁力、真空装置、旋转蒸发仪、抽滤瓶、层析柱、层析缸、毛细管、锥形瓶。

2. 药品

D－果糖、2,2－二甲氧基丙烷、丙酮、高氯酸、浓氨水、3A 分子筛、二氯甲烷、PCC、薄板层析硅胶、柱层析硅胶(200~300 目)、乙酸乙酯、石油醚(沸点为 60~90℃)。

四、实验内容

(1) 在 0℃下,将 3.68g D－果糖和 1.5mL 2,2－二甲氧基丙烷溶于 70mL 丙酮中,搅拌成悬浮,然后加入 0.86mL 高氯酸。0℃下氮气保护搅拌 6h。加浓氨水调 pH 值 = 7~8,再搅拌 5min,减压浓缩得固体残渣,提纯得白色针状固体。

(2) 将上述产品 2.6g 和 11g 3A 分子筛加入 50mL 二氯甲烷中,再将 1.16g PCC 分少量多次加入,15min 加完。氮气保护搅拌 3h。抽滤,浓缩,提纯得白色固体。

五、思考题

(1) 简述现代有机合成的发展趋势。
(2) 简述手性酮催化剂的制备方法。

实验 7-15 2－甲基长叶薄荷酮的合成

一、实验目的

(1) 学习羰基 α－位烷基化的原理和方法;
(2) 学习低温环境下无湿无氧实验装置的基本操作。

二、实验原理

2－甲基长叶薄荷酮(pulegone)是由长叶薄荷酮在低温条件下,由 LICA 夺取 α－位的质子后被 MeI 取代而生成:

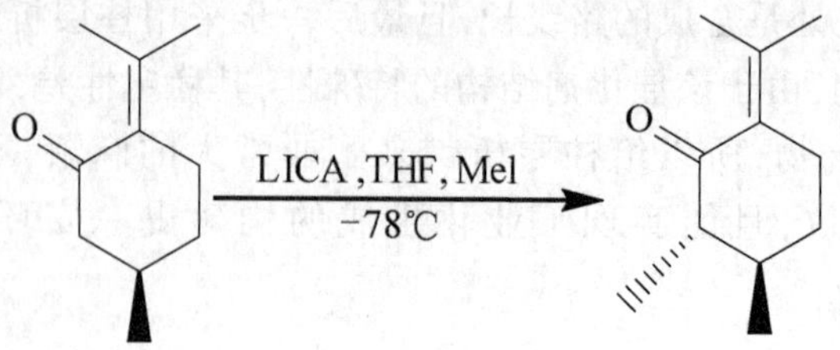

可能的副反应有：

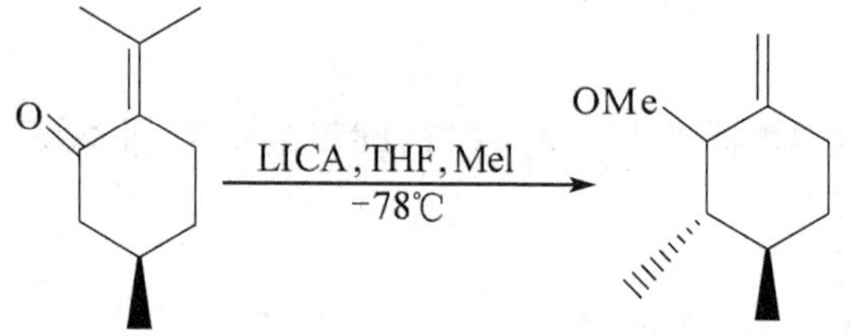

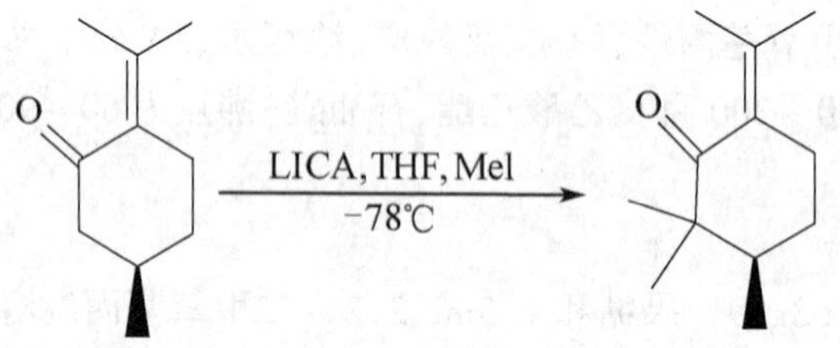

2-甲基长叶薄荷酮是一种具有薄荷—牛至味的芳香草本植物，Calaminthanepeta(L.)Savi 的精油的主要化学成分，也是禽类驱虫剂之一。pulegone 在禽 Chemicalbook 类物种中驱避作用的分子靶点是伤害感受性 TRP 锚蛋 1(TRPA1). pulegone 刺激鸡感觉神经元中的 TRPM8 和 TRPA1 通道，并在高浓度下抑制前者但不抑制后者。

三、仪器与药品

1. 仪器

三颈烧瓶、球形冷凝管、磁力搅拌器、恒压滴液漏斗、低温温度计、梨形分液漏斗、烧杯、小铁盆、层析柱、层析缸、毛细管、锥形瓶、旋转蒸发仪。

2. 药品

长叶薄荷酮、碘甲烷、异丙基环己基胺、正丁基锂(新制)、四氢呋喃、饱和碳酸氢钠溶液、乙醚、硫酸镁、丙酮、液氮、羧甲基纤维素钠、薄板层析硅胶、柱层析硅胶(200~300 目)、乙酸乙酯、石油醚(沸点为 60~90℃)。

四、实验内容

在 0℃条件下将异丙基环己基胺(25.5mL,151mmol)滴入四氢呋喃(80mL)中，然后缓慢加入正丁基锂(76.6mL)。搅拌 30min 后，将反应体系温度降至 -78℃，然后缓慢加入长叶薄荷酮(21.3mL,131mmol)。在 -78℃条件下搅拌 60min 后，滴入碘甲烷(25.8mL,414mmol)。将反应体系温度缓缓升至室温并继续搅拌 30min 后，向反应瓶中加入饱和碳酸氢钠溶液(60mL)，然后将此混合物用乙醚(30mL×3)萃取，并继续用饱和碳酸氢钠溶液洗涤。硫酸镁干燥后，即得 2-甲基长叶薄荷酮的粗产品 19.6g。柱层析分离，得纯品，产率 78%。

五、思考题

(1) 讨论羰基 α-位被亲电试剂取代过程的快慢是由什么决定的?
(2) 有哪些物质可以作为夺取羰基 α-位质子的碱?

实验 7-16 1,3-二苯基-2-烯丙基-1-醇乙酸酯的合成

一、实验目的

(1) 掌握格氏试剂制备的原理及操作;
(2) 掌握无湿无氧操作系统的使用。

二、实验原理

乙酸芳樟酯存在于天然香柠檬、薰衣草、香丹参及其他多个精油中。此外,还存在于可可子、芹菜、葡萄、桃、海带中。工业生产是将芳樟醇加入乙酐和磷酸的混合物中(磷酸与乙酐形成复合体催化剂),在较低温度下进行酯化反应制得。酯化反应后,用水洗涤,再用盐水洗涤至中性,加无水碳酸钠干燥后进行减压分馏,所得产品含酯最高(≥95%),香气也较纯正。也可将芳樟醇加到经溶剂稀释的乙酐和无水乙酸钠中进行酯化反应。也可将芳樟醇加到经溶剂稀释至中性,加无水碳酸钠干燥进行减压分馏。

该品具有清美而幽雅的似香柠檬的香气,是茉莉、依兰、桂花、紫丁香等香型精的主要成分。在其他许多花香型及非花香型香精中也可使用,如古龙型、馥奇型、玫瑰麝香型等。也可配制人造薰衣草油、橙叶油、香柠檬油。它的化学性质稳定,不变色,常用于中高档香制品及皂用香精中。

三、仪器与药品

1. 仪器

真空泵、旋转蒸发仪、水泵、油泵、磁力搅拌器、超声波清洗器、1000mL 三口瓶、回流冷凝管、滴液漏斗、导气管、氩气瓶。

2. 药品

镁条、碘、苯、乙醚、溴苯、肉桂醛、饱和 NH_4Cl 溶液、饱和食盐水、Na_2SO_4、乙酸酐、吡啶。

四、实验内容

1. 1,3-二苯基-2-烯丙基-1-醇的合成

在 1000mL 三口瓶中，分别装上搅拌器、回流冷凝管、滴液漏斗和导气管。气体置换后，在氩气氛围下，往瓶中放入 9.86g(0.41mol) 镁条(1cm 左右长度) 和一小粒碘，滴液漏斗中放置 64.0g(43.2mL,0.41mol) 苯和 450mL 乙醚。往瓶中快速加入 50mL 溴苯溶液，反应立即发生，碘颜色随之消失。将剩余的溴苯溶液慢慢加入，保持溶液呈微沸状态。加毕，继续加热回流反应直到镁带基本消失。将新制的格氏试剂用冰浴冷却，逐滴加入 53.6g(0.41mol) 肉桂醛和 80mL 乙醚配成的溶液，30min 左右加完，其间出现大量白色固体，反应液呈悬浊状。加毕，室温搅拌反应 2~3h 后，冰水浴冷却，缓慢加入大约 360g 饱和 NH_4Cl 溶液，加毕，室温继续搅拌反应 30min。分层，水层用 100mL 乙醚抽提一次，合并醚层，水(100mL×2)洗、饱和食盐水(100mL×2)洗，无水 Na_2SO_4 干燥，脱去乙醚得低熔点固体产品 1,3-二苯基-2-烯丙基-1-醇 79.6g，收率 92.5%。产品无须纯化可直接用于下一步。

2. 1,3-二苯基-2-烯丙基-1-醇乙酸酯的合成

取上述 1,3-二苯基-2-烯丙基-1-醇 35.0g(0.17mol) 溶于 17.4mL 乙酸酐和 70mL 吡啶中，室温密闭搅拌反应 3 天。减压脱去挥发性成分后，加入 100mL 水。混合物用乙醚(100mL×2)抽提，合并醚层，水(30mL×2)洗，饱和食盐水 30mL 洗，无水 Na_2SO_4 干燥，减压脱去溶剂后，减压蒸馏，收集 158~168℃、1~2mmHg 馏分。粗馏分二次蒸馏，收集 158~160℃、1mmHg 馏分，得浅黄绿色液体产品 22.4g，收率 53.3%。

五、思考题

(1) 无湿无氧操作中应该注意哪些问题？
(2) 加压蒸馏应注意哪些问题？

实验 7-17 Pd-催化 1,3-二苯基-2-烯丙基-1-醇乙酸酯不对称烯丙基烷基化反应

一、实验目的

(1) 掌握不对称催化的原理及操作；
(2) 熟悉柱层析纯化的操作。

二、实验原理

将烯丙基氯化钯二聚体和手性配体溶解到二氯甲烷中，氩气保护下室温反应，依次加入

1,3-二苯基-2-烯丙基-1-醇的乙酸酯、丙二酸二甲酯、N,O-二(三甲基硅)乙酰胺和无水醋酸钾,密闭反应,萃取、干燥、浓缩、纯化得到取代产品。

$$\underset{Ph}{\text{PhCH=CHCH(OCOCH}_3\text{)Ph}} \xrightarrow[\text{CH(COOMe)}_2]{[Pd(\eta_3\text{-}C_3H_5)Cl]_2, L^*} \underset{Ph}{\text{PhCH=CHCH(Ph)CH(CO}_2\text{Me)}_2}$$

三、仪器与药品

1. 仪器

30mL 单口瓶、旋转蒸发仪、水泵、磁力搅拌器、超声波清洗器、色谱柱、分液漏斗、高效液相色谱、手性 OD 柱、手性 AD 柱。

2. 药品

$[Pd(\eta^3\text{-}C_3H_5)Cl]_2$、手性二茂铁配体、甲苯、3-二苯基-2-烯丙基-1-醇的乙酸酯、丙二酸二甲酯、N,O-二(三甲基硅)乙酰胺(BSA)、无水 KOAc、饱和 NH_4Cl、二氯甲烷、无水 $MgSO_4$、乙酸乙酯、石油醚、硅胶。

四、实验内容

将 3.7mg(0.010mmol) $[Pd(\eta^3\text{-}C_3H_5)Cl]_2$ 和 0.025mmol 手性二茂铁配体溶于 1.5mL 甲苯中,氩气氛下室温搅拌反应 1h。往该溶液中依次加入 0.50mmol 1,3-二苯基-2-烯丙基-1-醇的乙酸酯溶于 1.5mL 甲苯形成的溶液,170μL(1.5mmol)丙二酸二甲酯,0.37mL(1.5mmol)N,O-二(三甲基硅)乙酰胺(BSA)和催化量的无水 KOAc。反应液密闭反应 24h 后,加入 2mL 饱和 NH_4Cl 水溶液,二氯甲烷提取,无水 $MgSO_4$ 干燥。浓缩,柱层析纯化(硅胶,石油醚/乙酸乙酯:8/1)得纯烯丙位取代产物。1HNMR($CDCl_3$)δ3.50(s,3H),3.68(s,3H),3.96(d,J=11.2Hz,1H),4.25~4.27(m,1H),6.34~6.36(m,1H),6.48(d,J=15.6Hz,1H),7.18~7.31(m,10H)。反应收率为分离收率;烯丙位取代产物 e.e 值用 HPLC 测定(Chiralpak AD,正己烷/异丙醇:90/10,1.0mL/min,254nm 或 Chiralcel OD,正己烷/异丙醇:99/1,0.3mL/min,254nm)。烯丙位取代产物的绝对构型通过对比文献的旋光值确定。

五、思考题

(1)此催化反应的催化机理是什么?
(2)柱层析时应注意些什么?

实验 7-18 在配体作用下二乙基锌和苯甲醛对应选择加成

一、实验目的

(1)掌握不对称催化的原理及操作;

(2)掌握无湿无氧操作系统的使用。

二、实验原理

苯甲醛与二乙基锌是其延长碳链的一类重要反应,产物光学活性醇是药物、农药、香料合成的重要中间体,催化醛类与烷基锌进行不对称加成制备光学活性醇在工业上具有重要的地位。

$$\text{PhCHO} \xrightarrow[\text{10mol\% of Ligand, r.t}]{\text{Et}_2\text{Zn}} \text{Ph-CH(OH)-CH}_2\text{CH}_3$$

三、仪器与药品

1. 仪器

30mL 单口瓶、旋转蒸发仪、水泵、磁力搅拌器、超声波清洗器、色谱柱、分液漏斗、高效液相色谱、手性 OD 柱、手性 AD 柱、氮气瓶。

2. 药品

二氯甲烷、二乙基锌、苯甲醛、盐酸、乙醚、碳酸氢钠、饱和食盐水、无水硫酸钠、乙酸乙酯、石油醚、硅胶。

四、实验内容

在预先烘烤并充满氮气的 30mL 烧瓶中,加入手性配体(0.20mmol),反应溶剂 CH_2Cl_2(15mL),将反应瓶置于冰浴中搅拌,加入二乙基锌(0.50mL,4.8mmol),搅拌 20min 后,缓慢加入苯甲醛(2.0mmol),反应体系慢慢升至室温并搅拌 48h,冰水浴下,用 10% 的稀盐酸(10mL)淬灭反应,分液,水相用乙醚(3×20mL)萃取,合并有机相,用 5% 的碳酸氢钠水溶液(10mL)和饱和食盐水(10mL)洗涤,无水硫酸钠干燥,蒸除溶剂,硅胶柱层析(洗脱液乙酸乙酯/石油醚 -1/10),得光学活性的二级醇。

五、思考题

(1)此催化反应的催化机理是什么?
(2)高效液相色谱的作用是什么?

实验 7-19 2-环己烯酮的不对称共轭加成

一、实验目的

(1)掌握催化不对称共轭加成的原理及操作;

(2)熟悉柱层析纯化的操作。

二、实验原理

$$\text{环己烯酮} + Et_2Zn \xrightarrow[CH_2Cl_2, -20℃]{\substack{CuI(0.5mol\%) \\ Ligand(1mol\%) \\ Additive(Zn(OH)_2)}} \text{3-乙基环己酮}$$

产物3-乙基环己酮的密度:0.898g/cm³;沸点:184.7℃(760mmHg);分子式:$C_8H_{14}O$;分子量:126.19600;闪点:58.5℃;精确质量:126.10400;PSA:17.07000;LogP:2.15570;蒸气压:0.723mmHg(25℃);折射率:1.441。

三、仪器与药品

1.仪器

30mL单口瓶、旋转蒸发仪、水泵、磁力搅拌器、超声波清洗器、色谱柱、分液漏斗、高效液相色谱、手性OD柱、手性AD柱、氩气瓶。

2.药品

碘化亚铜、二氯甲烷、二乙基锌、2-环己烯酮、盐酸、乙醚、乙酸乙酯、石油醚、硅胶。

四、实验内容

在氩气保护下,将CuI(5.2μmol)和配体(10.4μmol)溶于干燥的CH_2Cl_2中,室温搅拌45min。然后向此混合液加入二乙基锌(1.0mol,2.1mL)和2-环己烯酮(100μL,1.04mmol)。在-20℃下搅拌12h后,加入盐酸(5mol/L,2mL)水溶液,混合物用乙醚萃取(3×10mL)合并有机相,用无水$MgSO_4$干燥,蒸干溶剂,进行柱层析分离(CH_2Cl_2,20mL),纯化。

五、思考题

(1)在无湿无氧中实验应注意哪些问题?
(2)催化不对称共轭加成的意义是什么?

实验7-20 对苯二酚的单个酚羟基的甲基化保护

一、实验目的

(1)掌握对于含有两个酚羟基化合物的一个酚羟基的保护;
(2)了解制备反应活性中间体的方法;
(3)掌握利用旋转蒸发仪进行减压蒸馏等基本实验操作在制备活性中间体合成中的应用。

二、实验原理

$$\text{HO-C}_6\text{H}_4\text{-OH} + (\text{MeO})_2\text{SO}_2 \xrightarrow[\text{丙酮}]{\text{K}_2\text{CO}_3} \text{MeO-C}_6\text{H}_4\text{-OH}$$

产物对甲氧基苯酚用作乙烯基型塑料单体的阻聚剂、紫外线抑制剂、染料中间体及用于合成食用油脂和化妆品的抗氧化剂 BHA(3-特丁基-4-羟基苯甲醚)等,是医药、香料、农药等精细化工产品的重要中间体,用途非常广泛。主要用于生产丙烯腈、丙烯酸及其酯,甲基丙烯酸及其酯等烯基单体的阻聚剂。它最大的优点是使用时,不需将对羟基苯甲醚除去,还能直接参与聚合。它还用作防老剂、增塑剂及食品添加(BHA)等的合成。

三、仪器与药品

1. 仪器

三颈烧瓶、温度计(100℃)、球形冷凝管、磁力搅拌器、磁子、塞子、布氏漏斗、抽滤瓶、水泵、分析天平、硫酸纸、量筒、集热式磁力搅拌、展缸、薄板、旋转蒸发仪、调压器。

2. 药品

丙酮、硫酸二甲酯、对苯二酚、碳酸钾、展开剂(石油醚与乙酸乙酯的体积比为3∶1)。

四、实验内容

用量筒取 16mL 丙酮加入三颈烧瓶中开始搅拌,加入 2.76g 碳酸钾搅拌 2min,观察并记录溶液颜色,称取 2g 对苯二酚加入三颈烧瓶中搅拌 10min 观察并记录溶液颜色,搅拌完成后开始加热,体系温度要求低于 53℃,最高不能高于 55℃,观察并记录溶液颜色,温度范围(53~55℃);称取 1.26g 硫酸二甲酯(0.932mL),当体系温度到达 50℃时将其加入三颈烧瓶中。反应约 5min 后开始用薄板层析法(TLC 法)对产物进行随时测定,当二羟基保护产物出现时反应立刻停止即薄板上出现三个物质点,将产物进行抽滤,用少许丙酮对残渣进行充分洗涤,并保留滤液。滤液蒸馏,回收产品,计算产率。

五、注意事项

(1)注意在添加药品时必须充分搅拌并给予时间上的保证,温度必须控制在 55℃以下;

(2)随时对产物进行检测,以防止二取代产物的过多生成,使得一取代产物的产率下降;

(3)洗涤时,由于丙酮有毒一定要控制用量,及时回收,洗涤时要少量多次,尽量达到充分洗涤的目的。

六、思考题

(1)如何控制反应进行程度?为什么要对产物进行随时检测?

(2)碳酸钾在反应中的作用是什么?

(3)计算反应中各反应物的用量。

(4)如何确定反应已经完成?

实验 7-21　对溴苯酚的甲基化反应

一、实验目的

(1) 掌握含羟基化合物羟基的甲基化保护方法；
(2) 了解羟基保护的方法。

二、实验原理

4-溴甲氧基苯，又名 4-溴苯甲醚、对溴茴香醚，是一种有机化合物，化学式为 C_7H_7BrO，主要用作溶剂、香料和染料的原料，以及有机合成及医药中间体。

$$\underset{OH}{\underset{|}{C_6H_4}}\text{-Br} + CH_3I \xrightarrow[\text{丙酮}]{K_2CO_3} \underset{OCH_3}{\underset{|}{C_6H_4}}\text{-Br}$$

三、仪器与药品

1. 仪器

磁力搅拌器、水泵、旋转蒸发仪、调压器、集热式磁力搅拌、100℃温度计、200℃温度计、250mL 三颈烧瓶、直型冷凝管、塞子、导管、分液漏斗、布氏漏斗、抽滤瓶、滤纸、脱脂棉、100mL 烧杯(一个)、10mL 量筒、玻璃棒、电子天平、1mL 注射器、8#针头、研钵、100mL 圆底烧瓶(2 个)。

2. 药品

对溴苯酚、碘甲烷、碳酸钾、乙酸乙酯、盐酸、碳酸氢钠、氯化钠、凡士林、无水硫酸镁、石油醚、磁子。

四、实验内容

在装有温度计和回流冷凝管的 250mL 三颈烧瓶中加入 5.02g(29mmol)对溴苯酚、4.92g 碘甲烷(35mmol)、8.00g 研细的碳酸钾(58mmol)、丙酮。在 44℃左右回流搅拌 3.5h。反应结束后，用 100mL 乙酸乙酯(分两次)萃取，合并有机相，再将有机相依次用 50mL 5% 的盐酸、50mL 5% 的碳酸氢钠和 50mL 饱和食盐水洗涤，最后将有机相用无水硫酸镁干燥，减压蒸馏蒸去溶剂，用柱层析法分离混合物(6∶1 的石油醚—乙酸乙酯混合液作洗脱剂)，得到产物。

实验 7-22 2,4-二羟基苯甲醛的甲基化保护

一、实验目的

掌握含羟基化合物羟基的甲基化保护方法。

二、实验原理

2,4-二羟基苯甲醛,作为一种芳香醛被广泛应用于染料、医药、农药、香料、材料等领域。它的结构中存在羟基和醛基活泼官能团,容易转化成其他化合物,作为一类重要的精细化工原料,在有机合成、化学分析、配位化学、化工助剂、药物、农药、染料、发光材料、感光材料等方面都具有较大的应用价值和重要意义。

产物为白色细针状结晶,熔点 66~70℃,2,4-二甲氧基苯甲醛用作有机中间体及医药中间体。

三、仪器与药品

1. 仪器

磁力搅拌器、水泵、旋转蒸发仪、调压器、集热式磁力搅拌、100℃温度计、200℃温度计、50mL 三颈烧瓶、直型冷凝管、塞子、导管、分液漏斗、布氏漏斗、抽滤瓶、滤纸、脱脂棉、100mL 烧杯(一个)、10mL 量筒、玻璃棒、电子天平、1mL 注射器、8$^#$针头、研钵、100mL 圆底烧瓶(2个)、磁子。

2. 药品

2,4 二羟基苯甲醛、碘甲烷、碳酸钾、乙酸乙酯、盐酸、碳酸氢钠、氯化钠、凡士林、无水硫酸镁、石油醚。

四、实验内容

在装有温度计和回流冷凝管的 250mL 三颈烧瓶中加入 5.04g(36mmol)2,4-二羟基苯甲醛、6.13g 碘甲烷(43mmol)、10.00g 研细的碳酸钾(72mmol)、丙酮。在 44℃左右回流搅拌 3.5h。反应结束后,向反应液中加入 50mL 乙酸乙酯,然后滤去磺酸氨(回收),并将滤液用

100mL 乙酸乙酯(分两次)萃取,合并有机相,再将有机相依次用50mL 5%的盐酸、50mL 5%的碳酸氢钠和50mL饱和食盐水洗涤,最后将有机相用无水硫酸镁干燥,减压蒸馏蒸去溶剂,重结晶法分离混合物(6:1的石油醚—乙酸乙酯混合液做溶剂)。

实验7-23　香草醛的酚羟基酰化保护

一、实验目的

(1)掌握重结晶法在分离有机物中的应用;
(2)掌握在磺酸氨催化下的酯化反应。

二、实验原理

香兰素具有香荚兰豆香气及浓郁的奶香,起增香和定香作用,广泛用于化妆品、烟草、糕点、糖果以及烘烤食品等行业,是全球产量最大的合成香料品种之一,工业化生产香兰素已有100多年的历史。香兰素在最终加香食品中的建议用量约为0.2~20000mg/kg。根据我国卫健委的规定,香兰素可用于较大婴儿、幼儿配方食品和婴幼儿谷类食品(婴幼儿配方谷粉除外)中,最大使用量分别为5mg/mL和7mg/100g。香兰素也可用作植物生长促进剂、杀菌剂、润滑油消泡剂等,还是合成药物和其他香料的重要中间体。除此之外,它还可在电镀工业中用作上光剂,农业中用作催熟剂,橡胶制品中用作除臭剂,塑料制品中用作抗硬化剂和作为医药中间体使用等,应用十分广泛。

$$\text{香草醛} \xrightarrow[\text{NH}_2\text{SO}_2\text{H},\text{CH}_2\text{Cl}_2,40℃]{(\text{CH}_2\text{CO})_2\text{O}} \text{乙酰化产物}$$

三、仪器与药品

1. 仪器

磁力搅拌器、水泵、旋转蒸发仪、调压器、集热式磁力搅拌、100℃温度计、200℃温度计、50mL三颈烧瓶、直型冷凝管、塞子、导管、分液漏斗、布氏漏斗、抽滤瓶、滤纸、脱脂棉、100mL烧杯(一个)、10mL量筒、玻璃棒、电子天平、1mL注射器、8#针头、研钵、100mL圆底烧瓶(2个)、磁子。

2. 药品

香草醛、磺酸氨、二氯甲烷、乙酸酐、乙酸乙酯、盐酸、碳酸氢钠、氯化钠、凡士林、无水硫酸镁、石油醚。

四、实验内容

在装有温度计和回流冷凝管的 50mL 三颈烧瓶中加入 4.6g(30mmol)香草醛、6mL 乙酸酐(用注射器)、0.6gK₂CO₃、0.5g 研细的氨基磺酸、25mL 二氯甲烷。在44℃左右回流搅拌3.5h。反应结束后,用80mL乙酸乙酯(分两次)萃取,合并有机相,再将有机相依次用60mL 15%的盐酸、60mL 5%的碳酸氢钠和60mL饱和食盐水洗涤,最后将有机相用无水硫酸镁干燥,减压蒸馏蒸去溶剂,用柱层析法分离混合物(6∶1的石油醚—乙酸乙酯混合液做溶剂)。

实验 7-24 2-溴对苯二酚的酚羟基酰化保护

一、实验目的

(1)掌握重结晶法在分离有机物中的应用;
(2)掌握在磺酸氨催化下的酯化反应。

二、实验原理

由 2-溴-4-甲基苯胺重氮化、水解而得:将稀硫酸加到2-溴-4-甲基苯中,搅拌冷却,在5℃以下加入亚硝酸钠水溶液,温度保持在5℃以下,然后再加冷水、尿素和碎冰,得重氮盐溶液。再将无水硫酸钠、浓硫酸和水加热,在130~135℃分批加入重氮盐溶液,然后分批加入水进行蒸馏,所得馏出液用乙醚提取,用10%的碳酸氢钠溶液洗涤,再经无水硫酸钠干燥,过滤,滤液蒸去乙醚而得成品。另一种方法是由对甲苯酚在氯仿溶剂中直接溴化。

$$\underset{Br}{\underset{|}{HO-\text{C}_6\text{H}_3}}-OH \xrightarrow[\text{NH}_2\text{SO}_2\text{H},\text{CH}_2\text{Cl}_2,40℃]{(\text{CH}_2\text{CO})_2\text{O}} \underset{Br}{\underset{|}{HO-\text{C}_6\text{H}_3}}-OCOCH_3$$

三、仪器与药品

1. 仪器

磁力搅拌器、水泵、旋转蒸发仪、调压器、集热式磁力搅拌、100℃温度计、200℃温度计、250mL 三颈烧瓶、直型冷凝管、塞子、导管、分液漏斗、布氏漏斗、抽滤瓶、滤纸、脱脂棉、100mL 烧杯、10mL 量筒、玻璃棒、电子天平、1mL 注射器、8#针头、研钵、100mL 圆底烧瓶、磁子。

2. 药品

2-溴对苯二酚、磺酸氨、二氯甲烷、乙酸酐、乙酸乙酯、盐酸,碳酸氢钠、饱和食盐水、凡士林、无水硫酸镁、石油醚。

四、实验内容

在装有温度计和回流冷凝管的 250mL 三颈烧瓶中加入 4.75g(25mmol)2-溴对苯二酚、

5mL乙酸酐(用注射器,50mmol)、0.5g研细的磺酸氨(5mmol)、25mL二氯甲烷。在44℃左右回流搅拌3.5h。反应结束后,向反应液中加入50mL乙酸乙酯,然后滤去磺酸氨(回收),并将滤液用100mL乙酸乙酯(分两次)萃取,合并有机相,再将有机相依次用50mL 5%的盐酸、50mL 5%的碳酸氢钠和50mL饱和食盐水洗涤,最后将有机相用无水硫酸镁干燥,减压蒸馏蒸去溶剂,利用柱层析法分离混合物(6∶1的石油醚—乙酸乙酯混合液做溶剂)。

实验7-25 2,4-二羟基苯甲醛的酚羟基保护

一、实验目的

(1)掌握重结晶法在分离有机物中的应用;
(2)掌握在磺酸氨催化下的酯化反应。

二、实验原理

2,4-二羟基苯甲醛是一种化学物质,分子式是$C_7H_6O_3$,对空气敏感,在湿空气中易呈棕色无定形粉末,易被酸和碱分解。应避免与空气、氧化物接触,用于有机合成。

产物4-(2-羟基乙氧基)苯甲醛是一种化学物质,密度:1.194g/cm³;沸点:335.2℃(760mmHg);闪点:138.2℃;蒸气压:4.78×10^{-5} mmHg(25℃)。

三、仪器与药品

1. 仪器

磁力搅拌器、水泵、旋转蒸发仪、调压器、集热式磁力搅拌、100℃温度计、200℃温度计、50mL三颈烧瓶、直型冷凝管、塞子、导管、分液漏斗、布氏漏斗、抽滤瓶、滤纸、脱脂棉、100mL烧杯(一个)、10mL量筒、玻璃棒、电子天平、1mL注射器、8#针头、研钵、100mL圆底烧瓶(2个)、磁子。

2. 药品

2-溴对苯二酚、磺酸氨、二氯甲烷、乙酸酐、乙酸乙酯、盐酸、碳酸氢钠、饱和食盐水、凡士林、无水硫酸镁、石油醚。

四、实验内容

在装有温度计和回流冷凝管的50mL三颈烧瓶中加0.69g(5mmol)2-溴对苯二酚、1mL

乙酸酐(用注射器,10mmol)、0.1g研细的磺酸氨(1mmol)、5mL二氯甲烷。在44℃左右回流搅拌3.5h。反应结束后,向反应液中加入10mL乙酸乙酯,然后滤去磺酸氨(回收),并将滤液用20mL乙酸乙酯(分两次)萃取,合并有机相,再将有机相依次用10mL 5%的盐酸、10mL 5%的碳酸氢钠和10mL饱和食盐水洗涤,最后将有机相用无水硫酸镁干燥,减压蒸馏蒸去溶剂,重结晶法分离混合物(6∶1的石油醚—乙酸乙酯混合液做溶剂)。

实验7-26 对溴苯酚的酚羟基保护

一、实验目的

(1)掌握重结晶法在分离有机物中的应用;
(2)掌握在磺酸氨催化下的酯化反应。

二、实验原理

4-溴苯酚,又名对溴苯酚,是一种有机化合物,化学式为C_6H_5BrO,主要用于有机合成及制药工业,也用作杀虫剂、消毒剂。

产物4-溴乙酸苯酯,熔点:21.5℃,沸点:251℃,密度:1.501,闪点:106℃。

三、仪器与药品

1. 仪器

磁力搅拌器、水泵、旋转蒸发仪、调压器、集热式磁力搅拌、100℃温度计、200℃温度计、50mL三颈烧瓶、直型冷凝管、塞子、导管、分液漏斗、布氏漏斗、抽滤瓶、滤纸、脱脂棉、100mL烧杯(一个)、10mL量筒、玻璃棒、电子天平、1mL注射器、8#针头、研钵、100mL圆底烧瓶(2个)、磁子。

2. 药品

对溴苯酚、磺酸氨、二氯甲烷、乙酸酐、乙酸乙酯、盐酸、碳酸氢钠、饱和食盐水、凡士林、无水硫酸镁、石油醚。

四、实验内容

在装有温度计和回流冷凝管的50mL三颈烧瓶中加入0.87g(5mmol)对溴苯酚、1mL乙酸酐(用注射器,10mmol)、0.1g研细的磺酸氨(1mmol)、5mL二氯甲烷。在44℃左右回流搅拌

3.5h。反应结束后,向反应液中加入 10mL 乙酸乙酯,然后滤去磺酸氨(回收),并将滤液用 20mL 乙酸乙酯(分两次)萃取,合并有机相,再将有机相依次用 10mL 15%的盐酸、10mL 5%的碳酸氢钠和 10mL 饱和食盐水洗涤,最后将有机相用无水硫酸镁干燥,减压蒸馏蒸去溶剂,重结晶法分离混合物(6∶1 的石油醚—乙酸乙酯混合液做溶剂)。

实验 7-27　香草醛的酚羟基的乙酰化保护

一、实验目的

(1)掌握含有一个酚羟基的化合物的保护;
(2)掌握利用旋转蒸发仪进行减压蒸馏基本实验操作再制备反应活性中间体的方法。

二、实验原理

香兰素,又名香草醛,化学名称为 3-甲氧基-4-羟基苯甲醛,是从芸香科植物香荚兰豆中提取的一种有机化合物,为白色至微黄色结晶或结晶状粉末,微甜,溶于热水、甘油和酒精,在冷水及植物油中不易溶解。香气稳定,在较高温度下不易挥发。在空气中易氧化,遇碱性物质易变色。

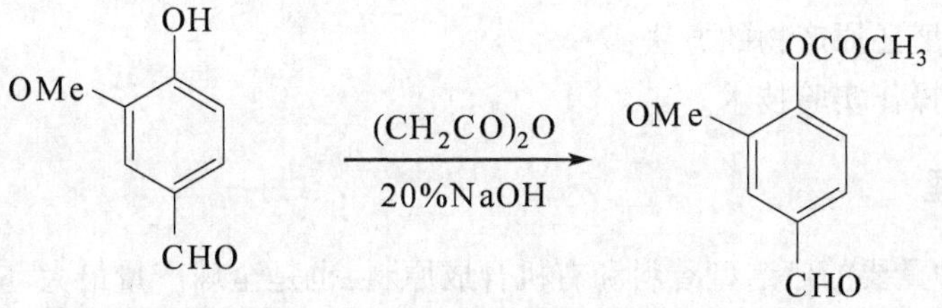

$$\text{香草醛} \xrightarrow[20\%\text{NaOH}]{(CH_2CO)_2O} \text{香草醛乙酸酯}$$

产物香草醛乙酸酯为白色结晶体,甜的香草、酸奶样香气,可用于花香、巧克力、冰淇淋香精的调配。

三、仪器与药品

1. 仪器

圆底烧瓶(250mL)、量筒、旋转蒸发仪、磁力搅拌器、展缸、薄板、分液漏斗、烧杯、磁子。

2. 药品

香草醛、乙酸酐、氢氧化钠、冰水、乙酸乙酯、无水硫酸钠。

四、实验内容

称取 24.00gNaOH,加入 20mL 水,配成 20%(质量分数)的溶液。称取 4.56g 香草醛,加入圆底烧瓶中,并加入 NaOH 溶液(黄色黏稠溶液),分批加入乙酸酐溶液黏度降低,颜色逐渐变淡,先有絮状固体再有白色颗粒状固体悬浮在溶液中,当加到 30mL 乙酸酐时,溶液全部褪色,有大量白色固体产生,反应时间约 5min。TLC 检测,如果反应完全,则把溶液全部倒入烧杯中,加入乙酸乙酯萃取三次,分液,减压蒸除有机溶剂,将粗产品经硅胶过柱,洗脱液用石油醚：乙酸乙酯(5∶1),得到产品。

五、注意事项

(1)反应过程中,加入乙酸酐时每次要加入少量,并注意观察溶液的变化；
(2)加入定量的乙酸酐后反应时间不宜过长,因为反应为一平衡过程。

六、思考题

(1)比较酚羟基的酰化速率和乙酸酐的水解速率。
(2)低温对水解有利还是高温对水解有利？
(3)如何控制反应进度？
(4)为什么要对产物进行随时检测？

实验 7-28　香草醛的还原

一、实验目的

(1)制取香草醛还原产物的方法；
(2)学习无氧操作实验技术。

二、实验原理

香草醛是一种重要的广谱型香料和有机合成原料,也是全球产量最大、应用最为广泛的香料之一。它可直接用作食品和化妆品的定香剂、调味剂,也可用作植物生长促进剂和催熟剂,并在电镀、橡胶、塑料以及医药工业中被广泛应用。香草醛在轻工业生产中有着广泛的应用,可加在食品、牙膏、香皂、烟草中,作为香气修饰和定香的主要原料。香草醛在医药化工中是重要的原料或中间体,具体可用来制造治疗高血压、心脏病、皮肤病及消除口臭、利尿的常用药物。另外在化学工业中可作为化学助剂,用于塑料制品的抗硬化剂,也可作为 Ni、Cr、Cd 等金属的电镀光亮剂。在农业生产上,香草醛可作为甘蔗的增产剂和催熟剂,并可用其制备除草剂和昆虫引诱剂。本品具有浓郁的奶香甜香,是最重要的食品添加剂之一,也是应用很广的日用香料。广泛用于糖果、冰淇淋、饮料、糕点、巧克力和面包、饼干、烟草、酒类等各类食品,也可用于香皂、牙膏、香水、膏霜等各类日化用品,还可用于医药、试剂、电镀、化工橡胶、塑料等其他方面。

三、仪器与药品

1. 仪器

球形冷凝管、三颈烧瓶、恒压漏斗、磁力搅拌器、温度计、油浴锅、氮气钢瓶、减压阀、抽滤器等。

2. 药品

香草醛、硼氢化钠、无水四氢呋喃、饱和氯化铵、盐酸(1mol/L)乙酸乙酯、无水 NaSO₄、饱和 NaCl 溶液。

四、实验内容

向三颈烧瓶中加入 NaBH₄ 0.62g,并用 5mL THF 覆盖,将含香草醛 1.79g 的 THF 溶液加入恒压漏斗中,再用 3mL THF 洗烧杯,将洗液一并倒入烧瓶中,密闭体系,抽真空,充氮气,再抽真空,再充氮气至反应结束。在 80~85℃ 油浴加热下搅拌 3h,溶液变为乳白色液体,有白色絮状沉淀产生。反应结束后用饱和 NH₃Cl 淬灭反应,直到无气泡产生为止,然后加入适量盐酸中和至弱酸性,再抽滤,将滤液用乙酸乙酯萃取三次,每次 10mL,合并有机相,再依次用水、饱和 NaCl 溶液洗涤,再用无水硫酸钠干燥,减压蒸馏,得产品为白色晶体。

实验 7-29 乙酸(2-甲氧基-4-醛基)酚酯的还原

一、实验目的

(1)学习用 TLC 法检测反应的进程;
(2)熟悉氮气保护装置的使用。

二、实验原理

将异丁香酚(iso-euegnol)与乙酐在带空气冷凝器的反应罐中沸腾 3h,然后蒸去乙酸及残余的乙酐,即得固体状物,再用乙醇重结晶精制而得。

$$\underset{\text{CHO}}{\underset{\text{OCOCH}_3}{\text{OCH}_3}} \xrightarrow[\text{THF,44℃}]{\text{NaBH}_4} \underset{\text{CH}_2\text{OH}}{\underset{\text{OCOCH}_3}{\text{OCH}_3}}$$

主要用以配制树莓、草莓、浆果和混合香辛料等香精。由于香气性质安定,用于皂用香精。常用于配制花香型香精和药草香精的甜香剂。也常用作康乃馨系香精及法国式香精的定香剂、香兰素的拟合剂。香气与丁香近似,但带有玫瑰花香韵和香荚样甜香。

三、仪器及药品

1. 仪器

氮气瓶、气囊、磁力搅拌器、水泵、旋转蒸发仪、调压器、集热式磁力搅拌、100℃温度计、200℃温度计、50mL 三颈烧瓶、直型冷凝管、塞子、导管、分液漏斗、布氏漏斗、抽滤瓶、滤纸、脱脂棉、100mL 烧杯、10mL 量筒、玻璃棒、电子天平、恒压漏斗、毛细管、磁子。

2. 药品

乙酸(2-甲氧基-4-醛基)酚酯、硼氢化钠、四氢呋喃、饱和氯化铵、盐酸、乙酸乙酯、饱和食盐水、无水硫酸镁、石油醚。

四、实验内容

向装有温度计、回流冷凝管和恒压漏斗的 250mL 三颈烧瓶中加入 1.85g 硼氢化钠(48mmol)和 16mL 四氢呋喃,然后再向恒压漏斗中加入 4.8g(24mmol)乙酸(2-甲氧基-4-羟甲基)苯酚酯的 80mL 四氢呋喃溶液。密闭体系,抽真空(5min),充满氮气,再抽真空(2min),充氮气至反应结束。回流搅拌,用 TLC 法检测反应进行程度。反应结束后,用饱和氯化铵淬灭反应,然后用 1mol/L 的盐酸中和至弱酸性。过滤,并用乙酸乙酯洗涤。再将滤液用乙酸乙酯萃取 3 次(3×10mL),合并有机相,并将之依次用水、饱和食盐水洗涤。最后用无水硫酸镁干燥。减压蒸馏蒸去溶剂,用柱层析法分离提纯得产物。

实验 7-30　2,4-二羟基苯甲醛甲基化后的还原反应

一、实验目的

掌握无水无氧条件下含羰基有机物的还原反应。

二、实验原理

2,4-二羟基苯甲醛,作为一种芳香醛被广泛应用于染料、医药、农药、香料、材料等领域。它的结构中存在羟基和醛基活泼官能团,容易转化成其他化合物,作为一类重要的精细化工原料,在有机合成、化学分析、配位化学、化工助剂、药物、农药、染料、发光材料、感光材料等方面都具有较大的应用价值和重要意义。

2,4-二羟基苯甲醛是一种间苯二酚衍生物,具有强大的抗氧化和抗菌活性。该产品通常用于3,5-二溴-2,4-二羟基肉桂酸乙酯的两步合成。

三、仪器与药品

1. 仪器

磁力搅拌器、水泵、旋转蒸发仪、调压器、集热式磁力搅拌、100℃温度计、200℃温度计、50mL三颈烧瓶、直型冷凝管、塞子、导管、分液漏斗、布氏漏斗、抽滤瓶、滤纸、脱脂棉、100mL烧杯(一个)、10mL量筒、玻璃棒、电子天平、1mL注射器、8#针头、研钵、100mL圆底烧瓶(2个)、磁子。

2. 药品

2,4-二甲氧基甲醇、四氢铝锂、乙酸乙酯、盐酸、碳酸氢钠、饱和食盐水、凡士林、无水硫酸镁、石油醚。

四、实验内容

在装有温度计和回流冷凝管的250mL三颈烧瓶中加入5.04g(30mmol)2,4-二甲氧基甲醇、2.28四氢铝锂(60mmol),在44℃左右回流搅拌3.5h。反应结束后,向反应液中加入50mL乙酸乙酯,然后滤去磺酸氨(回收),并将滤液用100mL乙酸乙酯(分两次)萃取,合并有机相,再将有机相依次用50mL 5%的盐酸、50mL 5%的碳酸氢钠和50mL饱和食盐水洗涤,最后将有机相用无水硫酸镁干燥,减压蒸馏蒸去溶剂,重结晶法分离混合物(6∶1的石油醚—乙酸乙酯混合液做溶剂)。

实验7-31 天然色素的提取及薄层色谱分析

一、实验目的

掌握薄层色谱分析原理和天然色素的提取方法。

二、实验原理

用适合的萃取液提取天然物质,再利用天然色谱进行分离。薄层色谱是色谱分析的一种方法,和柱色谱一样属于固液吸附色谱。它的基本原理是利用混合物中各组分的吸附或分配的不同,或其他亲和作用性能的差异,通过在两相之间的分配使混合物各组分得到分离。

番茄和胡萝卜中都含有红色色素—番茄红素和黄色色素-β-胡萝卜素,这些都属于类胡萝卜素。它们的结构为:

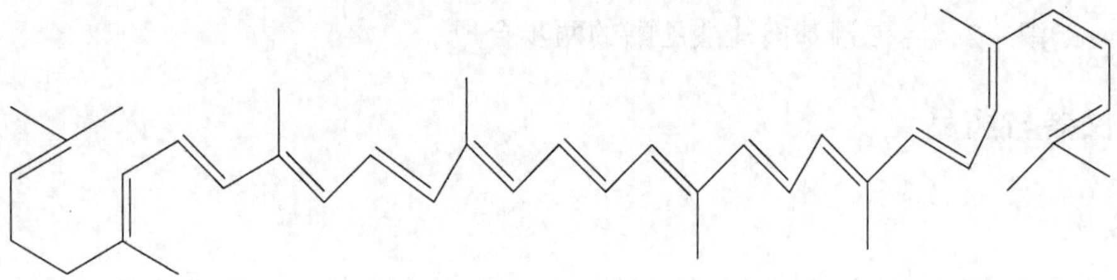

图 7-2　番茄红素分子结构

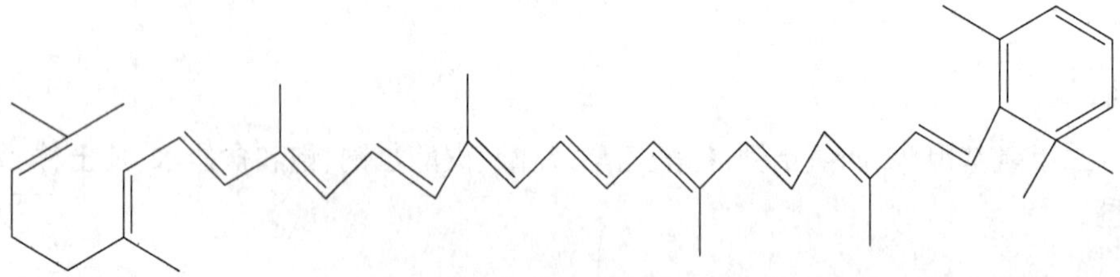

图 7-3　β-胡萝卜素分子结构

三、仪器与药品

1. 仪器

水浴、50mL 锥形瓶、刮刀、分液漏斗、100mL 圆底烧瓶、载玻片、磁盘、烘箱。

2. 药品

番茄酱、丙酮、苯、环己烷、石油醚(60~90℃)、饱和氯化钠溶液、无水硫酸钠、氧化铝、硅胶、硅胶 H(不含黏合剂)、硅胶 G(含黏合剂)、硅胶 HF。

四、实验内容

1. 天然色素的提取

由于它们的结构相似可以使用同一种方法提取,称取 2g 番茄酱放在 50mL 的锥形瓶中,加入 10mL 丙酮。用刮刀搅动并压挤固体以萃取有色物质。萃取液通过滤纸小心过滤到分液漏斗中,尽量不使固体倒在滤纸上,再用 10mL 丙酮萃取一次。然后用 20mL 石油醚(60~90℃)分两次萃取。萃取液滤到分液漏斗中。混合的萃取液用 50mL 饱和氯化钠溶液洗涤,吸取溶液中的水溶物及萃取部分丙酮(食盐水防止乳浊液生成),再用 40mL 水分两次萃取丙酮。将有机层放入干燥的锥形瓶中用无水硫酸钠干燥,分出的水层回收以便收取丙酮。

干燥好的液体放入 100mL 圆底烧瓶中,在水浴中进行蒸馏,蒸出石油醚。得到的固体就是所提取的色素。加入 2mL 石油醚,就制成了试样。留待点样使用。将蒸出的石油醚回收。

2. 薄层色谱分析

薄层色谱用样品量少(0.01μg 到几个微克),操作简单快速。可用来分离混合物,鉴别和精制样品。特别适用于挥发性小以及在高温下易发生变化的化合物的分析。它所使用的条件也是用于柱色谱的先导。

薄层色谱是通过制浆、涂片、点样、展开及显色来完成的。

(1)制浆。选好所需要的吸附剂,一般常用的吸附剂为氧化铝和硅胶。硅胶可分为硅胶 H(不含黏合剂)、硅胶 G(含黏合剂)和硅胶 HF(含荧光物质,可在紫外光下观察)等。氧化铝同样也可分为以上几种类型。

浆液的制备可分为干法和湿法两种。干法是将选好的硅胶 G 慢慢倒入溶剂中调成糊状备用。湿法是将水和硅胶 G 按 1∶4 的比例在搅拌下将硅胶 G 慢慢地倒入水中调成糊状,不要反过来加,防止形成团块。湿法制浆要在使用前调制,否则浆料容易凝固结块。

(2)涂片。大量使用可用涂布器涂布。简单的涂布方法是将两片载玻片用肥皂水和水洗涤干净,再用碎滤纸吸干玻片上的水分,然后将其重叠在一起,用手夹住片的上端,慢慢浸入已调好的浆液浸涂 2s 左右(上端留一些不浸涂),然后缓慢地将载玻片从浆液中取出,要求版面均匀平滑,载片边缘上的浆料用抹布轻轻地擦去,小心将两片分开,放在磁盘中。待浆料自然干燥后放入烘箱,在 105~110℃下活化,约 30min 就制成了薄层板,取出来进行点样。

(3)点样。在活化好的薄层板下约 1cm 处的边上轻轻地用铅笔点一个标记作为起始线。用一根内径约一毫米的毛细管吸取制备好的试样。吸取的试样不要太多,防止样点扩散。在起始线的中央轻轻地接触薄层板,点样要迅速,接触即刻移开。待样点溶剂挥发后再重复点样约 3~4 次。样点直径不要超过 2mm,太大会出现拖尾现象。如果在一块薄层板上点两个以上的样点要分开距离。样点点好后就可以展开。

(4)展开。为使混合物的组分能满意地分开,应选好合适的展开剂。展开剂的选择主要是根据样品的极性、溶解度和吸附剂的活性等因素来考虑的,一般通过实验来决定。我们所选择的展开剂是 12%苯、88%环己烷的混合液。

将展开剂倒入展开瓶或合适的广口瓶中,使液面在样点的下方,不要接触到样点,否则样点会被溶入展开剂中无法进行展开。

(5)显色。将薄层板小心斜放在展开瓶中盖好盖,观察展开剂通过毛细管作用沿板上行。此时溶剂上行很快,必须留心观察。当展开剂上行至距离涂层顶端约 5mm 时,将板小心取出,用铅笔做好溶剂前沿的位置记号。样点各组分随展开剂上行同时被展开在各个部位而形成各个有色斑点,取斑点的中心位置做好记号。如果斑点没有颜色就用显色法使斑点显示出来。一种是在色谱缸中或密闭的容器中放入几粒碘,把展开后的薄层板放入,待斑点明显时取出做好记号。另一种是带有荧光的硅胶可用紫外灯照射观察斑点。

3. 比移值的计算

比移值 R_f 是表示色谱图上斑点位置的一个数值,它用来鉴定一个未知的化合物。因某个特定化合物所移动的距离与溶剂前沿所移动的距离相比是一个恒定的数值。任何一种特定的化合物的 R_f 值是一个常数,由于在操作过程中不可能完全准确地重复所测定的条件,所以 R_f 值不易重复,但参考已知数据作相对的比较还是有一定意义的。

R_f 值计算如下:$R_f = a/b =$ 物质所移动的距离/溶剂前沿移动的距离,其中 a,b 的意义如图 1-36 所示。第二块板重复做一次,选择较好的一块板进行测量 R_f 值。

参 考 文 献

[1] 韩长日，宋小平. 精细有机化工产品生产技术手册. 北京：中国石化出版社，2010.
[2] 杨玉昆，吕凤亭. 压敏胶制品技术手册. 北京：化学工业出版社，2004.
[3] 毛培坤. 表面活性剂产品工业分析. 北京：化学工业出版社，2003.
[4] 姚崇正. 精细化工产品合成原理. 北京：中国石化出版社，2000.
[5] 王箴. 化工词典. 北京：化学工业出版社，2010.
[6] 朱洪法. 精细化学品词典. 北京：中国石化出版社，2016.
[8] 刘程. 表面活性剂应用手册. 北京：化学工业出版社，2004.
[9] 高玉莲，马海华，张荣明. 高分子合成化学原理与方法研究. 北京：中国商务出版社，2011.
[10] 黄肖容，徐卡秋. 精细化工概论. 北京：化学工业出版社，2008.
[11] 化学工业出版社. 日用化工产品. 北京：化学工业出版社，2005.
[12] 李东光. 化工产品手册：专用化学品. 5 版. 北京：化学工业出版社，2008.
[13] 赵晨阳. 化工产品手册：有机化工原料. 北京：化学工业出版社，2016.
[14] 马庆麟. 涂料工业手册. 北京：化学工业出版社，2006.
[15]《化工产品手册》编辑部，王延吉. 化工产品手册：有机化工原料. 5 版. 北京：化学工业出版社，2008.
[16] 北京大学化学与分子工程学院有机化学研究所. 有机化学实验. 北京：北京大学出版社，2015.
[17] 郑豪，方文军. 新编普通化学实验. 北京：科学出版社，2005.
[18] 周诗彪，肖安国. 高分子科学与工程实验. 南京：南京大学出版社，2011.
[19] 蔡干. 有机精细化学品实验. 北京：化学工业出版社，2010.
[20] 李浙齐. 精细化工实验. 北京：国防工业出版社，2009.
[21] 何自强，刘桂艳，张惠玲. 精细化工实验. 北京：化学工业出版社，2015.
[22] 王巧纯. 精细化工专业实验. 北京：化学工业出版社，2021.
[23] 王钒. 精细化学品合成原理. 北京：中国石化出版社，2001.
[24] 周仕学，薛彦辉. 普通化学实验. 北京：化学工业出版社，2003.
[25] 刘云. 洗涤剂：原理·原料·工艺·配方. 北京：化学工业出版社，2013.
[26] 宋小平，韩长日. 洗涤剂生产工艺与技术. 北京：科学技术文献出版社，2019.
[27] 李冬梅，胡芳. 化妆品生产工艺. 北京：化学工业出版社，2010.
[28] 包于珊. 化妆品学. 北京：中国纺织出版社，1998.
[29] 金谷. 表面活性剂化学. 2 版. 北京：中国科学技术大学出版社，2013.
[30] 郭淑静，张秀梅. 国内外涂料助剂品种手册. 北京：化学工业出版社，2005.
[31] 程侣柏. 精细化工产品的合成及应用. 大连：大连理工大学出版社，2007.
[32] 安家驹，王伯英. 实用精细化工辞典. 北京：轻工业出版社，2000.
[33] 强亮生，王慎敏. 精细化工综合实验. 哈尔滨：哈尔滨工业大学出版社，2015.
[34] 李子东，李广宇，于敏. 现代胶粘技术手册. 北京：新时代出版社，2002.
[35] 姚蒙正. 精细化工产品合成原理. 2 版. 北京：中国石化出版社，2000.
[36] 孙酣经，黄澄华. 化工新材料产品及应用手册. 北京：中国石化出版社，2002.

[37] 关瑞宝. 化学试剂标准实用手册：无机试验分册. 北京：中国标准出版社，2011.

[38] Dey S K, et al. Thin film ferroelectrics of PZT by sol-gel processing. IEEE Trans. UFFC, 1988, 35 (1)：80.

[39] Screenivas K, et al. Charaterization of Pb（Zr, Ti）O_3 thin films deposited from multi-element targets. J. Appl. Phys. , 1988, 64 (3)：1484.

[40] Hwang C S, et al. Deposition of Pb（Zr, Ti）O_3 thin films by metal precursors at low temperature. J. Amer. Ceram. Soc. , 1995, 78 (2)：320.

[41] 彭正合，彭天右，王成刚. 材料化学. 北京：科学出版社，2013.

[42] 徐溢，曹京，郝明. 高分子合成用助剂. 北京：化学工业出版社，2002.

[43] Shimizu Y, et al. Preparation and electrical properties of Lanthanum-doped lead titanate thin films by sol-gel processing. J. Amer. Ceram. Soc. , 1991, 74 (12)：1023.

[46] 楼书聪，杨玉玲. 化学试剂配制手册. 南京：江苏科学技术出版社，2002.

[47] 张福学. 现代压电学. 北京：科学出版社，2003.

[48] Matthias B T et al. Ferroelectrics of glycine sulfate. Phys. Rev, 1956, 104 (4)：848.

[49] 梁文杰，阙国和，刘晨光. 石油化学. 东营：中国石油大学出版社，2009.

[50] Drew Myers. 表面、界面和胶体：原理及应用. 吴大成，朱谱新，王罗新，等，译. 北京：化学工业出版社，2005.

[51] 刘冰，房昌水，王圣来，等. KDP 晶体（101）面生长动力学研究. 人工晶体学报，2008, 37 (5)：1045.

[52] 鲁健，褚家如. 高取向 PZT 铁电薄膜的溶胶—凝胶法制备. 中国科学技术大学学报，2002, 32 (6)：748 – 753.

[53] 杨华民. 新型无机材料. 北京：化学工业出版社，2005.

[54] 符春林，蔡苇，邓小玲，等. 溶胶—凝胶法制备铁电薄膜材料研究进展. 无机盐工业，2008, 40 (6)：9 – 12.

[55] 王根水，于剑，赖珍荃，等. 改进溶胶—凝胶法制备 PZT50/50 铁电薄膜. 功能材料，2002, 33 (1)：63 – 64.

[56] 黄泽. 溶胶—凝胶工艺在材料科学中的应用分析. 技术与市场，2017, 24 (11)：160.

[57] Hayashi Y. Sol-gel derived $PbTiO_3$. J. Mat. Sci. , 1987, 22 (5)：2655.

[58] Hauu M J. Thermodynamic theory of $PbTiO_3$. J. Appl. Phys. , 1987, 63 (8)：3331.

[59] 洪广言. 稀土发光材料的研究进展. 人工晶体学报，2015, 44 (11)：2641 – 2651.

[60] 张池明. 超微粒子的化学特性. 化学通报，1993, 8：20.